程序员软件开发名师讲坛 • 轻松学系列

轻松学

MySQL数据库从入门到实战

案例◎视频◎彩色版

李雁翎 刘征 翁彧 陈玖冰 / 编著

中国水利水电出版社
www.waterpub.com.cn

· 北京 ·

内 容 提 要

《轻松学 MySQL数据库从入门到实战（案例·视频·彩色版）》是基于编著者三十余年“数据库应用技术”教学实践和教材编写经验编写的，结合数据库技术和MySQL数据库的发展趋势，从初学者容易上手、快速学会的角度，采用Python+MySQL开发环境，用通俗易懂的语言，深入浅出、循序渐进地讲解MySQL数据库系统的特点及应用开发技术，实现手把手教你从零基础入门到快速学会开发MySQL数据库系统应用项目。

《轻松学MySQL数据库从入门到实战（案例·视频·彩色版）》由“数据库基础知识”“数据库操作技术”“数据库应用技能”“基于Python的数据库应用系统开发”四篇组成，以一个分布式数据库的应用实例为主线，讲述了数据库应用系统开发的必备知识。全书共18章，内容包括：MySQL数据库基础知识，数据库设计和建模，数据库操作，以及索引、表、视图的创建及应用，SQL数据定义及操纵，SELECT查询，存储过程、触发器的创建及应用，数据库备份与恢复，用户管理与权限管理，Python编程基础，Python 数据库应用开发，Web数据库应用开发和数据库应用系统开发综合项目实战——英才智慧数字图书馆。

《轻松学MySQL数据库从入门到实战（案例·视频·彩色版）》内容翔实、重点突出，结构清晰，语言通俗易懂，基础知识与动手实验相结合，配有152个知识点微视频（扫码直接观看），提供丰富的教学资源，包括PPT课件、程序源码、课后习题答案、在线交流服务QQ群和不定期网络直播等，既适合零基础从事MySQL数据库管理和应用的入门者和爱好者、有一定数据库管理和应用开发基础的初、中级工程师阅读，也适合作为高等学校、高职高专、职业技术学院、独立学院或培训机构的计算机及相关专业MySQL数据库课程的教材以及毕业设计实践课程的参考用书。

图书在版编目（CIP）数据

轻松学 MySQL 数据库从入门到实战：案例 · 视频 · 彩色版 / 李雁翎等编著 . —北京：中国水利水电出版社，2021.8（2022.12重印）
（程序员软件开发名师讲坛 . 轻松学系列）

ISBN 978-7-5170-9475-3

Ⅰ . ①轻… Ⅱ . ①李… Ⅲ . ① SQL 语言—程序设计 Ⅳ . ① TP311.132.3

中国版本图书馆 CIP 数据核字 (2021) 第 046948 号

丛书名	程序员软件开发名师讲坛·轻松学系列
书　名	轻松学 MySQL 数据库从入门到实战（案例·视频·彩色版） QINGSONG XUE MySQL SHUJUKU CONG RUMEN DAO SHIZHAN
作　者	李雁翎　刘征　翁彧　陈玖冰　编著
出版发行	中国水利水电出版社 （北京市海淀区玉渊潭南路 1 号 D 座 100038） 网址：www.waterpub.com.cn E-mail：zhiboshangshu@ 163. com 电话：（010）62572966-2205/2266/2201（营销中心）
经　售	北京科水图书销售有限公司 电话：（010）68545874、63202643 全国各地新华书店和相关出版物销售网点
排　版	北京智博尚书文化传媒有限公司
印　刷	河北文福旺印刷有限公司
规　格	185mm×260mm　16 开本　18.75 印张　511 千字
版　次	2021 年 8 月第 1 版　2022 年12月第 2 次印刷
印　数	5001—8000 册
定　价	89.80 元

前　　言

编写背景

随着大数据时代的来临，人们面临越来越多的数据存储需求，数据库技术成为一种普遍适用的工作技能。MySQL是一个关系型数据库，由于其功能丰富、存储高效、简单易用、成本低廉等诸多优点，满足了各类软件开发团队对数据库产品的需求，使其迅速发展普及，目前已成为最流行的开源数据库软件之一。

本书是一本数据库入门教程，是笔者结合自己三十余年数据库教学与实际应用开发经验，本着“让读者容易上手，做到轻松学习，实现手把手教你从零基础入门到快速学会MySQL数据库系统开发”的总体思路，尝试以“将基础知识与动手实践相结合”的编写理念，以将一个完整的数据库应用系统案例贯穿全书的编写体例，并基于Python开发工具的MySQL数据库应用系统开发综合项目于一体，历经一年完成的。希望本书能帮助读者全面系统地学习MySQL数据库应用开发技术，达到快速提升MySQL数据库应用系统开发技能的目的。

内容结构

本书分四篇，共18章，知识结构及主要内容简述如下。

第一篇：数据库基础知识

共有4章，内容包括：

第1章 初识MySQL。主要介绍MySQL数据库，包括信息、数据、数据库、数据库管理系统、数据库系统等基本概念和数据库系统的体系框架等。

第2章 MySQL使用第一步。主要介绍MySQL使用前的环境配置，及其在Widows、Linux环境下的启动与退出等。

第3章 MySQL数据库基础知识。主要介绍MySQL的数据类型、运算符和函数等数据库应用开发的必备基础知识。

第4章 数据库设计和建模。主要介绍MySQL数据库设计的相关知识，包括生命周期、需求分析、概念结构设计、逻辑结构设计、物理结构设计的步骤和工作流程等。

第二篇：数据库操作技术

共有4章，内容包括：

第5章 数据库操作。主要介绍MySQL数据库的具体操作，包括MySQL存储引擎的介绍、数据库的创建和维护与具体操作案例。

第6章 索引操作。主要介绍MySQL数据库索引的操作方法，包括索引的定义、MySQL索引的类型、创建索引应遵循的原则，以及MySQL索引的创建、查看和删除。

第7章 数据表操作。主要介绍MySQL数据表的操作方法，包括表设计概述、创建表的方法、表中数据的操作方法和操作案例。

第8章 视图操作。主要介绍MySQL数据库的视图操作，包括视图概述、创建视图、使用视图，并用案例来展示部分视图在实际中的操作方法。

第三篇：数据库应用技能

共有6章，内容包括：

第9章 SQL数据定义及操纵。主要介绍SQL语言，包括SQL语句概述、数据定义和数据操纵，并通过案例演示操作MySQL数据表语句的实际应用。

第10章 SELECT查询。主要介绍SELECT语句、函数集查询、单表查询、多表查询、嵌套查询、子查询、带EXISTS关键字的子查询，并通过案例演示SQL语句的实际应用。

第11章 存储过程操作。主要介绍MySQL存储过程，包括存储过程概述、调用存储过程、维护和使用存储过程。

第12章 触发器操作。主要介绍MySQL数据库的触发器，包括触发器概述、创建触发器、使用及维护触发器。

第13章 数据库的备份与恢复。主要介绍MySQL数据库安全，包括利用dump工具备份、备份数据库目录、利用Workbench工具备份、数据恢复、MySQL日志和数据库表的导入和导出。

第14章 用户管理与权限管理。主要介绍MySQL数据库的用户与权限管理，并通过案例演示MySQL数据库的访问控制。

第四篇：基于Python的数据库应用系统开发

共4章，内容包括：

第15章 Python编程基础。主要介绍Python编程基础，包括介绍Python编程环境，Python的程序结构，Python常用算法实现，并结合Python程序设计实例介绍如何进行数据库操作。

第16章 Python数据库应用开发。主要介绍Python数据库应用开发，包括Python数据库连接工具，SQLAlchemy的安装和应用，并结合实际案例介绍SQLAlchemy数据库连接方法。

第17章 Web数据库应用开发。主要介绍Web数据库应用开发技术，包括Web数据库连接工具，Flask安装和应用，并结合实际案例介绍Flask数据库连接方法。

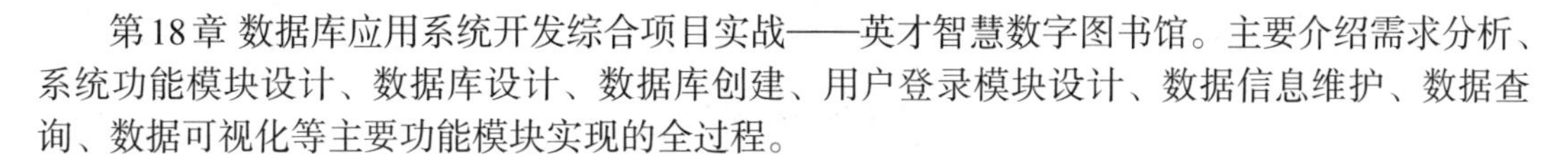
第18章 数据库应用系统开发综合项目实战——英才智慧数字图书馆。主要介绍需求分析、系统功能模块设计、数据库设计、数据库创建、用户登录模块设计、数据信息维护、数据查询、数据可视化等主要功能模块实现的全过程。

主要特色

（1）内容精练，阅读性好。精心编排教材结构，力求内容循序渐进、由浅入深。全书不是杂乱无章地随意堆砌，不是大而全、面面俱到，而是从初学者的角度出发，以介绍MySQL数据库应用开发中需要的知识点为重心，取舍有序。

（2）案例主导，实用性强。本书采用案例驱动方式，结合案例讲解知识点。通过短小精悍的案例讲解知识点的本质，结合稍微复杂的应用案例讲解知识点的用法，依照比较复杂的实战案例讲透知识点的实际应用。层层递进地讲解，使读者不仅可以牢牢地掌握知识点，还能做到举一反三，灵活应用。

（3）视频讲解，容易理解。本书配有152集讲解视频，读者可以扫描书中二维码来观看案例实现过程和相关知识点的讲解视频，实现手把手教读者从零基础入门到快速学会MySQL数据库应用系统开发。

（4）案例贯穿，学以致用。本书第4~13章介绍的数据库设计、数据库操作、索引操作、数据表操作、视图操作、SQL 数据定义及操纵、触发器操作、存储过程操作、数据库的备份与恢复、用户管理与权限管理等核心内容中将基础知识与实际应用相结合，讲解案例均取自于第18章“英才智慧数字图书馆”综合项目开发的真实过程，用该完整的数据库应用系统案例贯穿全书，达到学以致用的效果。

（5）项目实战，快速入门。本书前17章以一个分布式数据库的应用实例为主线，讲述了数据库应用系统开发的必备知识。最后一章的“英才智慧数字图书馆”数据库应用系统开发综合项目实战，以Python作为开发工具、MySQL数据库作为后台，完成了需求分析、系统功能模块设计、数据库设计、数据库创建、用户登录模块设计、数据信息维护、数据查询、数据可视化等主要功能模块的实现，手把手教读者学会MySQL综合应用系统的开发技术。这个项目稍加修改就能为读者自己的需求所用。

（6）资源丰富，方便学习。本书提供丰富的教学资源，包括PPT课件、程序源码、课后习题参考答案、在线交流服务QQ群等，方便读者自学与老师教学。

本书资源浏览与获取方式

（1）读者可以用手机扫描下面的二维码（左边）查看全书微视频等资源。

（2）用手机扫描下面的二维码（右边）进入“人人都是程序猿”服务公众号，关注后输入“QSXMYSQL9475”发送到公众号后台，可获取本书案例源码等资源的下载链接。

视频资源总码

人人都是程序猿

本书在线交流方式

（1）为方便读者之间的交流，本书特创建“MySQL学习交流”QQ群（群号:586885255，也可以扫描下方二维码加入），供广大MySQL数据库开发学习者在线交流学习。

MySQL学习交流群（QQ）

（2）读者在阅读中发现问题或对图书内容有什么意见或建议，欢迎来信指教，请发送邮件到邮箱iamiliuzheng@163.com，作者看到后将尽快给予回复。

本书适宜读者对象

- 零基础从事数据库管理和应用的入门者。
- 有一定数据库管理和应用开发基础的初、中级工程师。
- 高等学校、高职高专、职业技术学院和民办高校相关专业的学生。
- 高等学校、职业技术学院相关专业数据库课程设计和毕业设计的学生。
- 相关培训机构数据库管理和应用开发课程的培训人员。

本书阅读提示

（1）MySQL数据库是十分流行的数据库，其功能强大，可以满足各类数据库应用开发人员的需求。本书同样可以满足各类学习者的需求。本书从数据库的基本概念到数据库应用系统的开发，各个章节环环相扣，各个知识节点无一遗漏，可以渐进式学习，也可以独立章节式阅读，书中配套的微视频可帮助读者深入理解教材内容。

（2）本书从基础入手，由简到繁，逐级提升，阅读易进入。读者不会因为基础差而不敢学习。书中例子不仅简单，同时也很实用，一步一个阶梯，学习的过程会有极强收获感。

（3）高校教师和相关培训机构选择本书作为培训教材时，不用对每个知识点都进行详细地讲解，学生或学员通过扫码观看书中的视频来完成教学过程，从而使学生可在线上学习相关知识点，留出大量时间在线下进行相关知识的综合讨论，以实现讨论式教学或目标式教学，提高课堂效率。

本书的最终目标是为数据库教师、为数据库爱好者和愿意从事数据库应用系统开发的学习者，提供一本教科书、“伴手礼”、工具书。

本书作者团队

本书由李雁翎、刘征、翁彧、陈玖冰编著。刘征承担了全部微视频的录制，哈尔滨工业大学硕士研究生司宇同学以及中央民族大学硕士研究生张春婷、史召邑同学做了大量的辅助性工作，在此向这些同学表示衷心感谢。雷顺加、宋俊娥、杨莹莹作为本书的出版编辑也给予了大力指导与支持，在此一并感谢。

由于编者水平有限，本书难免有不足之处，欢迎广大读者批评、指正。

编者

2020年12月

目　　录

第二篇　数据库操作技术

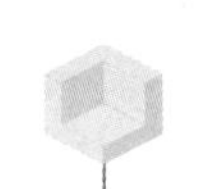

第三篇　数据库应用技能

1 数据库基础知识

第 1 章　初识 MySQL

第 2 章　MySQL 使用第一步

第 3 章　MySQL 数据库基础知识

第 4 章　数据库设计和建模

第 1 章

初识 MySQL

学习目标

本章主要讲解了 MySQL 数据库应用系统的基础和与之相关的数据库概念，也介绍了 MySQL 的发展历程，MySQL 客户端和服务器的简单架构，以及与之配套的实用工具，同时阐述了 MySQL 的核心优势。通过本章的学习，读者可以：

- 了解数据库系统相关的概念
- 熟悉 MySQL 系统生态
- 熟悉“客户机 + 服务器”架构模式
- 熟悉 MySQL 核心优势

内容浏览

1.1 术语简介

1.1.1 信息与数据

（视频1–1：术语简介）

扫一扫，看视频

1. 信息

在数据处理领域，信息（Information）可定义为人们对于客观事物的属性和运动状态的反映。它反映的是在某一客观系统中，某一事物的存在方式或某一时刻的运动状态。

也可以说，信息是通过各种方式传播的、经过加工处理的、对人类客观行为产生影响的、可被感知的数据表现形式。信息是人们在进行社会活动、经济活动及生产活动时的产物，并用于指导其活动过程。信息是有价值的，是可以被感知的。

信息可以通过载体传递，可以通过信息处理工具进行存储、加工、传播、再生和增值。

2. 信息的特征

（1）信息的内容是关于客观事物或意识形态方面的知识，即信息的内容能反映已存在的客观事实、能预测未发生事物的状态、能用于控制事物发展的决策。

（2）信息是有用的，它是人们活动的必需知识，利用信息能够克服工作中的盲目性，增加主动性和科学性。

（3）信息能够在空间和时间上被传递，在空间上传递信息称为信息通信，在时间上传递信息称为信息存储。

（4）信息需要一定的形式表示，信息与其表现符号不可分。

3. 数据

数据（Data）是反映客观事物的存在方式和运动状态的记录，是信息的载体。对客观事物的属性和运动状态的记录是用一定的符号来表达的，数据会传递大量的信息。

一个数据，可以包含时间、地点、人物、事件起因的因素，因此一个数据不只是沧海一粟。首先可以从一个非常精确的数据点出发，观察数据产生的来龙去脉，并注意其与周围的事物紧密相关的信息，就可以看到事物的全貌。然后，再从局部出发，更容易作出准确的判断。数据表现信息的形式是多种多样的，不仅可以有数字、文字、符号，还可以有图形、图像、音频和视频文件等。

常见的数据类型有如下三种：

（1）数值型。对客观事物进行定量记录的符号，如数量、年龄、价格和度数等。

（2）字符型。对客观事物进行定性记录的符号，如姓名、单位、地址等。

（3）特殊型。对客观事物的形象特征和过程进行记录的符号，如音频、视频等。

总之，数据与信息在概念上是有区别的。从信息处理角度看，任何事物的存在方式和运动状态都可以通过数据来表示。数据经过加工处理后，会具有知识性并对人类活动产生作用，从而形成信息。信息是有用的数据，数据是信息的表现形式。从计算机的角度看，数据泛指那些可以被计算机接收并能够被计算机处理的符号，是数据库中存储的基本对象。

4. 数据的特征

（1）数据有“型”和“值”之分。

（2）数据的使用受数据类型和取值范围的约束。

（3）数据具有多种表现形式。

（4）数据有明确的语义。

例如，100100和200120两组数据，如果数据类型是字符型，属性是邮政编码，数据将被解释为：北京市朝阳区，上海市浦东新区，两组数据表达的都是城市的地理位置。

同样还是数据100100和200120，如果其数据类型是数值型，则表示数量，数据的含义完全不同，它表示的是数量的多少。

由此可得，数据只有赋予其属性，其“量”才可显现，才可解释，才有意义。

1.1.2 数据库

1. 数据库概述

数据库（DataBase，DB）是数据库系统的核心部分，是数据库系统的管理对象。

所谓数据库，是以一定的组织方式将相关的数据组织在一起、长期存放在计算机内、可被多个用户共享、与应用程序彼此独立、统一管理的数据集合。

数据库如何组织，或者说怎样将数据集合在一起，是依赖严格的数学模型而定的。数据模型的主要特征在于其所表现的数据逻辑结构，因此确定数据模型就等于确定了数据间的关系，即数据库的“框架”。有了数据间的关系框架，再把表示客观事物具体特征的数据按逻辑结构输入到“框架”中，就形成了有组织结构的“数据”的“容器”。

2. 数据库的特征

数据库具有如下特征：

（1）数据是按一定的数据模型组织、描述和储存的。

（2）可被多用户共享。

（3）冗余度较小。

（4）数据独立性较高。

（5）易扩展。

1.1.3 数据库管理系统

1. 数据库管理系统概述

数据库管理系统（DataBase Management System，DBMS）是位于用户与操作系统之间，具有数据定义、管理和操纵功能的软件集合。

数据库管理系统提供对数据库资源进行统一管理和控制的功能：数据与应用程序隔离，使数据具有独立性；使数据结构及数据存储具有一定的规范性，减少了数据冗余，并有利于数据共享；提供安全性和保密性措施，使数据不被破坏、窃用；提供并发控制，在多用户共享数据时保证数据库的一致性；提供恢复机制，当数据库出现故障时，数据可恢复到一致性状态。

目前受众较广的数据库管理系统有很多，如MySQL、Access、SQL Server、Oracle等。

2. 数据库管理系统的主要功能

数据库管理系统的主要功能包括以下几方面：

（1）数据定义。

（2）数据操纵。

（3）数据库的运行管理。

（4）数据库的建立和维护。

3. 数据库管理系统的数据子语言

为实现数据库的统一管理，数据库管理系统提供了以下三种数据子语言：

（1）数据定义语言（Data Definition Language，DDL），用于定义数据库的各级模式（外模式、概念模式、内模式）及其相互之间的映像，定义数据的完整性约束、保密限制约束等。各种模式通过数据定义语言编译器编译成相应的目标模式，保存在数据字典中。

（2）数据操纵语言（Data Manipulation Language，DML），用于实现对数据库中的数据进行存取、检索、插入、修改和删除等操作。

（3）数据控制语言（Data Control Language，DCL），用于实现安全性和完整性控制，以及并发控制和故障恢复。

1.1.4 数据库系统

数据库系统（DataBase System，DBS）是支持数据库运行的集成系统，即整个数据处理系统。数据库是数据库系统的核心和管理对象，每个具体的数据库及其数据的存储、维护以及为应用系统提供的数据支持，都是在数据库系统的环境下运行完成的。

数据库系统是实现有组织、动态地存储大量相关的结构化数据，方便各类用户访问数据库的计算机软、硬件资源的集合。

数据库系统的组成需要在计算机系统的层面上来理解。数据库系统一般由数据库支持的硬件环境，数据库软件支持的环境（操作系统、数据库管理系统、应用开发工具软件、应用程序等），数据库，开发、使用和管理数据库应用系统的人员组成。

数据库系统的体系结构如图 1-1 所示。

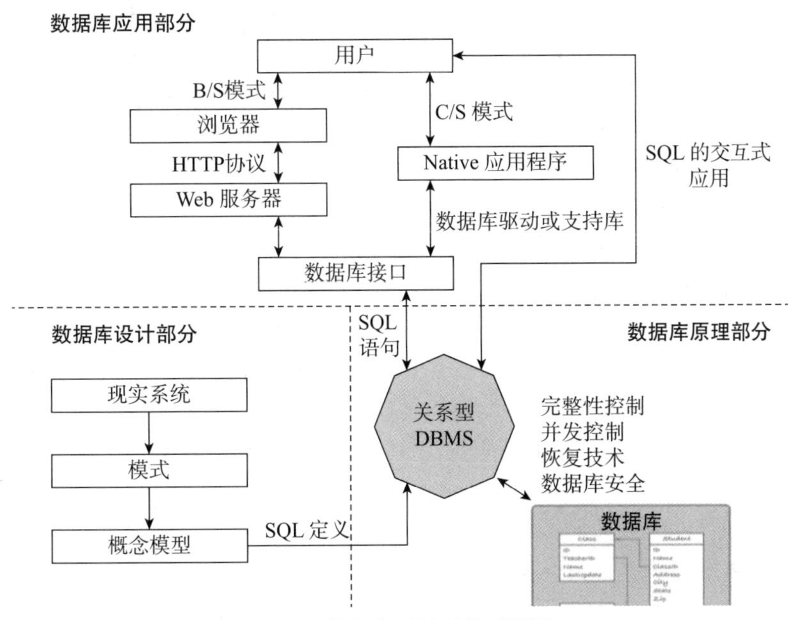

图 1-1　数据库系统的体系结构

1.2 MySQL概述

1.2.1 MySQL 的沿革

（视频1-2：MySQL概述）

扫一扫，看视频

MySQL是一个关系型数据库管理系统，是目前最为流行的开源数据库软件之一，起初由瑞典MySQL AB公司开发，目前MySQL是Oracle旗下的产品。

1990年，MySQL最初开源的产品问世。最初，具体只设计了一个利用索引顺序存取数据的方法，也就是ISAM（Indexed Sequential Access Method）存储引擎核心算法。在此基础上，开发了一套数据存储引擎，这就是ISAM 存储引擎，这个数据库系统取名为MySQL。

MySQL诞生的时候，正是互联网开始高速发展的时期。MySQL满足了互联网开发者对数据库产品的需求：对标准化查询语言的支持，高效的数据存取，不必关注事务完整性，简单易用，成本低廉。因此，MySQL成为数据库应用系统中使用最多的数据库管理系统软件。随着MySQL用户量的不断增长，MySQL也在迭代中不断完善。合理地把握用户需求，准确地定位目标客户为MySQL后面的发展铺平了道路。

2000年，MySQL发布了源代码，并采用了GNU通用公共许可证（GPL），正式进入了开源世界。MySQL抓住了互联网客户高速发展的机遇，在拓展客户群的道路上不断向前。

1.2.2 MySQL 的产品形态

MySQL针对不同的用户可以提供不同的服务。根据不同的用户群体，MySQL有以下几种不同的版本。

（1）MySQL Community Server。MySQL Community Server是社区版，它开源免费，但不提供官方技术支持，在GPL许可证下可以自由地使用。

（2）MySQL Enterprise Edition。MySQL Enterprise Edition是企业版，它需要付费方可使用，但可以免费试用一定的天数。MySQL企业版已被证明是一个值得信赖的平台，这个平台包含MySQL企业级数据库软件、监控与咨询服务，以及提供能够确保企业业务达到最高水平的可靠性、安全性和实时性的技术支持。

（3）MySQL Cluster。MySQL Cluster是集群版，主要用于架设集群服务器，需要在社区版或企业版的基础上使用，开源免费。可将多个MySQL Server封装成一个Server。

（4）MySQL Cluster CGE。MySQL Cluster CGE是高级集群版，需付费使用。

（5）MySQL Workbench（GUITOOL）。MySQL Workbench是一款专为MySQL设计的数据库建模工具。它是著名的数据库设计工具DB Designer4的继任者。MySQL Workbench也可以简单地分为两类，一是社区版（MySQL Workbench OSS），二是商用版（MySQL Workbench SE）。

1.3 MySQL生态系统

1.3.1 MySQL 的特点

（视频1–3：MySQL生态系统）

扫一扫，看视频

MySQL与其他大型数据库管理系统（如Oracle、SQL Server等）相比，其规模小、功能有限。但对普通的企业用户而言，其体积小、速度快、成本低的特点，以及提供的解决稍微复杂的应用的功能，基本能够满足用户的需求。MySQL已经成为世界上最受欢迎的开源数据库。

MySQL有以下几方面的特点：

(1) 支持跨平台。MySQL支持 20 种以上的开发平台，如Linux、Windows、IBMAIX、AIX、FreeBSD、HP-UXMacOS、NovellNetware、OpenBSD、OS/2 Wrap、Solaris等。这使得MySQL在任何平台下编写的程序都可以进行移植，而不需要对程序做任何修改。

(2) 运行速度快。高速是 MySQL 的显著特性，其主要体现在3个方面：使用了极快的 B 树磁盘表（MyISAM）和索引压缩；通过使用优化的单扫描多连接，能够极快地实现连接；SQL 函数使用高度优化的类库实现，支持多线程，充分利用了CPU资源，运行速度极快。

(3) 支持定制。MySQL是可以定制的，其采用了GPL，可以通过修改源码来开发符合自己需求的MySQL系统。

(4) 安全性高。MySQL拥有灵活、安全的权限与密码系统，允许基本主机的验证。当连接到服务器时，所有的密码传输均采用加密形式，从而保证了密码的安全。

(5) 成本低。MySQL 是一种完全免费的产品，用户可以直接通过网络下载。

(6) 支持各种开发语言。MySQL 为各种流行的程序设计语言提供支持，如 PHP、ASP.NET、Java、Eiffel、Python、Ruby、Tcl、C、C++、Perl 语言等，为它们提供了众多 API 函数。

(7) 数据库存储容量大。MySQL 数据库的最大有效表尺寸通常是由操作系统对文件大小的限制决定的，而不是由 MySQL 内部限制决定的。InnoDB 存储引擎将 InnoDB 表保存在一个表空间内，该表空间可由数个文件创建，表空间的最大容量为 64TB，可以轻松处理拥有上万条记录的大型数据库。

1.3.2 MySQL 的系统架构

MySQL的系统架构是主从式架构（Client-Server Model）或客户端/服务器（Client/Server）架构，简称C/S架构。C/S架构是一种网络架构，通常在该网络架构下软件分为客户端（Client）和服务器（Server），如图 1-2 所示。

从图 1-2 中可以看出MySQL系统有以下四层架构。

(1) 客户端层。客户端提供连接MySQL服务器的常用工具集。

(2) 服务器层。服务器控制数据存储和数据处理的MySQL进程，包括连接器、查询缓存、分析器、优化器等，涵盖MySQL的大多数核心服务功能，例如，支持所有的内置函数（如日期、时间、数学、字符串等），支持存储引擎，支持存储过程、触发器、视图等操作。

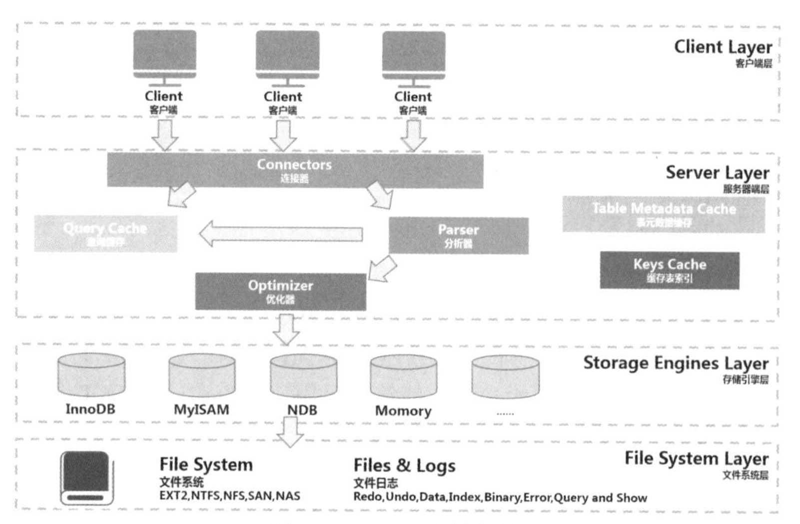

图 1-2 MySQL系统架构

（3）存储引擎层。存储引擎（Storage Engine）支持MySQL中的数据存储，可用不同的技术将数据存储在文件（或者内存）中，不同的存储技术使用不同的存储机制。MySQL中的存储引擎（也称作表类型）是数据库的核心，它是以插件的形式运行的。MySQL默认配置了许多不同的存储引擎，可以预先设置或者在MySQL服务器中启用。

（4）文件系统层。文件系统（File System）主要是将数据存储在运行于裸设备之上的文件系统中，完成与存储引擎的交互。不同的操作系统使用的文件系统不同。例如，Windows常用NTFS，Linux常用ETX。在文件系统层中主要存储参数文件、日志文件、表结构定义文件、存储引擎文件等，其中参数文件与日志文件的介绍如下。

①参数文件：记录了MySQL运行过程中需要的参数和配置数据，可以通过命令行进行配置修改，记录格式形如Key/Value。例如，比较常用的端口配置格式为port = 3306。

②日志文件：记录了MySQL运行过程中用户对数据的所有操作和数据库运行的情况等。MySQL日志主要包括错误日志、查询日志、慢查询日志、事务日志、二进制日志等。

1.3.3 MySQL 客户端

1. MySQL的连接管理

当MySQL客户端层访问其服务器层时，MySQL连接管理模块会对其连接请求进行处理，对其访问合法性进行验证。MySQL的连接管理流程如图 1-3 所示。

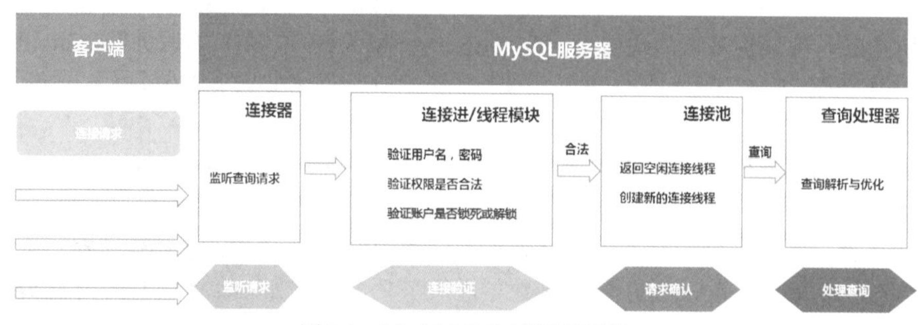

图 1-3 MySQL的连接管理流程

从图 1-3 可以看出，客户端“发出请求”与连接器“处理请求”的完整过程有以下几个步骤：

（1）客户端发起一条连接请求，由监听客户端的“连接器”接收请求。

（2）“连接器”中的“连接进/线程模块”进行连接确认，然后调用“用户模块”来进行授权检查，检查用户的合法性和权限，不通过检查则拒绝访问。

（3）通过检查后，“连接进/线程模块”从“连接池”中取出空闲的被缓存的连接线程和客户端请求对接，如果获取空闲线程失败，则创建一个新的连接请求。

（4）连接成功，将请求确认信息发送给服务器进行查询处理，最后将处理结果集返回给客户端。

2. MySQL客户端的工具

MySQL客户端有许多实用的工具程序，为用户进行数据库操作提供了多种服务。

（1）myisampack：压缩MyLSAM表以产生更小的只读表的工具。

（2）mysql：交互式输入SQL语句或从文件以批处理模式执行的命令行工具。

（3）mysqlaccess：检查、访问主机名、用户名和数据库组合的权限的脚本。

（4）MySQLadmin：执行管理操作的客户程序，还可以用来检索版本、进程，以及服务器的状态信息。

（5）mysqlbinlog：从二进制日志文件中读取语句的工具。在二进制日志文件中包含执行过的语 句，可帮助系统进行恢复操作。

（6）mysqlcheck：检查、修复、分析和优化表的客户程序。

（7）mysqldump：将MySQL数据库转存到一个文件的客户程序。

（8）mysqlhotcopy：当服务器在运行时，快速备份MyLSAM表或ISAM表的工具。

（9）mysql import：可将文本文件导入相关表的客户程序。

（10）mysqlshow：显示数据库、表、列以及索引等相关信息的客户程序。

（11）perror：显示系统或MySQL代码错误的含义的工具。

3. MySQL前端访问工具——MySQL Workbench

MySQL Workbench是MySQL在安装时便集成了的客户端工具，为数据库管理员和开发人员提供了可视化的数据库操作环境。

MySQL Workbench有MySQL Workbench SE（MySQL Workbench Standard Edition，商业版）和MySQL Workbench OSS（MySQL Workbench Community Edition，社区版）两个版本。主要功能有以下三个。

（1）数据库设计和模型建立。

（2）SQL 开发（取代 MySQL Query Browser）。

（3）数据库管理（取代 MySQL Administrator）。

MySQL Workbench平台的主要特性如下。

（1）多任务：在Workbench调试环境下，可以同时连接目标系统上的多个不同任务，每个任务都可以单独设置断点，并进行单步调试。开发者不必先断开一个任务的连接，再连接到另外一个任务上来切换调试对象。

（2）多CPU：Workbench支持全系列的主流CPU（或处理器）。

（3）多OS：Workbench是开放和可扩展的，支持VxWorks和Linux操作系统。

（4）多目标：对于复杂目标系统，Workbench可以支持同时连接多块目标板进行调试开发，更难为可贵的是，这些目标板上的处理器可以各不相同，并且在目标板上运行的操作系统也可以各不相同（既可以运行VxWorks，也可以运行Linux）。

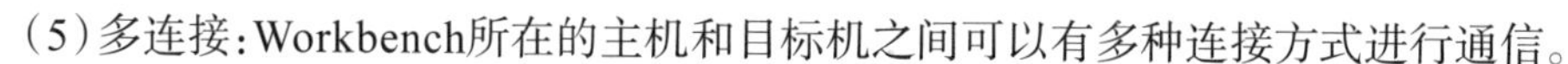

（5）多连接：Workbench所在的主机和目标机之间可以有多种连接方式进行通信。

（6）多模式：在Workbench中调试程序，既可以采用任务模式，也可以采用系统模式。

（7）多主机：Workbench可以在Windows、Linux、Solaris这三个流行的主机操作系统下运行，这不仅可以适合不同开发者的使用习惯，而且在一定程度上利于某些目标系统的开发。

1.3.4　MySQL 服务器端

1. MySQL服务器端查询的处理流程

MySQL服务器端查询的处理流程如图1-4所示。

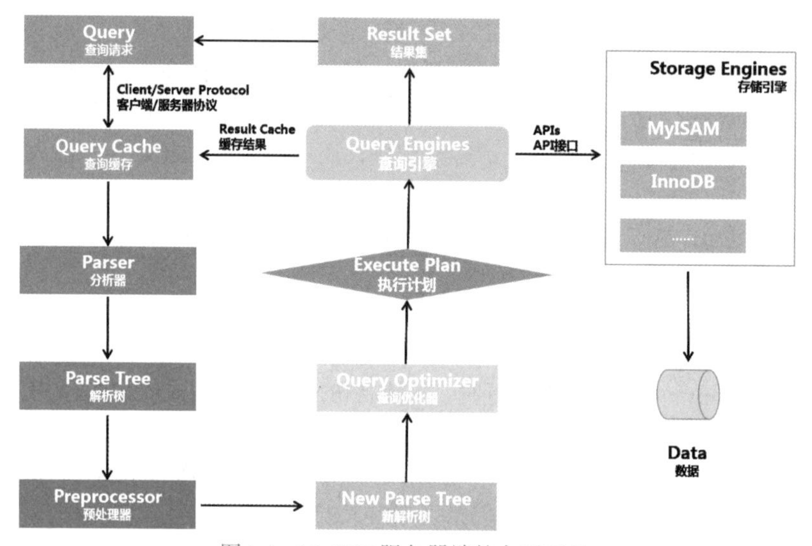

图1-4　MySQL服务器端的主要工具

从图1-4可以看到：

（1）当一个“查询请求”进入MySQL的服务器层时，先检查“查询缓存”中Query语句是否完全匹配，也就是说请求是否有缓存结果，接着再检查是否具有权限，都成功则直接取数据返回。

（2）“查询缓存”中未匹配成功则进入下一步，将其请求转交给“分析器”，经过词法分析、语法分析后生成“解析树”。

（3）生成完整的SQL语句“解析树”后进行查询的预处理阶段，即进入“预处理器”。“预处理器”无法解决的语义、检查的权限等，会生成“新解析树”，再转交给对应的模块处理。

（4）如果是SELECT查询还会经由“查询优化器”做大量的优化，生成执行计划。

（5）模块收到请求后，通过“查询引擎”中的“访问控制模块”检查所连接的用户是否有访问目标表和目标字段的权限。

（6）获得权限后调用“表管理模块”查看table cache。

（7）根据表的meta元数据，获取表的存储引擎类型等信息，通过接口调用对应的存储引擎处理。

（8）将查询结果数据集返回给连接器，最后返回到客户端。

2. MySQL服务器层处理流程中的重要处理模块

（1）查询缓存（Query Cache）。MySQL收到查询请求后，会先在查询缓存内检索，判断是否执行过这条语句，如果有该条查询就返回，否则进行查询分析。执行过的语句及其结果会以key/value的形式被直接缓存在内存中，用于提升查询效率。

（2）分析器（Parser）。查询如果没有命中缓存，就会进入分析器，开始真正执行语句。

具体执行过程分为以下两步：

①分析器会进行“词法分析”，MySQL需要识别出输入的SQL语句中的字符串分别是什么和代表什么。例如，MySQL将SELECT关键字识别为查询语句，同时把代表表名的字符T识别成“表名T”，把查询条件的字符ID识别成“列ID”等。

②判断语法是否正确。根据词法分析的结果，语法分析器会根据语法规则，判断输入的SQL语句是否满足MySQL的SQL语法，如果语法有问题，就会返回报错提示，一般语法错误会提示第一个错误出现的位置。

（3）查询优化器（Optimizer）。经过分析器的分析，MySQL清楚了具体的执行任务，在开始执行之前，需要经过优化器的处理。优化器是在表里面有多个索引的时候，决定使用哪个索引；或者在一个语句有多表关联（Join）的时候，决定各个表的连接顺序。

3. MySQL服务器层的工具

除了MySQL服务器层逻辑结构，从服务层面上看服务器层有许多实用工具程序，为客户端提供了多种服务。

（1）mysqld：是 SQL后台程序（即MySQL服务器进程），该程序运行之后，客户端才能通过连接服务器来访问数据库。

（2）mysqld-safe：服务器启动脚本。在UNIX和NetWare中推荐使用mysqld-safe来启动mysqld服务器。mysqld-safe增加了一些安全特性。

（3）mysql.server：服务器启动脚本。在UNIX中的MySQL分发版包括mysql.server脚本。该脚本用于使用包含为特定级别的、运行启动服务的脚本的、运行目录的系统。它调用mysqld safe来启动MySQL服务器。

（4）mysql_multi：服务器启动脚本，可以启动或停止系统中安装的多个服务器。

（5）myisamchk：用来描述、检查、优化和维护MyISAM表的实用工具。

（6）mysqlbug：MySQL缺陷报告脚本。它可以用来向MySQL邮件系统发送缺陷报告。

（7）mysql_install_db：该脚本用默认权限创建MySQL授权表。通常只是在系统中首次安装MySQL时执行一次。

1.4 习题一

1.简答题

（1）简述信息、数据、数据库的概念。

（2）简述数据库系统和数据库管理系统的概念，以及它们的主要功能。

（3）试述5种以上MySQL客户端的工具。

2.选择题

（1）人们对于客观事物属性和运动状态的反映的是（　　）。

A. 数据　　B. 数据库

C. 数据库管理系统　　D. 信息

（2）不是数据库的特征的是（　　）。

A. 用户独享

B. 冗余度较小

C. 数据按一定的数据模型组织、描述和储存

D. 数据独立性较高

3.操作题

试画出MySQL客户端访问服务器层的流程图。

第 2 章

MySQL 使用第一步

学习目标

本章主要讲解 MySQL 数据库管理系统的环境配置和调用的相关内容，介绍 MySQL 软件的下载及安装、不同环境下 MySQL 数据库的启动与退出的操作步骤。通过本章的学习，读者可以：

- 熟悉 MySQL 的环境配置
- 掌握 Windows 环境下 MySQL 的启动与退出
- 掌握 Linux 环境下 MySQL 的启动与退出

内容浏览

2.1 MySQL环境配置

2.1.1 下载 MySQL

（视频2-1：Windows环境下MySQL的安装）

扫一扫，看视频

计算机的环境不同，MySQL的获取方法也不同，本节介绍在 Windows平台上和在 Linux平台上的获取方法。

1. 在 Windows平台上获取MySQL

在 Windows平台上获取MySQL的操作步骤如下：

（1）打开浏览器，在地址栏中输入https://downloads.mysql.com/archives/installer/，进入MySQL Product Archives工作页面，如图2-1所示。

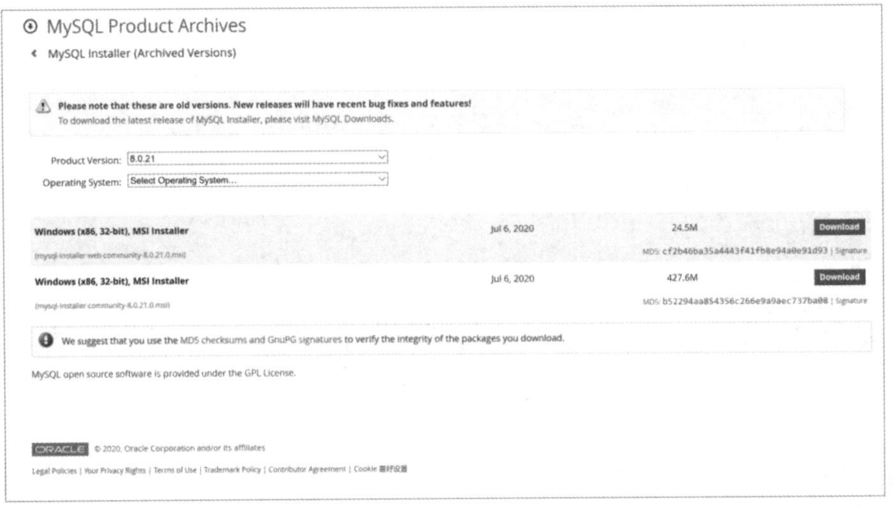

图2-1　MySQL Product Archives工作页面

（2）在MySQL Product Archives工作页面，首先在Product Version下拉列表中选择MySQL的版本号，然后在Operating System下拉列表中选择Microsoft Windows选项，可以看到有两个版本可供下载，如图2-2所示。

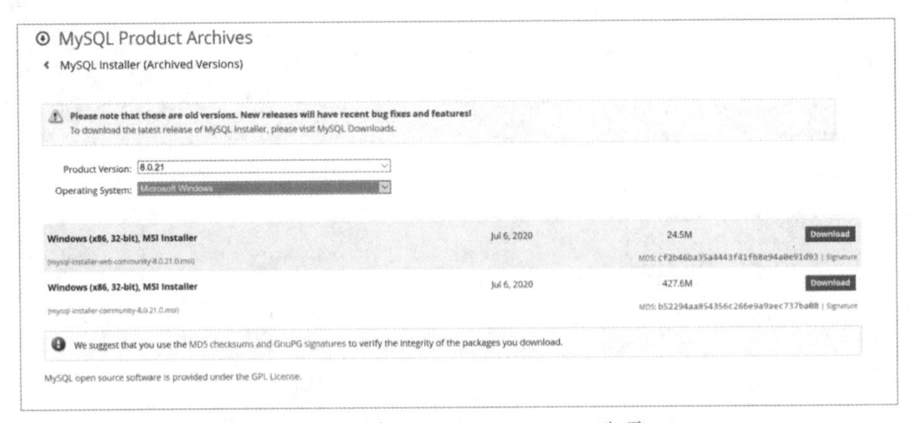

图2-2　选择Microsoft Windows选项

（3）在系统提供的两个安装版本（Web在线和Community离线）中，建议选择Community离线安装版本，单击Download按钮即可下载。

2. 在 Linux平台上获取MySQL

在 Linux平台上获取MySQL的操作步骤如下：

（1）打开浏览器，在地址栏中输入https://dev.mysql.com/downloads/repo/yum/（由于Linux系统的内核版本比较多，所以需要根据对应的系统选择网址进行下载，假设此处的系统为Red Hat或者Fedora），进入MySQL Community Downloads工作页面，如图2-3所示。

图2-3　MySQL Community Downloads工作页面（1）

（2）根据实际安装的Linux系统版本进行对应安装包的下载。

如果系统为SUSE，则对应的下载链接为https://dev.mysql.com/downloads/repo/suse/，如图2-4所示。

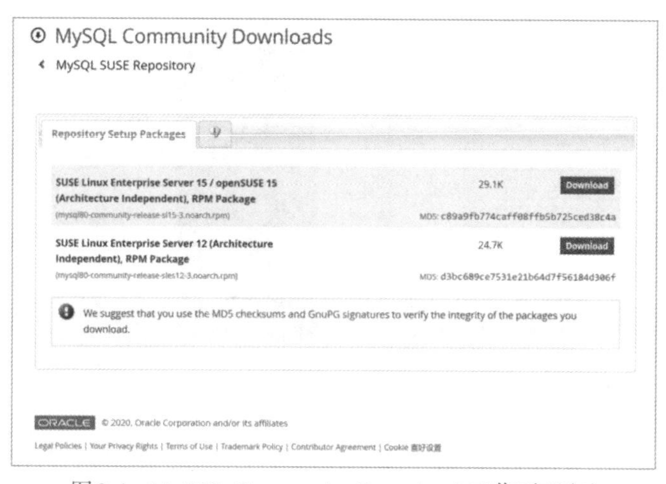

图2-4　MySQL Community Downloads工作页面（2）

如果系统是Ubuntu或者Debian，则对应的下载链接为https://dev.mysql.com/downloads/repo/apt/，如图2-5所示。

图2-5　MySQL Community Downloads工作页面（3）

2.1.2　Windows 环境下 MySQL 的安装与配置

（视频2-2：Windows环境下MySQL的配置）

1. Windows环境下MySQL的安装

扫一扫，看视频

当顺利完成下载工作后，安装包中会有两种格式（zip和msi）的下载文件，zip文件解压缩后即可使用，但是需要手动进行一些配置。

msi格式的安装文件是Windows环境下的安装文件，安装和配置都有图形界面支持。

下面以版本号为5.7.28的msi安装包为例，介绍在Windows环境下安装MySQL的步骤。

操作步骤如下：

（1）打开安装程序，进入MySQL Installer窗口，如图2-6所示。

（2）在MySQL Installer窗口中，选中I accept the license terms复选框，然后单击Next按钮，进入Choosing a Setup Type界面，如图2-7所示。

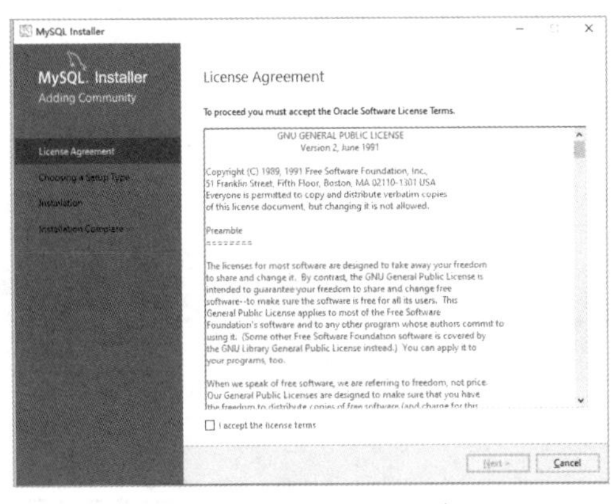

图2-6　MySQL Installer窗口

图2-7　Choosing a Setup Type界面

（3）在Choosing a Setup Type界面中有5个选项，具体介绍如下。

①开发者模式（Developer Default）：如果是作为开发机器来安装，选择本模式。

②服务器模式（Server Only）：此模式只会安装MySQL的Server模块。

③客户端模式（Client Only）：与服务器模式类似，此模式只会安装客户端模块。

④全模式（Full）：会安装所有模块的文件。部分功能和模块不经常用到，因此不推荐这种方式。

⑤自定义模式（Custom）：可自行选择需要的模块进行安装，新手了解了MySQL的各个功能模块后，建议使用此模式进行安装。

选中Custom选项后单击Next按钮进入Select Products and Features界面。

（4）在Select Products and Features界面中，先选择需要的模块，此例只选择Server、Workbench和Connector 三个模块，如图2-8所示。单击Next按钮，进入Installation界面，如图2-9所示。

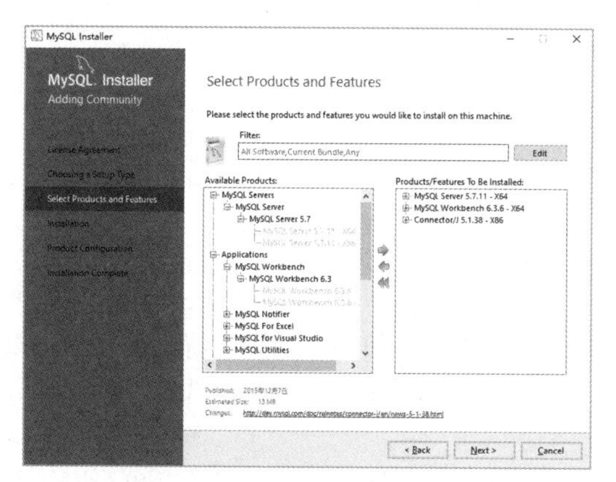

图2-8 Select Products and Features界面

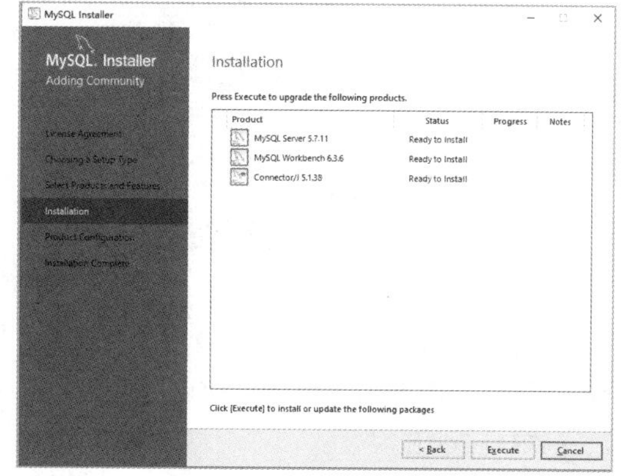

图2-9 Installation界面（1）

（5）在Installation界面中，查看安装的模块是否和已经选中的一样。如果不一样，可能是系统缺少一些必要组件，如.Net framework或者VC++；如果一致，则直接单击Execute按钮，进入Installation界面，如图2-10所示。

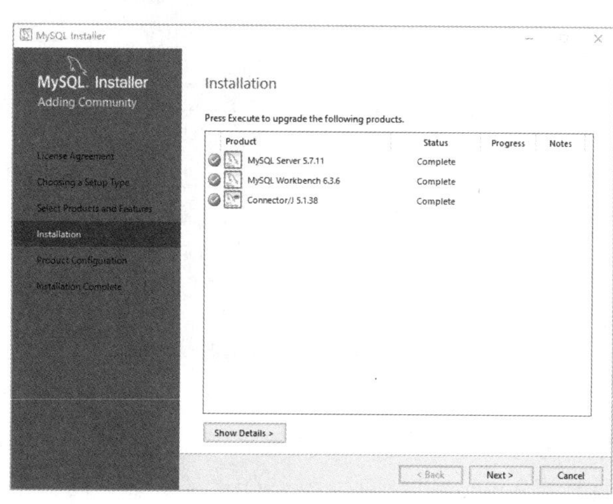

图2-10 Installation界面（2）

当发现所有需要安装的模块已变成Complete状态且前面有绿色的对钩后，说明MySQL已经安装完成，单击Next按钮进入配置界面。

2. Windows环境下MySQL的配置

配置MySQL的操作步骤较多，环节也较烦琐。读者可以通过观看视频2-2详细了解MySQL的配置的具体操作步骤。

（1）进入MySQL配置界面（图2-11）并单击Next按钮。

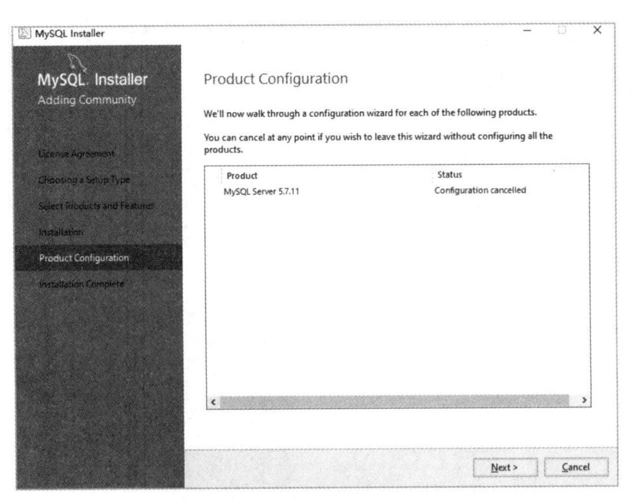

图2-11　MySQL配置界面（1）

（2）在MySQL配置界面（图2-12），无须更改配置，单击Next按钮。如果有特殊需要，可以修改端口号、服务名等设置，建议选中Show Advanced and Logging Options复选框，后面可以进行高级设置的修改。

（3）在MySQL配置界面（图2-13），可以进行Root超级管理员账户密码的设置，也可以给其他使用数据库的用户创建新的账户和密码，设置完成后单击Next按钮，结束密码设置。

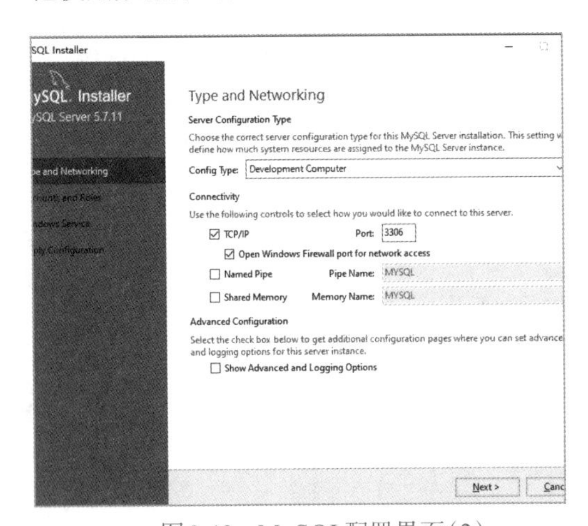

图2-12　MySQL配置界面（2）

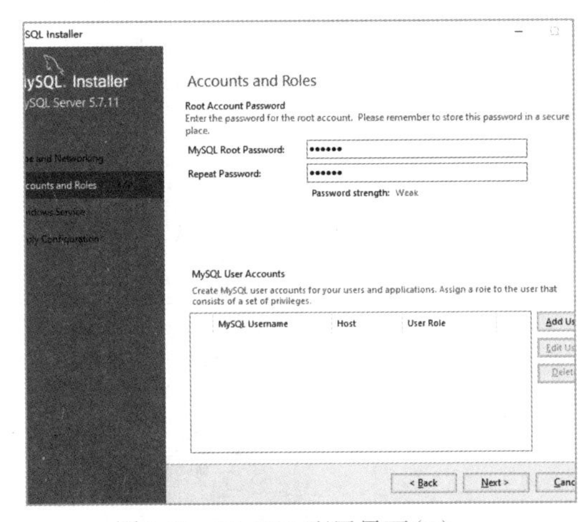

图2-13　MySQL配置界面（3）

（4）在MySQL配置界面（图2-14），将MySQL加入Windows服务，并且将MySQL服务加入系统的启动列表中，这样当Windows启动时，MySQL也会跟着启动。Windows Service Name（系统服务名）选项默认为MySQL80，如果有特殊需要可以修改。图中改为了MySQL57，然后单击Next按钮。

（5）在MySQL配置界面（图2-15），当所有配置项前面都出现绿色对钩后说明整个配置都完成了，单击Finish按钮完成设置。

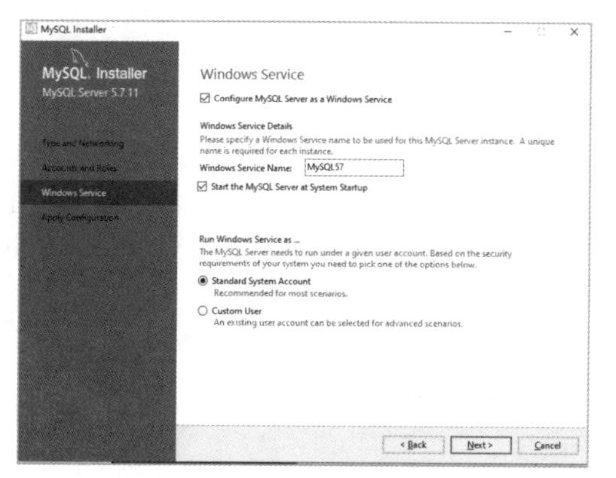

图2-14 MySQL配置界面(4)

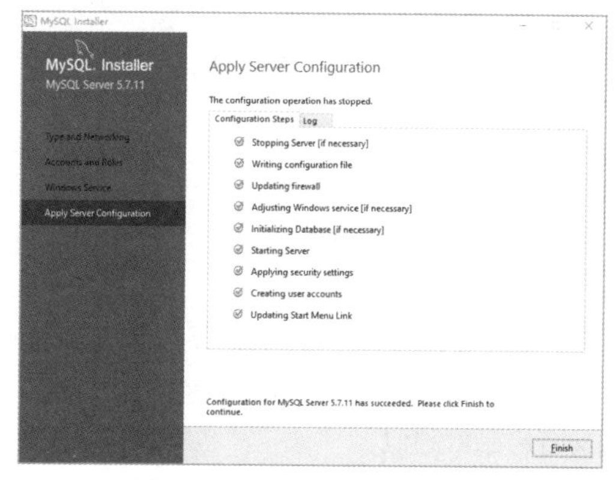

图2-15 MySQL配置界面(5)

(6)除上述的MySQL系统配置外，还需要对Windows系统环境变量进行配置。

①在桌面右击“我的电脑”，出现“系统”菜单。

②在“系统”菜单中，选择“属性”命令，再选择“高级选项”，最后选择“环境变量”，进入“环境变量”设置窗口，如图2-16所示。

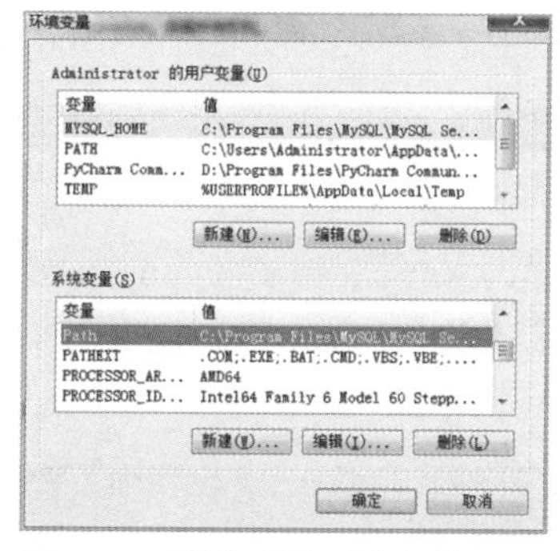

图2-16 操作系统环境变量配置

③在“环境变量”窗口中新建一个变量MYSQL_HOME，其值是MySQL的安装路径，默认路径为C:\Program Files\MySQL\MySQL Server 5.7\bin，如果安装时修改了路径，可使用最新的路径进行设置。

④选择系统变量Path进行编辑，在其中加入“%MYSQL_HOME%;”，最后的分号(;)不要忘记。

(7) MySQL的设置环境和操作系统环境配置完成后，需检验是否成功安装了MySQL。

打开DOS窗口，在命令行输入mysql -uroot -p，回车后输入root账户密码，若显示如图2-17所示的界面则说明安装成功。

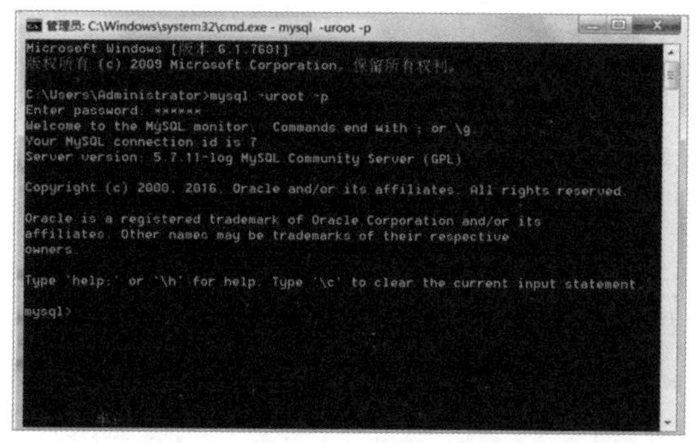

图2-17 测试是否成功安装MySQL

 2.1.3 Linux 环境下 MySQL 的安装与配置

（视频2–3：Linux环境下MySQL的配置）

1. 多版本Linux的支撑

扫一扫，看视频

在2.1.1小节中已经介绍了在Linux环境上获取MySQL安装包的操作，MySQL主要在Linux的衍生版本（如Red Hat、Fedora、Ubuntu、Debian、SUSE等）以及原生Linux 环境下工作。Linux 系统的版本不同，MySQL的安装方式也有些不同，但不同环境的安装过程基本相似。

2. 在Linux环境下安装MySQL

由于Linux环境的多元性，不同版本的系统安装过程会有所不同，本书仅以CentOS 6.4为例，介绍MySQL的安装步骤。

操作步骤如下：

（1）检查原机器是否已经安装了MySQL。在命令行输入yum list installed | grep mysql，如果已经安装了MySQL，会在结果行中显示之前安装的MySQL版本信息，如图2-18所示。

```
[root@localhost Desktop]# yum list installed | grep mysql
mysql-libs.i686            5.1.66-2.el6_3  @anaconda-CentOS-201303020136.i386/6.4
```

图2-18 Linux下查看已安装MySQL的版本信息界面

（2）清理系统中MySQL的残留。在命令行输入yum -y remove mysql-libs.i686，清理系统中的MySQL文件，避免后续安装过程中出现由于版本不同而产生冲突的情况提示，如图2-19所示。如果出现“Complete!”则说明清理完成。

```
[root@localhost Desktop]# yum -y remove mysql-libs.i686
Loaded plugins: fastestmirror, refresh-packagekit, security
Setting up Remove Process
Resolving Dependencies
--> Running transaction check
---> Package mysql-libs.i686 0:5.1.66-2.el6_3 will be erased
--> Processing Dependency: libmysqlclient.so.16 for package: 2:postfix-2.6.6-2.2.el6_1.i686
--> Processing Dependency: libmysqlclient.so.16(libmysqlclient_16) for package: 2:postfix-2.6.6-2.2.el6_1.i686
--> Processing Dependency: mysql-libs for package: 2:postfix-2.6.6-2.2.el6_1.i686
--> Running transaction check
---> Package postfix.i686 2:2.6.6-2.2.el6_1 will be erased
--> Processing Dependency: /usr/sbin/sendmail for package: cronie-1.4.4-7.el6.i686
--> Running transaction check
---> Package cronie.i686 0:1.4.4-7.el6 will be erased
--> Processing Dependency: cronie = 1.4.4-7.el6 for package: cronie-anacron-1.4.4-7.el6.i686
--> Running transaction check
---> Package cronie-anacron.i686 0:1.4.4-7.el6 will be erased
--> Processing Dependency: /etc/cron.d for package: sysstat-9.0.4-20.el6.i686
--> Processing Dependency: /etc/cron.d for package: crontabs-1.10-33.el6.noarch
--> Restarting Dependency Resolution with new changes.
--> Running transaction check
---> Package crontabs.noarch 0:1.10-33.el6 will be erased
---> Package sysstat.i686 0:9.0.4-20.el6 will be erased
--> Finished Dependency Resolution
```

图2-19 Linux下清理MySQL 的残留界面

（3）查看MySQL安装源。在命令行输入yum list | grep mysql，查看当前安装源中的MySQL版本号，如图2-20所示。

```
[root@localhost Desktop]# yum list | grep mysql
apr-util-mysql.i686                 1.3.9-3.el6_0.1          base
bacula-director-mysql.i686          5.0.0-13.el6             base
bacula-storage-mysql.i686           5.0.0-13.el6             base
dovecot-mysql.i686                  1:2.0.9-22.el6_10.1      updates
freeradius-mysql.i686               2.2.6-7.el6_9            base
libdbi-dbd-mysql.i686               0.8.3-5.1.el6            base
mod_auth_mysql.i686                 1:3.0.0-11.el6_0.1       base
mysql.i686                          5.1.73-8.el6_8           base
mysql-bench.i686                    5.1.73-8.el6_8           base
mysql-connector-java.noarch         1:5.1.17-6.el6           base
mysql-connector-odbc.i686           5.1.5r1144-7.el6         base
mysql-devel.i686                    5.1.73-8.el6_8           base
mysql-embedded.i686                 5.1.73-8.el6_8           base
mysql-embedded-devel.i686           5.1.73-8.el6_8           base
mysql-libs.i686                     5.1.73-8.el6_8           base
mysql-server.i686                   5.1.73-8.el6_8           base
mysql-test.i686                     5.1.73-8.el6_8           base
pcp-pmda-mysql.i686                 3.10.9-9.el6             base
php-mysql.i686                      5.3.3-50.el6_10          updates
qt-mysql.i686                       1:4.6.2-28.el6_5         base
rsyslog-mysql.i686                  5.8.10-12.el6            base
rsyslog7-mysql.i686                 7.4.10-7.el6             base
```

图2-20 Linux下查看MySQL安装源界面

（4）安装MySQL。确定了yum源后，在命令行输入yum -y install mysql mysql-server mysql-devel，如果安装成功将显示可用列表，如图2-21所示。安装需要一定时间，而且提示信息较长，如果出现“Complete！”则说明安装完成，如图2-22所示。

```
[root@localhost Desktop]# yum -y install mysql mysql-server mysql-devel
Loaded plugins: fastestmirror, refresh-packagekit, security
Loading mirror speeds from cached hostfile
 * base: ftp.sjtu.edu.cn
 * extras: ftp.sjtu.edu.cn
 * updates: mirrors.nju.edu.cn
Setting up Install Process
Resolving Dependencies
--> Running transaction check
---> Package mysql.i686 0:5.1.73-8.el6_8 will be installed
--> Processing Dependency: mysql-libs = 5.1.73-8.el6_8 for package: mysql-5.1.73-8.el6_8.i686
--> Processing Dependency: libmysqlclient_r.so.16(libmysqlclient_16) for package: mysql-5.1.73-8.el6_8.i686
--> Processing Dependency: libmysqlclient_r.so.16 for package: mysql-5.1.73-8.el6_8.i686
--> Processing Dependency: libmysqlclient.so.16(libmysqlclient_16) for package: mysql-5.1.73-8.el6_8.i686
--> Processing Dependency: libmysqlclient.so.16 for package: mysql-5.1.73-8.el6_8.i686
---> Package mysql-devel.i686 0:5.1.73-8.el6_8 will be installed
```

图2-21　Linux下安装MySQL界面

```
Installed:
  mysql.i686 0:5.1.73-8.el6_8                mysql-devel.i686 0:5.1.73-8.el6_8                mysql-server.i686 0:5.1.73-8.el6_8

Dependency Installed:
  keyutils-libs-devel.i686 0:1.4-5.el6  krb5-devel.i686 0:1.10.3-65.el6     libcom_err-devel.i686 0:1.41.12-24.el6  libkadm5.i686 0:1.10.3-65.el6
  libselinux-devel.i686 0:2.0.94-7.el6  libsepol-devel.i686 0:2.0.41-4.el6  mysql-libs.i686 0:5.1.73-8.el6_8        openssl-devel.i686 0:1.0.1e-58.el6_10
  perl-DBD-MySQL.i686 0:4.013-3.el6     perl-DBI.i686 0:1.609-4.el6         zlib-devel.i686 0:1.2.3-29.el6

Dependency Updated:
  e2fsprogs.i686 0:1.41.12-24.el6     e2fsprogs-libs.i686 0:1.41.12-24.el6  keyutils-libs.i686 0:1.4-5.el6          krb5-libs.i686 0:1.10.3-65.el6
  libcom_err.i686 0:1.41.12-24.el6    libselinux.i686 0:2.0.94-7.el6        libselinux-python.i686 0:2.0.94-7.el6   libselinux-utils.i686 0:2.0.94-7.el6
  libss.i686 0:1.41.12-24.el6         openssl.i686 0:1.0.1e-58.el6_10

Complete!
```

图2-22　Linux下MySQL安装完成界面

（5）检查是否安装成功。在命令行输入rpm -qi mysql-server，出现版本信息则说明安装成功，如图2-23所示。

```
[root@localhost Desktop]# rpm -qi mysql-server
Name        : mysql-server                 Relocations: (not relocatable)
Version     : 5.1.73                            Vendor: CentOS
Release     : 8.el6_8                       Build Date: Thu 26 Jan 2017 01:41:51 PM PST
Install Date: Tue 27 Oct 2020 03:02:37 AM PDT      Build Host: c1bm.rdu2.centos.org
Group       : Applications/Databases        Source RPM: mysql-5.1.73-8.el6_8.src.rpm
Size        : 25690035                         License: GPLv2 with exceptions
Signature   : RSA/SHA1, Thu 26 Jan 2017 02:35:23 PM PST, Key ID 0946fca2c105b9de
Packager    : CentOS BuildSystem <http://bugs.centos.org>
URL         : http://www.mysql.com
Summary     : The MySQL server and related files
Description :
MySQL is a multi-user, multi-threaded SQL database server. MySQL is a
client/server implementation consisting of a server daemon (mysqld)
and many different client programs and libraries. This package contains
the MySQL server and some accompanying files and directories.
```

图2-23　Linux下检查是否安装成功界面

2.2　Windows环境下 MySQL的启动与退出

2.2.1　Windows 环境下启动 MySQL

（视频2-4：Windows环境下 MySQL的启动与退出）

MySQL顺利安装完成后，启动服务器进程和登录MySQL是首要工作。

1. 启动MySQL服务

操作步骤如下：

（1）首先单击“开始”菜单，然后在搜索框中输入services.msc命令，打开“服务”窗口，如图2-24所示。

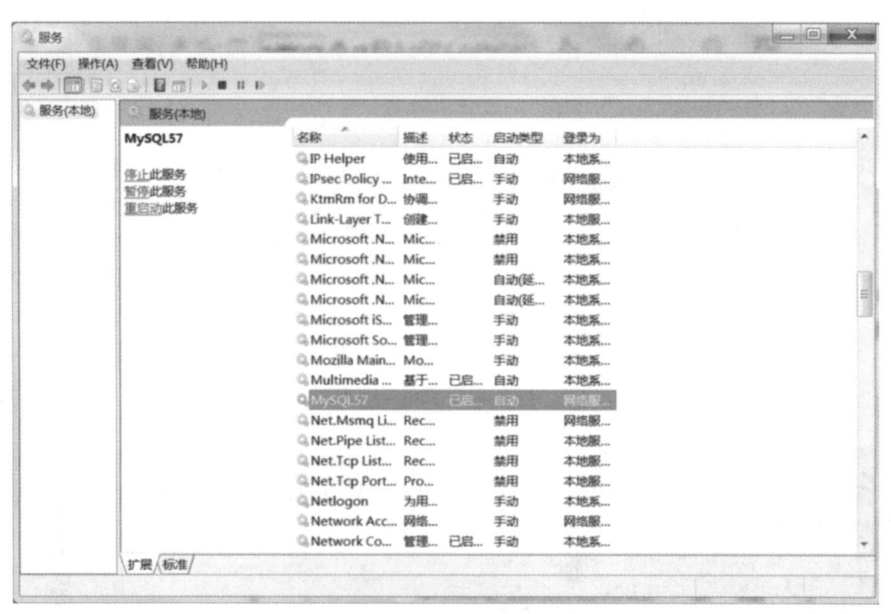

图2-24 “服务”窗口

（2）在“服务”窗口，可以看到安装时设置的MySQL57（端口未修改的是MySQL80）的服务，通过状态栏可以看到当前系统的MySQL服务已经启动，可以通过单击左侧的“停止此服务”“暂停此服务”“重启动此服务”按钮，对MySQL服务的状态进行修改。

2. 登录MySQL服务器

在Windows操作系统下，可以通过3种方式登录MySQL数据库。

（1）使用操作系统命令登录。操作步骤如下：

①单击“开始”菜单，在搜索框中输入cmd，打开DOS窗口，如图2-25所示。

②在DOS窗口中，先输入mysql -uroot -p，然后在Enter password提示下输入安装时设置的超级管理员密码，按回车键确认，如图2-26所示。

图2-25 DOS窗口

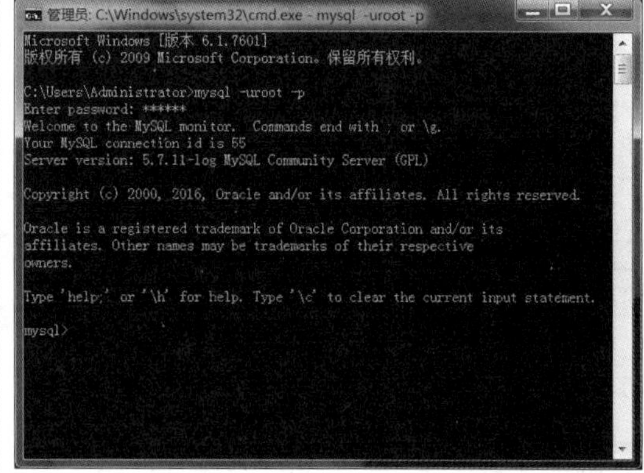

图2-26 在DOS窗口登录MySQL服务器端

（2）使用MySQL Command Line Client工具登录。

①单击“开始”菜单，在搜索框中输入MySQL 5.7 Command Line Client，打开MySQL 5.7 Command Line Client-Unicode窗口。

②在MySQL 5.7 Command Line Client-Unicode窗口中，输入超级管理员密码，登录

MySQL服务器端，如图2-27所示。

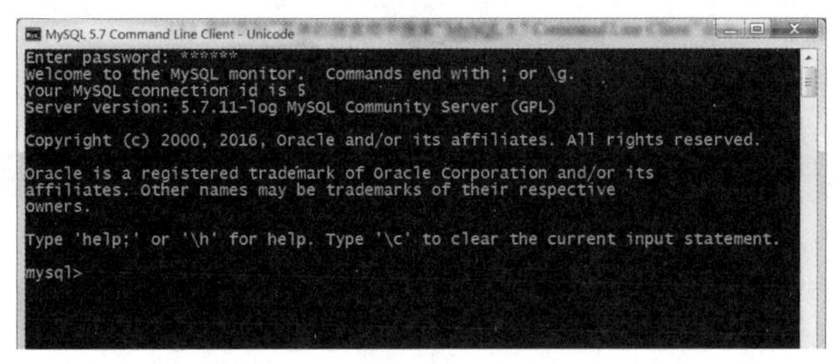

图2-27　利用MySQL 5.7 Command Line Client工具登录MySQL服务器端

（3）使用Workbench登录MySQL。

①单击“开始”菜单，在搜索框中输入MySQL Workbench，打开MySQL Wrokbench窗口，如图2-28所示。

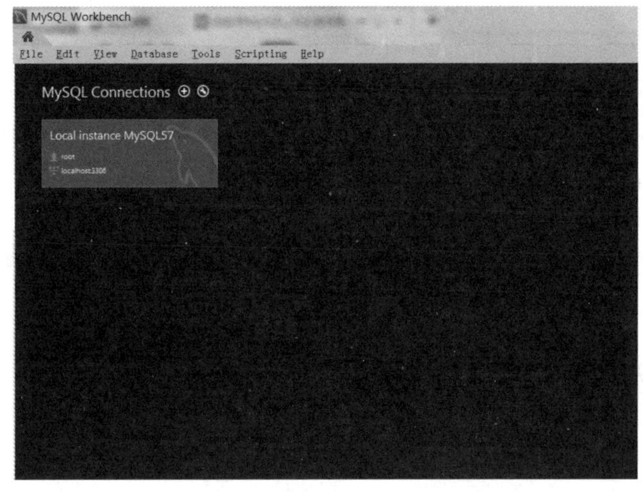

图2-28　MySQL Wrokbench窗口

②在MySQL Wrokbench窗口中，会显示默认的本地数据库实例，如果没有，可以单击MySQL Connections后面的⊕新建连接，进入Setup New Connection窗口，并且按照本地数据库配置，设置好连接名（Connection Name），将安装时设置的密码（Password）配置好，单击OK按钮，如图2-29所示。

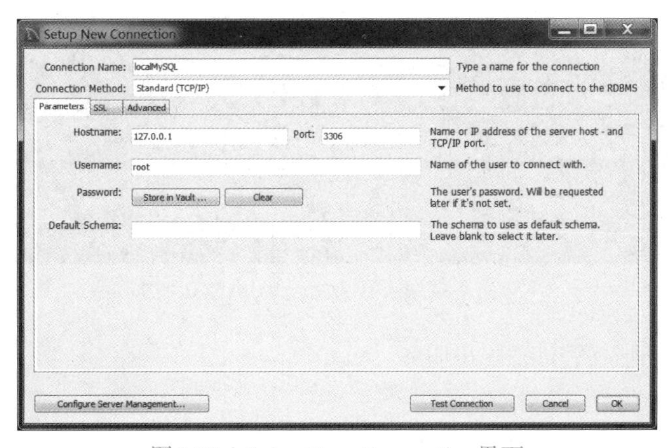

图2-29　Setup New Connection界面

③在Setup New Connection窗口，选择新建好的连接，完成登录MySQL，进入“数据库操作”窗口，如图2-30所示。

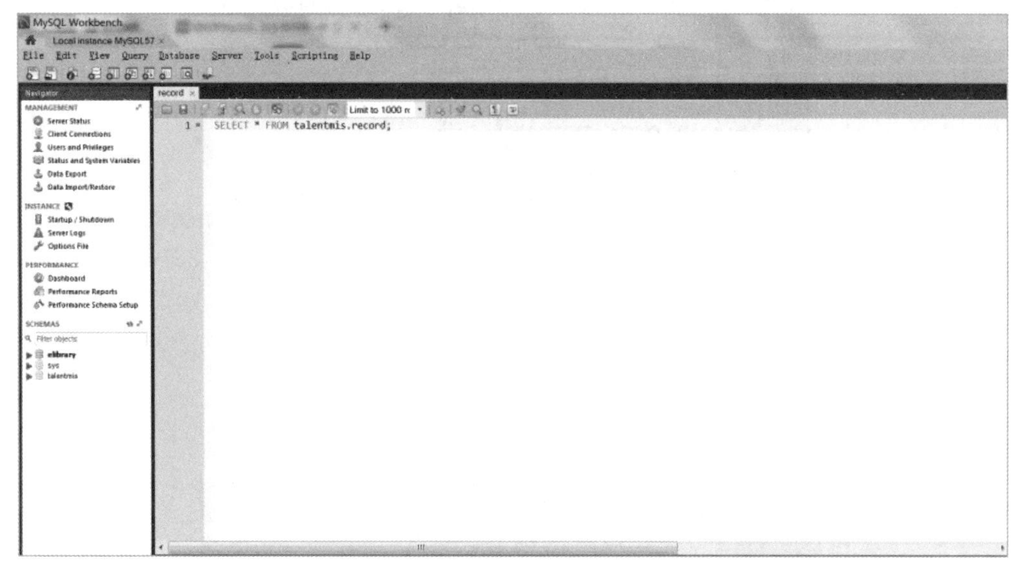

图2-30 “数据库操作”窗口

2.2.2 Windows环境下退出MySQL服务

退出MySQL服务也有两种方式。

1. 使用命令行方式退出服务

操作步骤如下：

（1）单击“开始”菜单，在搜索框中输入cmd，打开DOS窗口。

（2）在DOS窗口中，先输入mysqladmin -uroot -p shutdown，然后在Enter password提示下，输入安装时设置的超级管理员密码，按回车键确认。

成功退出服务后没有提示，但是如果再次登录MySQL账户，则可能出现错误提示Can’t connect to MySQL server on ‘localhost’ (10061)，则说明MySQL服务已经成功关闭，如图2-31所示。

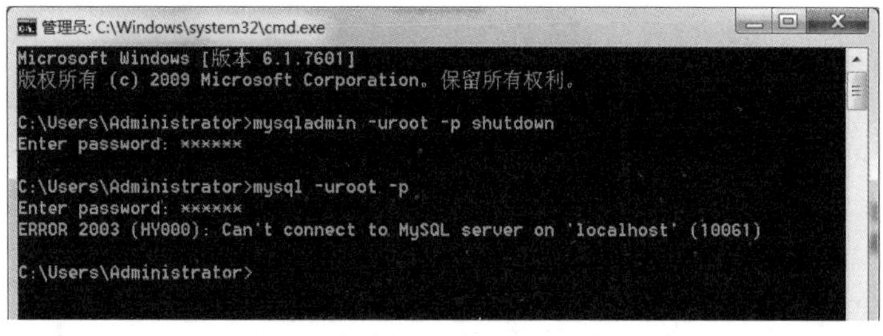

图2-31 以命令行方式退出MySQL服务

2. 使用Windows服务管理器退出服务

操作步骤如下：

（1）单击“开始”菜单，在搜索框中输入services.msc，打开“服务”窗口。

(2) 在“服务”窗口中，找到MySQL57（或MySQL80）服务并选中，通过单击左侧的“停止此服务”按钮，退出MySQL服务，如图2-32所示。

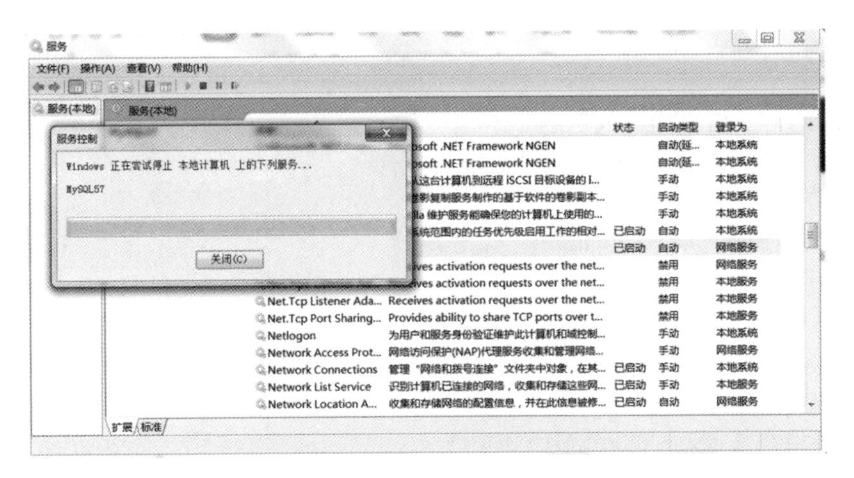

图2-32　使用服务管理器退出MySQL服务

2.3 Linux环境下MySQL的启动与退出

2.3.1 Linux 环境下启动 MySQL

（视频2-5：Linux环境下 MySQL的启动与退出）

扫一扫，看视频

Linux平台的版本较多，本书以CentOS为例讲解启动MySQL服务和登录MySQL的方法。

1. 启动MySQL服务

启动MySQL服务的常用命令如下：

(1) 安装后，在命令行输入systemctl start mysqld.service，将MySQL服务添加到Linux自启动列表中，这样系统启动后，MySQL服务也跟随系统启动，较为方便。

(2) 如果安装时使用的是RPM安装包，配置完成后，在命令行输入service mysqld start，即可启动MySQL服务。

2. 登录MySQL

在Linux环境下登录MySQL的方式与Windows环境下的类似。

首先在命令行输入mysql -uroot -p，然后输入密码，即可完成登录。

2.3.2 Linux 环境下退出 MySQL 服务

在Linux环境下退出MySQL服务有以下两种方式。

(1) 在命令行输入mysqladmin -uroot -p shutdown，完成服务的退出。

(2) 如果安装时使用的是RPM安装包，配置完成后，在命令行输入service mysql stop，即可退出MySQL服务。

2.4 习题二

1.简答题

（1）简述几款不同的MySQL版本的区别。

（2）简述如何选择适合的MySQL安装模式。

2.选择题

（1）不是MySQL的安装模式的是（　　）。

A. 开发者模式　　B. 全模式　　C. 本地模式　　D. 自定义模式

（2）在Windows环境下管理服务的命令是（　　）。

A. Compmgmt.msc　　B. Services.msc　　C. gpedit.msc　　D. ipconfig

3.操作题

（1）在本地环境下安装和配置MySQL。

（2）开启和关闭MySQL服务。

第 3 章

MySQL 数据库基础知识

学习目标

本章主要讲解 MySQL 数据库的数据类型、常用函数和表达式计算，它们是数据库设计、数据操纵、数据库管理的基础，是进行数据库应用开发的必备知识。通过本章的学习，读者可以：

- 掌握数据类型及应用
- 掌握常用函数及应用
- 掌握表达式计算方法

内容浏览

3.1 MySQL的数据类型

扫一扫，看视频

（视频3–1：MySQL的数据类型概述）

MySQL主要支持数值型、文本型和日期时间型这三大数据类型。

（1）数值型：包括整数型TINYINT、SMALLINT、MEDIUMINT、INT、BIGINT，浮点小数型FLOAT和DOUBLE，定点小数型DECIMAL。

（2）字符串型：包括CHAR、VARCHAR、BINARY、VARBINARY、BLOB、TEXT、ENUM和SET等。字符串类型又分为文本字符串和二进制字符串。

（3）日期时间型：包括YEAR、TIME、DATE、DATETIME和TIMESTAMP。

3.1.1 数值型数据

扫一扫，看视频

（视频3–2：MySQL的数据类型——数值型数据）

数值型是描述定量数据的数据类型，是最常用的数据类型之一。MySQL支持所有标准SQL中的数值型数据，包括整数型数据类型和浮点型数据类型。

1. 整数型数据类型

整数型数据类型包括INTEGER、SMALLINT、TINYINT、MEDIUMINT和BIGINT 5种长度不同的类型，见表3-1。

表 3-1　整数型数据类型

数据类型	说明	存储需求
INT(INTEGER)	普通大小的整数	4 个字节
SMALLINT	小的整数	2 个字节
TINYINT	很小的整数	1 个字节
MEDIUMINT	中等大小的整数	3 个字节
BIGINT	大整数	8 个字节

从表3-1中可以看到，不同类型的整数存储时所需的字节数是不同的，占用字节数最小的是TINYINT类型，占用字节最大的是BIGINT类型，相应的占用字节越多的类型所能表示的数值范围越大。根据占用字节数可以求出每一种数据类型的取值范围，例如：TINYINT需要1个字节（8bits）来存储，那么TINYINT无符号数的最大值为2^8–1，即255；TINYINT有符号数的最大值为2^7–1，即127。其他整数类型取值范围的计算方法相同，见表3-2。

表 3-2　不同整数型数据的取值范围

数据类型	有符号	无符号
INT(INTEGER)	–2147483648~2147483647	0~4294967295
SMALLINT	32768~32767	0~65535
TINYINT	–128~127	0~255
MEDIUMINT	–8388608~8388607	0~16777215

对于整数型数据，MySQL还支持在类型后面的小括号内指定显示长度。例如，int(5)表示当数值长度小于5位时在数字前面填满，如果不指定，长度则默认为int(11)，一般配合zerofill

使用。顾名思义，zerofill就是用0填充，也就是当位数不够时用字符0填满。以下几个例子分别描述了填充前后的区别。

整数型还有一个属性:AUTO_INCREMENT。在需要产生唯一标识符或顺序值时，可利用此属性，该属性只用于整数型。AUTO_INCREMENT一般从1开始，每行增加1。在插入NULL到一个AUTO_INCREMENT列时，MySQL插入一个比该列中当前最大值大1的值。一个表中最多只能有一个AUTO_INCREMENT列。对于任何想要使用AUTO_INCREMENT的列，应该定义为NOT NULL，并定义为PRIMARYKEY或UNIQUE。

2. 非整数型数据类型

MySQL非整数型数据类型包括浮点型和定点型两种。浮点型有单精度浮点型（FLOAT）和双精度浮点型（DOUBLE），定点型只有一种，即DECIMAL。

浮点型和定点型都可以用(M,N)来表示，其中M称为精度，表示总位数；N称为标度，表示小数的位数，无论是浮点型还是定点型，一旦确定，其取值范围也将被确定，见表3-3。

表 3-3　非整数型数据类型

数据类型	字节数	负数的取值范围	非负数的取值范围
FLOAT	4	–3.402823466E+38~ –1.175494351E-38	0 和 1.175494351E-38~ 3.402823466E+38
DOUBLE	8	–1.7976931348623157E+308~ –2.2250738585072014E-308	0 和 2.2250738585072014E-308~ 1.7976931348623157E+308
DECIMAL(M,D)	M+2	同 DOUBLE 型	同 DOUBLE 型

从表3-3中可以看到，DECIMAL型的取值范围与DOUBLE型相同。但是，DECIMAL型的有效取值范围由M和D决定，而且DECIMAL型的字节数是M+2。也就是说，定点型的存储空间是由其精度决定的。

MySQL可以指定浮点型和定点型的精度，其基本形式如下。

```
数据类型(M,D)
```

其中，

（1）数据类型：是浮点型或定点型。

（2）参数M：精度，是数据的总长度，小数点不占位置。

（3）参数D：标度，是指小数点后的位数。

例如，

FLOAT(10,3)表示是FLOAT类型，数据长度为10，小数点后保留3位。

DECIMAL(7,2)表示数据是定点型的标准格式，数据长度为7，小数点后保留2位。

3.1.2　字符串型数据

（视频3–3：MySQL的数据类型——字符串型数据）

扫一扫，看视频

字符串型不仅可以用来存储字符串数据，还可以存储图片和声音的二进制数据。字符串可以设置区分或者不区分串的大小写，还可以进行正则表达式的匹配查找。

MySQL 中的字符串类型有 CHAR、VARCHAR、TINYTEXT、TEXT、MEDIUMTEXT、LONGTEXT、ENUM、SET以及二进制形式文本数据类型等。

1. 定长字符串数据

定长字符串CHAR(M)是固定长度的字符串，在定义类型时需要定义字符串长度。当保存时，在右侧填充空格以达到指定的长度。M 表示列的长度，范围是 0 ～ 255。

例如，CHAR(12)定义了一个固定长度的字符串列，这列的字符个数最大为 12 个。当检索到 CHAR 值时，尾部的空格将被删除。

2. 变长字符串数据

变长字符串VARCHAR(M)是长度可变的字符串，M表示最大列的长度，M 的范围是 0 ～ 65535。VARCHAR 的最大实际长度由最长的行的大小和使用的字符集确定，而实际占用的空间为字符串的实际长度加 1。

例如，VARCHAR(30)定义了一个最大长度为30的字符串，如果插入的字符串只有20个字符，则实际存储的字符串为20个插入字符和1个结束字符。VARCHAR在值保存和检索时尾部的空格仍保留。

3. 文本类型数据

文本类型（TEXT）可以保存非二进制字符串，如文章内容、评论等。

当保存或查询 TEXT 列的值时，不删除尾部空格。

TEXT类型分为TINYTEXT、TEXT、MEDIUMTEXT 和 LONGTEXT，不同的TEXT类型长度不同，见表3-4。

表 3-4　TEXT 类型长度

类型名称	长度
TINYTEXT	255
TEXT	255
MEDIUMTEXT	16777215
LONGTEXT	4294967295 或 4GB

4. 枚举类型数据

枚举字符串（ENUM）是一个字符串对象，其表示定义列时枚举确定的表中的一列值。其语法格式如下：

```
<字段名> ENUM('值1', '值1', ..., '值n')
```

其中，

字段名：将要定义的字段。

值 n：枚举列表中第 n 个值。

ENUM 类型的特点如下：

（1）ENUM 类型的字段在取值时，能在指定的枚举列表中获取，而且一次只能取一个。如果创建的成员中有空格，尾部的空格将自动被删除。

（2）ENUM 值在内部用整数表示，每个枚举值均有一个索引值，列表所允许的成员值从 1 开始编号，MySQL 存储的就是这个索引编号，枚举最多可以有 65535 个元素。

（3）ENUM 值按照列索引顺序排列，空字符串排在非空字符串之前，NULL 值排在其他所有枚举值前。

（4）ENUM 列总有一个默认值。如果将 ENUM 列声明为 NULL，NULL 值则为该列的一个有效值，并且默认值为 NULL。如果 ENUM 列被声明为 NOT NULL，其默认值为允许的值列表的第 1 个元素。

5. SET类型数据

SET 是一个字符串的对象，可以有0个或多个值。SET列值为表创建时规定的一列值，指定包括多个 SET 成员的 SET 列值，各成员之间要用“,”逗号隔开，SET最多可以有 64 个元素。

语法格式如下：

SET('值 1', '值 2', ..., '值n')

SET类型与ENUM类型相同之处在于SET值在内部也用整数表示，列表中每个值都有一个索引编号，当创建表时，SET成员值的尾部空格将自动删除。

SET类型与ENUM类型不同之处在于ENUM类型的字段只能从定义的列值中选择一个值插入，而SET类型的列可从定义的列值中选择多个字符的联合。

6. 二进制形式的文本数据

二进制数据类型常用于存储图像数据、有格式的文本数据（如Word、Excel文件）、程序文件数据等。MySQL中的二进制字符串有 BIT、BINARY、VARBINARY、TINYBLOB、BLOB、MEDIUMBLOB和 LONGBLOB。

表3-5 中列出了MySQL中二进制形式的文本数据类型，括号中的M表示可以为其指定长度。

表 3-5 二进制形式的文本数据类型

类型名称	说明	数据长度
BIT(M)	位字段类型	M 字节
BINARY(M)	固定长度二进制字符串	M 字节
VARBINARY (M)	可变长度二进制字符串	M+1 字节
TINYBLOB (M)	非常小的 BLOB	2^8–1 字节
BLOB (M)	小的 BLOB	2^{16}–1 字节
MEDIUMBLOB (M)	中等大小的 BLOB	2^{24}–1 字节
LONGBLOB (M)	非常大的 BLOB	2^{31}–1 字节

3.1.3 日期时间型数据

（视频3–4:MySQL的数据类型——日期型数据）

扫一扫，看视频

MySQL中有多种表示日期和时间的数据类型，包括YEAR、TIME、DATE、TIME和TIMESTAMP。

每个类型都有特定的取值范围，当指定不合法的值时，系统将“0”插入数据库中，MySQL的日期时间型数据的取值范围见表3-6。

表 3-6 日期时间型数据

类型名称	取值范围	长度
YEAR	1901 ~ 2155	1 字节
TIME	–838:59:59 ~ 838:59:59	3 字节
DATE	1000-01-01 ~ 9999-12-3	3 字节
TIME	1000-01-01 00:00:00 ~ 9999-12-31 23:59:59	8 字节
TIMESTAMP	1980-01-01 00:00:01 UTC ~ 2040-01-19 03:14:07 UTC	4 字节

1. 日期数据

日期（DATE）是日期型数据，格式如下：

YYYY-MM-DD

其中，YYYY表示年份，MM表示月份，DD表示某一天（日）。

例如，2020年12月30日，被存储为2020-12-30。

2. 时间数据

时间（TIME）是时间型数据，格式如下：

HH:MM:SS

其中，HH表示小时，MM表示分钟，SS表示秒。

例如，12时15分30秒，被存储为12:15:30。

3. 年份数据

年份（YEAR）是年份型数据，格式如下：

YYYY

其中，YYYY表示年份。

例如，2020年，被存储为2020。

4. 日期时间数据

日期时间（TIME）是日期时间型数据，格式如下：

YYYY-MM-DD HH:MM:SS

其中，YYYY表示年份，MM表示月份，DD表示某一天（日），HH表示小时，MM表示分钟，SS表示秒。

例如，2020年12月30日12时15分30秒，被存储为2020-12-30 12:15:30。

5. 时间戳数据

时间戳（TIMESTAMP）是时间戳型数据，显示格式与DATETIME相同。

TIMESTAMP的取值范围为'1970-01-01 00:00:01'UTC ～ '2038-01-19 03:14:07'UTC。

UTC（英国:Coordinated Universal Time，法国:Temps Universel Coordonné）又称为世界统一时间、世界标准时间、国际协调时间。

TIMESTAMP值的存储是以UTC（世界标准时间）格式保存的，存储时对当前时区进行转换，检索时再转换回当前时区，即查询时，根据当前时区的不同，显示的时间值是不同的。

3.2 MySQL的运算符

3.2.1 算数运算符

（视频3-5:MySQL的运算符——算数运算符）

扫一扫，看视频

算术运算符是SQL中最基本的运算符，MySQL支持的算术运算符包括加、减、乘、除和取余。

MySQL支持的算数运算及其使用方法见表3-7。

表 3-7　算数运算符及其使用方法

运算符	说明	示例	结果
+	加法运算	mysql> SELECT 3+2	5
-	减法运算	mysql> SELECT 1-3	-2
*	乘法运算	mysql> SELECT 2*8	16
/	除法运算，返回商	mysql> SELECT 10/2	5
%，MOD	取余运算，返回余数	mysql> SELECT 15 % 8	7

3.2.2　比较运算符

（视频3–6：MySQL的运算符——比较运算符）

扫一扫，看视频

比较运算符用来比较两事物间的关系，比较结果值只能是0或1。

当比较运算符的值为真时，结果值都为1；当比较运算符的值为假时，结果值都为0。

MySQL支持的比较运算及其使用方法见表3-8。

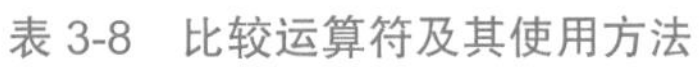

表 3-8　比较运算符及其使用方法

运算符	说明	示例	结果
=	等于	mysql> SELECT 5=9	0
<=>	安全等于	mysql> SELECT 9<=>1	0
<> 或者 !=	不等于	mysql> SELECT 0<>1	0
<=	小于等于	mysql> SELECT 2<=7	1
>=	大于等于	mysql> SELECT 5<9	1
>	大于	mysql> SELECT 7>=2	1
IS NULL	判断一个值是否为空	mysql> SELECT IS NULL	1
IS NOT NULL	判断一个值是否不为空	mysql> SELECT 'mysql' IS NOT NULL	0
BETWEEN AND	判断一个值是否落在两个值之间	mysql> SELECT 6 BETWEEN 1 AND 9	1

3.2.3　逻辑运算符

（视频3–7：MySQL的运算符——逻辑运算符）

扫一扫，看视频

逻辑运算符又称为布尔运算符，用来判断表达式的真或假。

MySQL支持的逻辑运算及其使用方法见表3-9。

表 3-9　逻辑运算符及其使用方法

运算符	说明	示例	结果
NOT 或者 !	逻辑非	mysql> SELECT NOT 1	0
AND 或者 &&	逻辑与	mysql> SELECT 5 AND 0	0
OR 和 ||	逻辑或	mysql> SELECT 1 OR 0	1
XOR	逻辑异或	mysql> SELECT 1 XOR 1	0

3.3 MySQL的函数

（视频3-8：MySQL的函数概述）

扫一扫，看视频

MySQL函数是MySQL数据库提供的内部函数，这些内部函数可以帮助用户更加便捷地处理表中的数据。

当调用MySQL函数时，输入相关的参数值，便可得到对应的计算结果，输出值称为返回值。

MySQL函数大多数用来对数据表中的数据进行相应的加工处理，返回用户希望得到的数据。利用这些函数，开发人员可简单快捷地对数据库进行操作。常用的SELECT、INSERT、UPDATE和 DELETE 语句及其子句（WHERE、ORDER BY、HAVING ）中都可以使用 MySQL 函数。

MySQL函数包括字符串函数、数学函数、日期函数、联合函数、条件判断函数、系统信息函数、加密函数、格式化函数和锁函数等。

3.3.1 字符串函数

（视频3-9：MySQL的函数——字符串函数）

扫一扫，看视频

字符串函数主要用于处理字符串，其中包括字符串连接函数、字符串比较函数、将字符串的字母都变成小写或大写的函数和获取子串的函数等。

字符串函数及其使用方法见表3-10。

表 3-10 字符串函数及其使用方法

函数名称	说明
LENGTH	功能：计算字符串长度，返回字符串的字节长度
	命令：mysql> SELECT LENGTH('MySQL'),LENGTH(' 数据库 ')
	值：5，9（一个汉字占 3 个字节）
CONCAT	功能：合并字符串，返回结果为参数连接后的字符串
	命令：mysql> SELECT CONCAT('MySQL','- 用户 ')
	值：MySQL- 用户
INSERT	功能：替换字符串
	命令：mysql> SELECT INSERT('MySQL'，3,3，'DB')
	值：MyDB
LOWER	功能：将字符串中的字母转换为小写
	命令：mysql> SELECT LOWER ('MySQL')
	值：mysql
UPPER	功能：将字符串中的字母转换为大写
	命令：mysql> SELECT UPPER ('sql')
	值：SQL
LEFT	功能：从左侧截取字符串，返回字符串左边的若干个字符
	命令：mysql> SELECT LEFT ('MySQL',2)
	值：My

续表

函数名称	说明
RIGHT	功能：从右侧截取字符串，返回字符串右边的若干个字符
	命令：mysql> SELECT RIGHT ('MySQL',3)
	值：SQL
TRIM	功能：删除字符串左右两侧的空格
	命令：mysql> SELECT TRIM (' MySQL ')
	值：MySQL
REPLACE	功能：替换字符串，返回替换后的新字符串
	命令：mysql> SELECT REPLACE ('MySQL', 'mysql')
	值：mysql
SUBSTRING	功能：截取字符串，返回从指定位置开始的指定长度的字符串
	命令：mysql> SELECT SUBSTRING('MySQL',2,3)
	值：SQL
REVERSE	功能：反转（逆序）字符串，返回与原始字符串顺序相反的字符串
	命令：mysql> SELECT REVERSE('MySQL')
	值：LQSyM

3.3.2 数学函数

（视频3-10：MySQL的函数——数学函数）

扫一扫，看视频

数学函数主要用于进行数学计算。这类函数包括绝对值函数、正弦函数、余弦函数和获得随机数的函数等。

数学函数及其使用方法见表3-11。

表 3-11 数学函数及其使用方法

函数名称	说明
ABS	功能：求绝对值
	命令：mysql> SELECT ABS(-3306);
	值：3306
SQRT	功能：求二次方根
	命令：mysql> SELECT SQRT(1024);
	值：32
MOD	功能：求余数
	命令：mysql> SELECT MOD(3306,1024);
	值：234
CEIL 和 CEILING	功能：返回不小于参数的最小整数，即向上取整
	命令：mysql> SELECT CEIL (3306.1415926);
	值：3307
FLOOR	功能：向下取整，返回值转化为一个 BIGINT
	命令：mysql> SELECT FLOOR(3306.1415926);
	值：3306

续表

函数名称	说明
RAND	功能：生成 0~1 的随机数，传入整数参数时用来产生重复序列
	命令：mysql> SELECT RAND();
	值：0.485127463
ROUND	功能：对所传参数进行四舍五入
	命令：mysql> SELECT ROUND(3306.1415926);
	值：3306
SIGN	功能：返回参数的符号
	命令：mysql> SELECT SIGN(-3306);
	值：–1
POW 和 POWER	功能：返回所传参数的次方值
	命令：mysql> SELECT POWER(2,10);
	值：1024
SIN	功能：求正弦值
	命令：mysql> SELECT SIN(3306);
	值：0.8646877566538765
ASIN	功能：求反正弦值，与函数 SIN 互为反函数，参数范围为 –1~1
	命令：mysql> SELECT ASIN(-0.5);
	值：–0.5235987755982989
COS	功能：求余弦值
	命令：mysql> SELECT COS(-3306);
	值：0.523097485545014
ACOS	功能：求反余弦值，与函数 COS 互为反函数，参数范围为 –1~1
	命令：mysql> SELECT ACOS(–3306);
	值：2.0943951023931957
TAN	功能：求正切值
	命令：mysql> SELECT TAN(3306);
	值：1.7214234028748032
ATAN	功能：求反正切值，与函数 TAN 互为反函数，参数范围为 –1~1
	命令：mysql> SELECT ATAN(0.5);
	值：0.4636476090008061
COT	功能：求余切值
	命令：mysql> SELECT COT(-3306);
	值：–0.5809146072546619

3.3.3 日期函数

（视频3–11：MySQL的函数——日期函数）

扫一扫，看视频

日期函数主要用于处理日期和时间，其中包括获取当前时间的函数、获取当前日期的函数、返回年份的函数和返回日期的函数等。

日期函数及其使用方法见表3-12。

表 3-12　日期函数及其使用方法

函数名称	说明
CURDATE 和 CURRENT_DATE	功能：返回当前系统的日期值
	命令：SELECT CURRENT_DATE();
	值：2020-10-25
CURTIME 和 CURRENT_TIME	功能：返回当前系统的时间值
	命令：SELECT CURRENT_TIME();
	值：10:00:01
NOW 和 SYSDATE	功能：返回当前系统的日期和时间值
	命令：SELECT SYSDATE();
	值：2020-10-25 10:00:01
UNIX_TIMESTAMP	功能：获取 UNIX 时间戳函数，返回一个以 UNIX 时间戳为基础的无符号整数
	命令：SELECT UNIX_TIMESTAMP();
	值：1603631233
FROM_UNIXTIME	功能：将 UNIX 时间戳转换为时间格式，与 UNIX_TIMESTAMP 互为反函数
	命令：SELECT FROM_UNIXTIME(1603631233);
	值：2020-10-25 21:07:13
MONTH	功能：获取指定日期中的月份
	命令：SELECT MONTH('2020-10-01 12:34:56');
	值：10
MONTHNAME	功能：获取指定日期中月份的英文名称
	命令：SELECT MONTHNAME('2020-10-01 12:34:56');
	值：October
DAYNAME	功能：获取指定日期对应的星期的英文名称
	命令：SELECT DAYNAME('2020-10-01 12:34:56');
	值：Thursday
DAYOFWEEK	功能：获取指定日期对应周的索引位置值
	命令：SELECT DAYOFWEEK('2020-10-01 12:34:56');
	值：5
WEEK	功能：计算指定日期是一年中的第几周，返回值的范围为 0~52 或 1~53
	命令：SELECT WEEK('2020-10-01 12:34:56');
	值：39
DAYOFYEAR	功能：计算指定日期是一年中的第几天，返回值的范围为 1~366
	命令：SELECT DAYOFYEAR('2020-10-01 12:34:56');
	值：275
DAYOFMONTH	功能：计算指定日期是一个月中的第几天，返回值的范围为 1~31
	命令：SELECT DAYOFMONTH('2020-10-01 12:34:56');
	值：1
YEAR	功能：获取年份，返回值的范围为 1970~2069
	命令：SELECT YEAR('2020-10-01 12:34:56');
	值：2020

续表

函数名称	说明
TIME_TO_SEC	功能：将时间参数转换为秒数
	命令：SELECT TIME_TO_SEC('2020-10-01 12:34:56');
	值：45296
SEC_TO_TIME	功能：将秒数转换为时间，与 TIME_TO_SEC 互为反函数
	命令：SELECT SEC_TO_TIME(45296);
	值：2020-10-01 12:34:56
DATE_ADD 和 ADDDATE	功能：向日期添加指定的时间间隔
	命令：SELECT ADDDATE('2020-10-01 12:34:56',20);
	值：2020-10-21 12:34:56
DATE_SUB 和 SUBDATE	功能：向日期减去指定的时间间隔
	命令：SELECT SUBDATE('2020-10-21 12:34:56',20);
	值：2020-10-01 12:34:56
ADDTIME	功能：时间加法运算，在原始时间上添加指定的时间
	命令：SELECT ADDTIME('2020-10-01 12:34:56',3306);
	值：2020-10-01 13:08:02
SUBTIME	功能：时间减法运算，在原始时间上减去指定的时间
	命令：SELECT SUBTIME('2020-10-01 13:08:02',3306);
	值：2020-10-01 12:34:56
DATEDIFF	功能：计算两个日期之间的间隔，返回参数 1 减去参数 2 的值
	命令：SELECT DATEDIFF('2020-10-01','2020-10-31');
	值：–30
WEEKDAY	功能：获取指定日期在一周内对应的工作日索引
	命令：SELECT WEEKDAY('2020-10-01');
	值：3

3.3.4 其他函数

其他函数主要包括综合函数、条件判断函数、系统信息函数、加密函数、格式化函数和锁函数等，有关此类函数的详细讲解，将在后面的具体应用场景中介绍，这里只列出聚合函数功能及其示例列表。

1. 聚合函数

扫一扫，看视频

（视频3–12：MySQL的函数——聚合函数）

聚合函数用于进行统计分析。

聚合函数及其使用方法见表3-13。

表 3-13 聚合函数及其使用方法

函数名称	说明
MAX	功能：查询指定列的最大值
	示例：SELECT MAX(Age) FROM Students;

续表

函数名称	说明
MIN	功能：查询指定列的最小值
	示例：SELECT MIN(Age) FROM Students;
COUNT	功能：统计查询结果的行数
	示例：SELECT COUNT(ID) FROM Students;
SUM	功能：求和，返回指定列的总和
	示例：SELECT SUM(score) FROM Students;
AVG	功能：求平均值，返回指定列数据的平均值
	示例：SELECT AVG(Score) FROM Students;

2. 条件判断函数

（视频3-13：MySQL的函数——条件判断函数）

条件判断函数主要用于在 SQL 语句中控制条件选择。

条件判断函数及其使用方法见表3-14。

表 3-14　条件判断函数及其使用方法

函数名称	说明
IF	功能：判断，流程控制
	示例：SELECT IF(1 > 0,'Yes','No')
IFNULL	功能：判断是否为空
	示例：SELECT IFNULL(null,'MySQL is so easy')
CASE	功能：搜索语句
	示例：SELECT CASE WHEN 1 > 0　THEN '1 > 0' WHEN 2 > 0　THEN '2 > 0' ELSE '3 > 0' END

3. 系统信息函数

（视频3-14：MySQL的函数——系统信息函数）

系统信息函数用于获取 MySQL 数据库的系统信息。

系统信息函数及其使用方法见表3-15。

表 3-15　系统信息函数及其使用方法

函数名称	说明
USER()SESSION_USER() SYSTEM_USER() CURRENT_USER()	功能：返回当前用户
	示例：SELECT USER(),SESSION_USER(),SYSTEM_USER(),CURRENT_USER()
DATABASE()	功能：返回当前数据库名
	示例：SELECT DATABASE()
VERSION()	功能：返回当前数据库的版本号
	示例：SELECT VERSION()

4. 加密函数

扫一扫，看视频

（视频 3–15：MySQL的函数——加密函数）

加密函数用于获取 MySQL 数据库的系统信息。

加密函数及其使用方法见表 3-16。

表 3-16　加密函数及其使用方法

函数名称	说明
COMPRESS() UNCOMPRESS()	功能：调用 COMPRESS 对字符串进行加密，UNCOMPRESS 进行解密，普通加密算法 示例：SELECT COMPRESS('MySQL','easy');
ENCRYPT() DECRYPT()	功能：调用 ENCRYPT 对字符串进行加密，DECRYPT 进行解密，普通加密算法 示例：SELECT ENCRYPT('MySQL','easy');
DES_ENCRYPT() DES_DECRYPT()	功能：支持 DES 加密算法，调用 DES_ENCRYPT 对字符串进行加密，DES_DECRYPT 进行解密 示例：SELECT DES_ENCRYPT('MySQL','easy');
AES_ENCRYPT() AES_DECRYPT()	功能：支持 AES 加密算法，调用 AES_ENCRYPT 对字符串进行加密，AES_DECRYPT 进行解密，返回一个二进制字符串 示例：SELECT AES_ENCRYPT('MySQL','easy');
ASYMMETRIC_ENCRYPT() ASYMMETRIC_DECRYPT()	功能：签名加密和解密，调用 ASYMMETRIC_ENCRYPT() 对字符串进行加密，ASYMMETRIC_DECRYPT() 进行解密 示例：SELECT ASYMMETRIC_ENCRYPT('MySQL','easy');
STATEMENT_DIGEST() STATEMENT_DIGEST_TEXT()	功能：使用 hash 算法和反向解析，调用 STATEMENT_DIGEST() 对字符串进行加密，STATEMENT_DIGEST_TEXT() 进行解密 示例：SELECT STATEMENT_DIGEST('MySQL','easy');
MD5()	功能：调用 MD5 签名算法对字符串进行加密 示例：SELECT MD5('MySQL');
SHA()、SHA1()、SHA2()	功能：调用 SHA 加密算法对字符串进行加密处理 示例：SELECT SHA('MySQL');
PASSWORD()	功能：用来加密存储在 user 表中 password 列的 MySQL 密码 示例：SELECT PASSWORD('MySQL');

5. 格式化函数

扫一扫，看视频

（视频 3–16：MySQL的函数——格式化函数）

格式化函数用于获取 MySQL 数据库的系统信息。

格式化函数及其使用方法见表 3-17。

表 3-17　格式化函数及其使用方法

函数名称	说明
DATE_FORMAT(date,fmt)	功能：依照参数 fmt 将日期 date 格式化为 DATE 型 示例：SELECT DATE_FORMAT(NOW(),'%W,%D %M %Y %r');
FORMAT(x,y)	功能：把 x 格式化为以逗号隔开的数字序列，y 是结果的小数位数 示例：SELECT FORMAT(3306.1415926,2);

函数名称	说明
TIME_FORMAT(time,fmt)	功能：依照参数 fmt 将时间 time 格式化为 TIME 型
	示例：SELECT TIME_FORMAT(NOW(),'%h:%i %p');
INET_ATON(ip)	功能：返回地址为 ip 的数字表示
	示例：SELECT INET_ATON('123.123.123.123');
INET_NTOA(num)	功能：返回 num 所代表的 IP 地址
	示例：SELECT INET_NTOA(2071690107);

6. 锁函数

（视频 3–17：MySQL的函数——锁函数）

扫一扫，看视频

锁函数用于获取 MySQL 数据库的系统信息。

锁函数及其使用方法见表 3-18。

表 3-18　锁函数及其使用方法

函数名称	说明
GET_LOCK(str,timeout)	功能：获取一个锁，锁名为 str，持续时间为 timeout
	示例：SELECT GET_LOCK('LOCK',10);
RELEASE_LOCK(str)	功能：释放锁名为 str 的锁
	示例：SELECT RELEASE_LOCK('LOCK');
IS_FREE_LOCK(str)	功能：检查锁名为 str 的锁是否可以使用
	示例：SELECT IS_FREE_LOCK('LOCK');
IS_USED_LOCK(str)	功能：检查锁名为 str 的锁是否正在被使用
	示例：SELECT IS_USED_LOCK('LOCK');

3.4 习题三

1.简答题

（1）简述文本型数据类型中CHAR和VARCHAR的区别和联系。

（2）简述TRIM函数与REPLACE函数的用途。

2.选择题

（1）下列数据类型中属于整数类型数据的是（　　）。

A. INT　　B. DATETIME　　C. BLOB　　D. TEXT

（2）COUNT函数的含义是（　　）。

A. 查询指定列的最大值　　B. 返回指定列的总和

C. 统计查询结果的行数　　D. 返回指定列数据的平均值

3.操作题

（1）设计语句并在本地环境使用函数查询MySQL的安装版本。

（2）根据数学函数和比较运算符设计并执行SQL语句，判断SIN（1234）和TAN（4321）的大小。

第4章

数据库设计和建模

学习目标

数据库设计是综合运用计算机软、硬件技术，结合应用系统领域的知识和管理领域的技术的系统工程，是数据库应用过程中重要的环节。在现实世界中，信息结构十分复杂，应用领域千差万别，而设计者的思维也各不相同，所以数据库设计的方法和路径也多种多样。但是数据库设计的重点是数据建模过程，该过程的逻辑是不变的。通过本章的学习，读者可以：

- 熟悉数据库设计的生命周期
- 熟悉需求分析方法
- 掌握概念结构设计
- 掌握逻辑结构设计
- 掌握物理结构设计
- 掌握“图书资源”案例的数据库设计
- 掌握“校园阅读”案例的数据库设计

内容浏览

4.1 数据库设计的生命周期

数据库设计是一个专有名词。它同服装设计、建筑设计、舞美设计等名词一样，在各自的领域有专门的意义。数据库设计是根据用户需求，以及所选择的数据库管理系统，对某一具体应用系统设计出数据库组织结构的过程。数据库设计是一项复杂的系统工程，主要任务是通过对现实系统中的数据进行抽象，得到符合现实系统需求的、又能被数据库管理系统支持的数据模型。

数据库技术的应用是“三分理论，七分设计”，在千变万化的实际应用中，设计者必须灵活地运用数据库理论，根据实际情况决定创建什么样的数据库，数据库中应包含什么信息，数据表之间如何关联等内容。设计者必须善于在深刻地领悟数据库原理的本质的基础上，从管理的对象中抽象出有用的信息，然后建立数学模型，这种能力不是靠理论和工具，而是靠知识的综合运用。

数据库设计是进行数据库应用系统开发的重要环节，决定了数据库应用系统的底层设计的好坏，制约着整个数据库应用系统的成败。在实际工作中，常常会出现因为前期数据库设计得不够完善而在后期改动系统需求的情况，甚至会导致应用系统开发失败，以至于重新进行数据库设计。

总而言之，数据库设计非常重要。按照规范化设计方法，可将数据库设计归纳为如下6个阶段：

(1)需求分析。

(2)概念结构设计。

(3)逻辑结构设计。

(4)物理结构设计。

(5)数据库实施。

(6)数据库运行和维护。

在数据库设计生命周期中，各阶段的任务目标和设计工作不尽相同，要设计出一个完善而高效的数据库模型，必须做好每一个阶段的工作。

4.2 需求分析

(视频4-1：需求分析)

扫一扫，看视频

需求分析是数据库设计的基础，是开发数据库应用系统的最初阶段。这一阶段要收集各类大量的支持系统目标实现的基础数据，包括用户需求信息和处理需求信息，并加以分析归类和初步规划，确定设计思路。需求分析做得好与坏，决定了后续设计的质量和速度，制约着数据库应用系统设计的全过程。需求分析阶段是数据库设计的基础，是数据库设计的第一步，也是其他设计阶段的依据，是最为困难、最耗费时间的阶段。

 4.2.1 需求分析阶段的目标及任务

需求分析阶段是数据库设计必经的一步，需要通过详细调查，深入了解需要解决的问题的

数据的性质和数据的使用情况，以及数据的处理流程、流向、流量等，并仔细地分析用户在数据格式、数据处理、数据库安全性、可靠性以及数据的完整性方面的需求。

1. 需求分析说明书

需求分析阶段的目标是根据对数据库应用系统所要处理的对象进行全面了解，大量收集支持系统目标实现的各类基础数据，包括用户对数据库信息的需求、对基础数据进行加工处理需求、对数据库安全性和完整性的要求，按一定规范要求写出设计者和用户都能理解的文档（需求分析说明书）。

需求分析说明书通常包括如下内容：

（1）分析用户活动，形成业务流程图。

（2）确定系统范围，形成系统范围图。

（3）分析用户活动涉及的数据集。

2. 需求分析阶段的工作任务

需求分析阶段的工作任务是利用数据库设计的理论和方法，对现实世界服务对象的现行系统进行详细调查，收集支持系统目标的基础数据及其数据处理需求，撰写需求分析报告。

（1）调查数据库应用系统所涉及的用户的组成情况，各部门的职责，各部门的业务及其流程，确定系统功能范围，明确哪些业务活动的工作由计算机完成，哪些由人工来做。

（2）了解用户对数据库应用系统的要求，包括信息要求、处理要求、安全性和完整性要求。例如，各个部门输入和使用什么数据，如何加工处理这些数据，处理后的数据的输出内容、格式及发布的对象等。

（3）深入分析用户的需求，并用数据流图描述整个系统的数据流向和对数据进行处理的过程，描述数据与处理之间的联系，也可用数据字典描述数据流图中涉及的数据项、数据结构、数据流、数据存储和处理过程。

4.2.2　需求分析阶段的工作过程

需求分析阶段工作过程中，数据库设计者要向用户作需求调查，最好深入用户的工作场所进行详细的业务“需求调查”和“跟班作业”，在与用户交流过程中“明确用户需求”，同时“确定系统边界”，最后形成需求分析报告。

需求分析阶段的工作过程如图4-1所示。

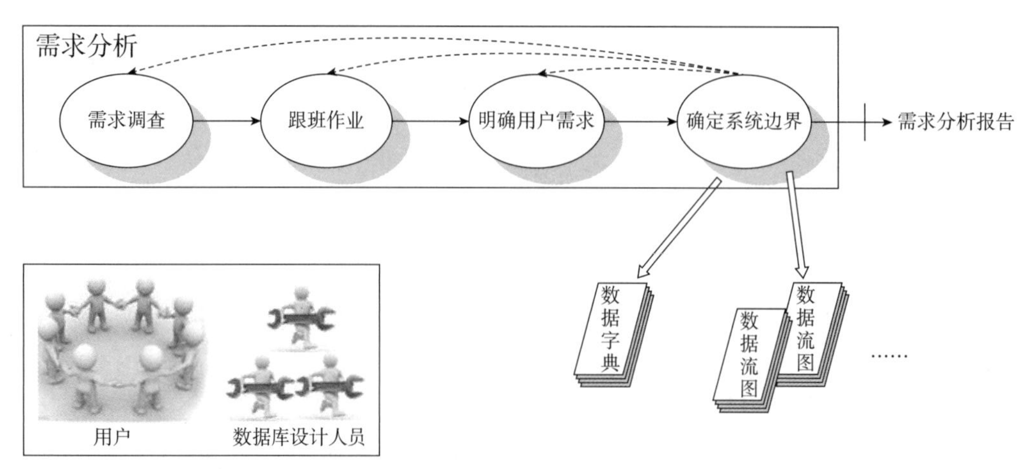

图4-1　需求分析阶段的工作过程

【例4-1】“英才智慧数字图书馆”应用系统的需求分析

“英才智慧数字图书馆”主要用于教务人员对学校学生阅读信息进行数字化管理，以学生信息、教师信息、图书信息和阅读行为数据为例，简述系统的业务需求和系统功能。

（1）系统业务需求如图4-2所示。

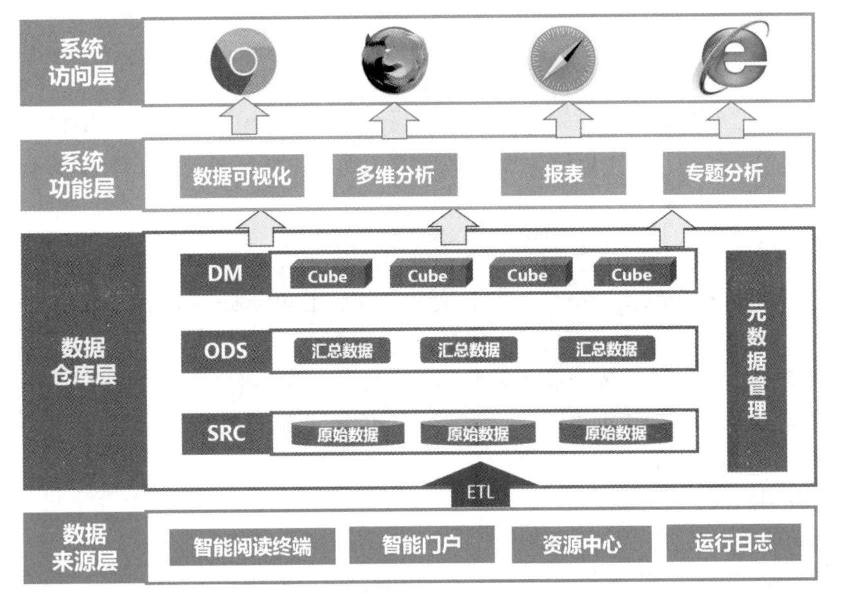

图4-2　系统业务需求示意图

（2）“英才智慧数字图书馆”系统功能如图4-3所示。

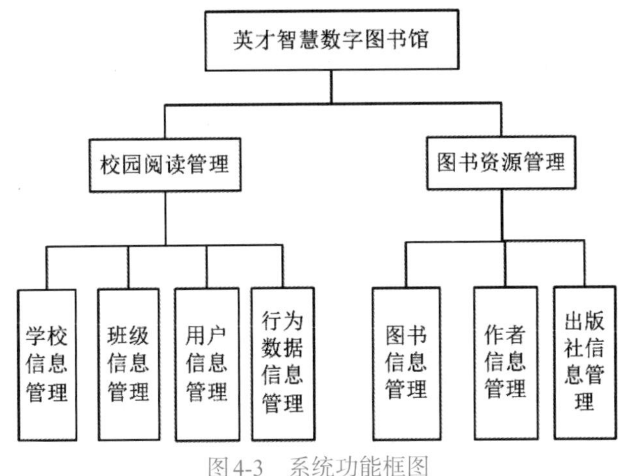

图4-3　系统功能框图

（3）支撑业务功能实现的数据集有如下内容。

①基础信息管理：包括学校信息管理、班级信息管理、用户信息管理和阅读数据信息管理等功能模块的数据。

②资源中心子系统中的图书信息管理：教务人员能够方便地对信息进行增加、删除、修改和查询，信息包括图书信息管理、作者信息管理和出版社信息管理等功能模块的数据。

4.3 概念结构设计

（视频4–2：概念结构设计）

扫一扫，看视频

数据库概念结构设计阶段是设计数据库的整体概念模型，也就是把需求分析结果抽象为反映用户需求和信息处理需求的概念模型。

概念模型独立于特定的数据库管理系统，也独立于数据库逻辑模型，还独立于计算机和存储介质上的数据库物理模型。

4.3.1 概念结构设计的目标及任务

目前设计数据库概念结构广泛应用的是实体-联系（Entity-Relationship，E-R），用此方法设计的概念模型通常称为实体-联系模型，或称E-R模型。

概念结构设计的目标是在需求分析的基础上，通过对用户需求进行分析、归纳、抽象，形成一个独立于具体DBMS和计算机硬件结构的整体概念结构，即概念模型。

概念结构设计的具体工作任务如下：

（1）进行数据抽象。

（2）设计局部概念模型，得到局部E-R图。

（3）将局部概念模型综合为全局概念模型，得到全局E-R图。

（4）优化全局概念模型，得到优化后的全局E-R图。

4.3.2 概念结构设计的相关术语

在进行概念模型设计时，要对如下概念有所了解。

1. 实体

实体（Entity）是客观存在并相互区别的事物。

实体可以是具体的人、事及物，也可以是抽象的概念与联系。

例如，一个学生、某个班级、一本书、一次活动、一次考试等。

2. 属性

属性（Attribute）是实体的特征与性质。

实体有若干个特性，每一个特性称为实体的一个属性，属性不能独立于实体而存在。

例如，一个学生是一个实体，其属性有用户编号、姓名、性别、出生年月、学校编号等。

3. 码

如果某个属性或某个属性集的值能够唯一地标识出实体集中的某一个实体，则该属性或属性集就可称为码（Key）。作为码的属性或属性集称为主属性，反之称为非主属性。

例如，在“学生”实体集中，可以将“用户编号”属性作为码；若该实体集中没有重名的学生，可以将“姓名”属性作为码；若该实体集中有重名的学生，但其性别不同，可以将“姓名”和“性别”两个属性联合作为码。

4. 域

域（Domain）是属性的取值范围。

例如，实体型为：学生(用户编号，姓名，性别，出生年月，学校编号)，其中用户编码、性别等属性的取值范围就是其属性域，用户编码不能超过规定的长度，性别只能是“男”或“女”。

5. 实体型

实体型（Entity Type）是用实体名和属性名称集来描述同类实体的。

例如，多个学生是同类实体的集合，实体型为：学生(用户编号，姓名，性别，出生年月，学校编号)，其中，“学生”为实体名，“(用户编号，姓名，性别，出生年月，学校编号)”为这一类实体的属性名称集，且多个学生都具有这些属性。

6. 实体集

实体集（Entity Set）是若干个同类实体信息的集合。

例如，多个学生是同类实体的集合，多个以“(用户编号，姓名，性别，出生年月，学校编号)”格式采集的信息的集合便是实体集(表4-1)。

7. 联系

联系（Relationship）是两个或两个以上的实体集间的关联关系。

实体间的联系有两种：一种是同一实体集的实体之间的联系，另一种是不同实体集的实体之间的联系。前一种方式往往要转化为后一种方式来实现。

实体间的联系通常有一对一联系(1:1)、一对多联系（1:n）、多对多联系（m:n）这3种。

8. 实体–联系类型

(1)一对一联系(1:1)。设有实体集A与实体集B，如果A中的1个实体，至多与B中的1个实体关联；反过来，B中的1个实体至多与A中的1个实体关联，称实体集A与实体集B是一对一联系，记作(1:1)。

(2)一对多联系(1:n)。设有实体集A与实体集B，如果A中的1个实体，与B中的n个实体关联（n≥0）；反过来，B中的1个实体至多与A中的1个实体关联，称实体集A与实体集B是一对多联系，记作(1:n)。

(3)多对多联系（m:n）。设有实体集A与实体集B，如果A中的1个实体，与B中的n个实体关联（n≥0）；反过来，B中的1个实体，与A中的m个实体关联（m≥0），称实体集A与实体集B是多对多联系，记作（m:n）。

9. 实体–联系图

概念模型是对整个数据库组织结构的抽象定义，它用实体–联系（E-R）方法来描述，即通过图形描述实体集、实体属性和实体集间的联系。用“矩形”表示实体，用“椭圆形”表示实体属性，用“菱形”表示联系(联系本身，联系的属性)，菱形框内写明联系名，并用椭圆形表示联系的属性，用无向边与有关实体分别连接起来，同时在无向边旁标注联系的类型。

(1)用矩形表示实体，矩形框内要写明实体名。

若有学校、班级、教师和学生4个实体，则其示意图如图4-4所示。

学校　班级　教师　学生

图4-4　实体示意图

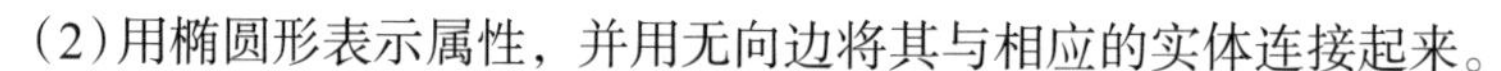

(2)用椭圆形表示属性，并用无向边将其与相应的实体连接起来。

若有实体学生，实体型为：学生(用户编号，姓名，性别，出生年月，学校编号)，则其E-R模型如图4-5所示。

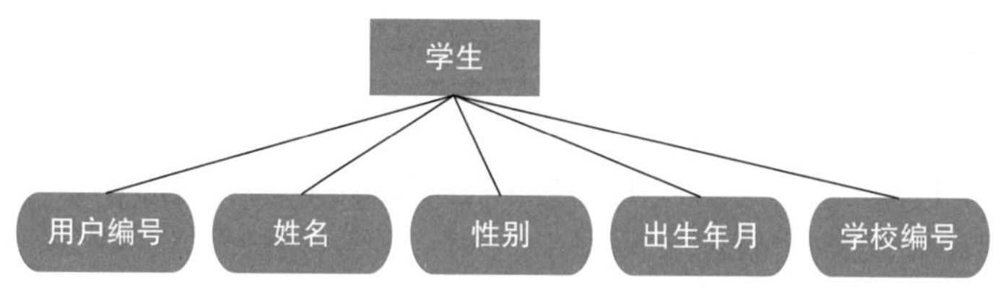

图4-5　实体及属性的E-R模型

(3)用菱形表示联系，描述联系本身和联系的属性。

①联系本身：用菱形表示，菱形框内写明联系名，并用无向边与有关实体分别连接起来，同时在无向边旁标注联系的类型。

②联系的属性：联系本身也是一种实体，也可以有属性。如果一个联系具有属性，则这些属性也要用无向边与该联系连接起来。

若有实体学生、班级、图书，其实体间的联系是：班级与学生之间是一对多的联系，学生与图书之间是多对多的联系。3个实体间的E-R模型如图4-6所示。

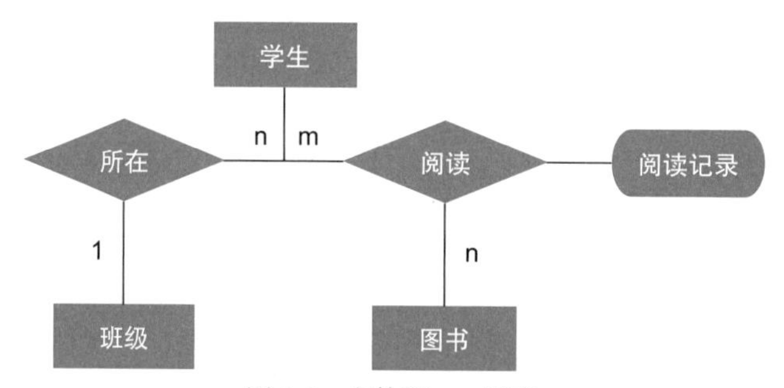

图4-6　实体间E-R模型

若有实体学生，其属性有姓名，若学生的姓名有多个值(如中文名、英文名、网名等)，那么学生的姓名属性就存在属性间的一对多联系，如图4-7所示。

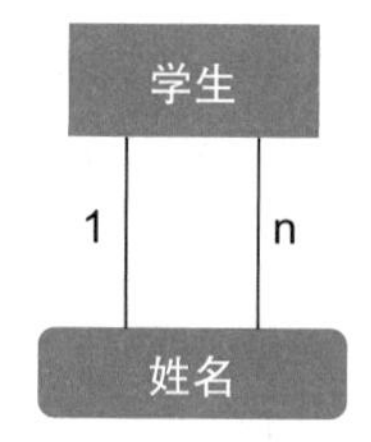

图4-7　同一实体属性间的联系的E-R模型

4.3.3　概念结构设计的一般策略和方法

1. 概念结构设计的一般策略

(1)自顶向下：先定义全局E-R模型框架，然后逐步进行细化，即先从抽象级别高且普遍性强的实体集开始设计，然后逐步进行细化、具体化与特殊化处理，如图4-8所示。

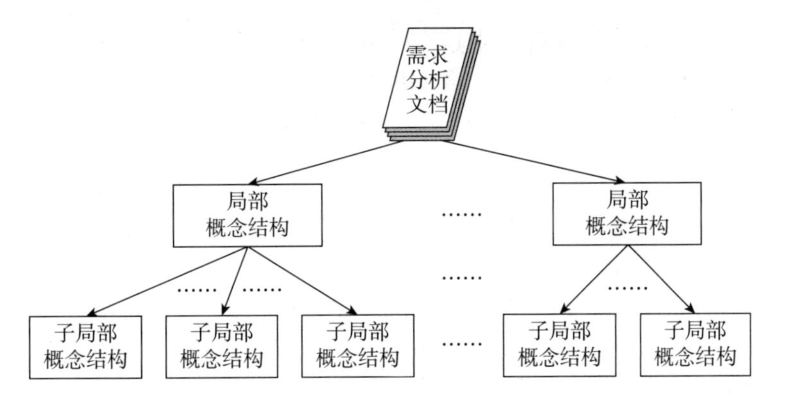

图4-8　自顶向下策略

(2)自底向上：首先定义各局部应用的概念结构，然后将它们集成起来，得到全局概念结构。先从具体的实体开始，然后逐步进行抽象化、普遍化、一般化处理，最后形成一个较高层次的抽象实体集，如图4-9所示。

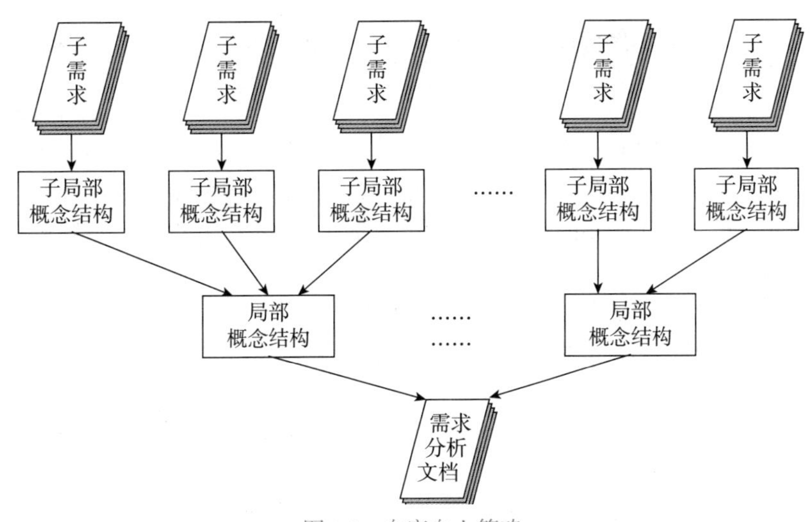

图4-9　自底向上策略

(3)由内向外(逐步扩张)：首先定义最重要的核心概念结构，然后向外扩充，以滚雪球的方式逐步生成其他概念结构，直至形成总体概念结构，即先从最基本与最明显的实体集着手逐步扩展至非基本、不明显的其他实体集，如图4-10所示。

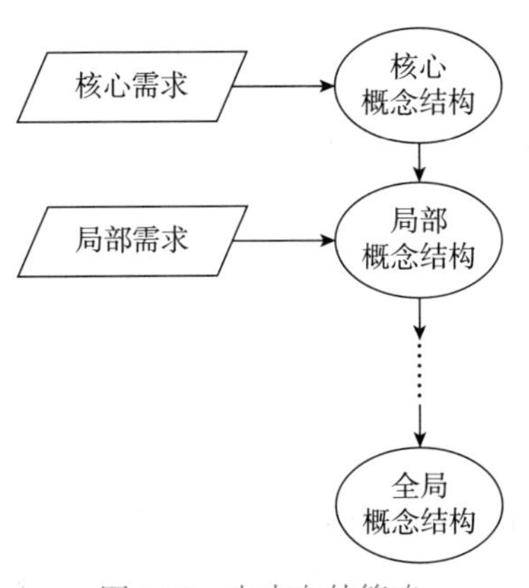

图4-10　由内向外策略

（4）混合策略：将上面多种策略同时应用于E-R模型设计过程中。

将“自顶向下”和“自底向上”相结合，用“自顶向下”策略设计一个全局概念结构的框架，以它为骨架集成由“自底向上”策略中设计的各局部概念结构。

2. 概念结构设计的一般方法

（1）集中式设计法：根据用户需求由一个统一的机构或人员一次性设计出数据库的全局E-R模型，其特点是设计简单方便，容易保证E-R模型的统一性与一致性，但它仅适用于小型或并不复杂的数据库设计，而对大型的或语义关联复杂的数据库设计并不适用。

（2）分散-集成设计法：设计过程分解成两步，首先将一个企业或部门的用户需求，根据某种原则将其分解成若干个部分，并对每个部分设计局部E-R模型；然后将各个局部E-R模型进行集成，并消除集成过程中可能会出现的冲突，最终形成一个全局E-R模型。其特点是设计过程比较复杂，但能较好地反映用户需求，对于大型的、复杂的数据库设计比较有效。

4.3.4 概念结构设计阶段的工作过程

概念结构设计阶段的工作过程是先设计局部概念结构，再整合全局概念结构。

1. 局部概念结构设计

（1）确定概念结构的范围：将用户需求划分成若干个部分，其划分方法有两种：一是根据企业的组织机构对其进行自然划分，并将其设计为概念结构；二是根据数据库提供的服务种类进行划分，使得每一种服务所使用的数据明显地不同于其他种类，并将每一类服务设计成局部概念结构。

（2）定义实体：每一个确定概念结构包括哪些实体，要从选定的局部范围中的用户需求出发，确定每一个实体的属性、属性值和主码。要设计的内容如下。

①区分实体与属性。

②给实体集与属性命名：命名原则是清晰明了，便于记忆，并尽可能采用用户熟悉的名字，减少冲突，方便使用。

③确定实体标识：即确定实体集的主码。在列出实体集的所有候选码的基础上，选择一个作为主码。

④非空值原则：保证主码中的属性不出现空值。

（3）定义联系：判断实体集之间是否存在联系，并定义实体集之间联系的类型。要设计的内容如下。

①实体集之间的联系方式。

②定义联系的方法。

③为实体集之间的联系命名：联系的命名应反映联系的语义性质，通常采用某个动词命名。

④判断联系是否存在属性，若存在则为其命名。

2. 合并局部概念结构

将局部E-R模型合并为全局E-R模型的过程包括：区分公共实体、合并局部概念结构和消除冲突。

（1）区分公共实体：一般根据实体名称和主码来认定公共实体。

（2）合并局部概念结构设计模型：首先将两个具有公共实体的局部概念结构模型进行合并，

然后每次将一个新的、与前面已合并的具有公共实体的局部概念结构模型合并，最后再加入独立的局部概念结构，这样即可获得全局概念结构模型。

（3）消除冲突：消除合并过程中局部概念结构之间出现的不一致描述。两个局部E-R模型之间可能出现的冲突类型如下。

①命名冲突：主要指同名异义和异名同义两种冲突，包括属性名、实体型名、联系名之间的冲突。同名异义，即不同意义的对象具有相同的名字（如编号）；异名同义，即同一意义的对象具有不同的名字（如“姓名”和“名字”）。

②结构冲突：指同一对象在不同的局部概念结构设计中的不一致，同一实体在不同的局部E-R模型中其属性组成不同。

3. 优化全局概念结构

全局E-R模型的优化标准：能全面、准确地反映用户需求，且模型中实体的个数尽可能少、实体的属性个数尽可能少、实体之间的联系无冗余等。

（1）全局概念结构的优化方法如下。

①实体的合并：将两个有联系的实体合并为一个实体。

②冗余属性的消除：消除合并为全局E-R模型后产生的冗余属性。

③冗余联系的消除：消除全局模式中存在的冗余联系。

（2）全局概念结构的优化原则：在存储空间、访问效率和维护代价之间进行权衡，对实体进行恰当地合并，适当消去部分冗余属性和冗余联系。

概念结构设计阶段的工作过程如图4-11所示。

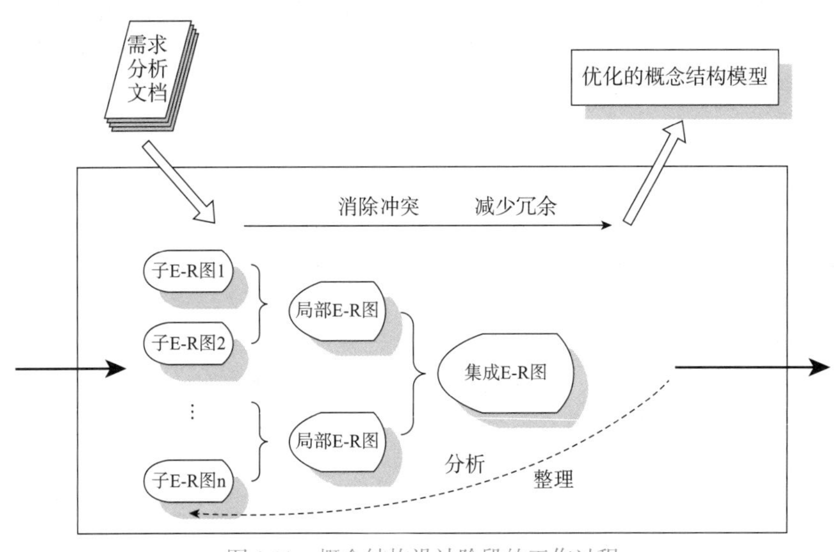

图4-11　概念结构设计阶段的工作过程

【例4-2】“英才智慧数字图书馆”应用系统的全局概念结构设计

根据需求设计的“英才智慧数字图书馆”全局概念结构如图4-12所示。

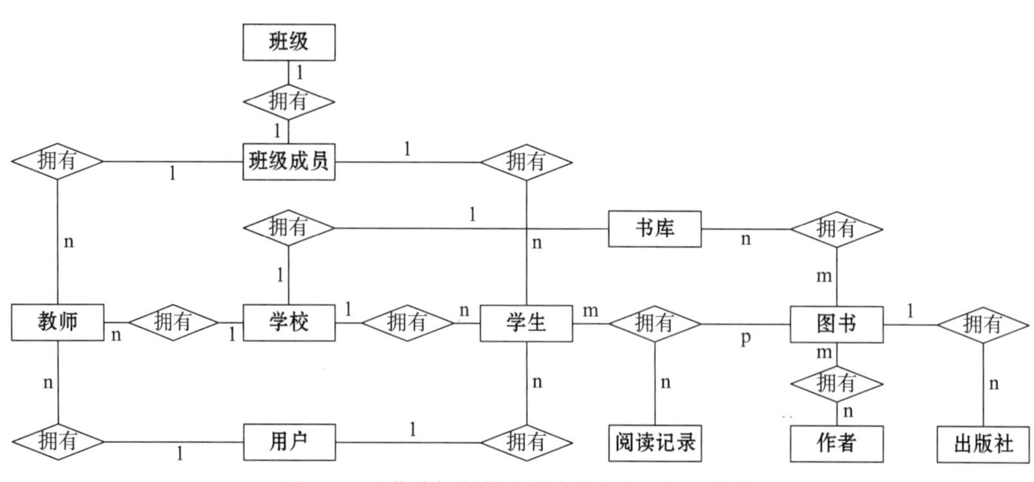

图4-12 “英才智慧数字图书馆”全局概念结构

4.4 逻辑结构设计

（视频4–3：逻辑结构设计）

扫一扫，看视频

数据库逻辑结构设计是在概念结构设计的基础上进行的，是把概念结构转换成某个数据库管理系统支持的数据模型。设计者需要详细了解数据库设计的全过程，重点是概念结构设计中E-R模型设计的方法、逻辑结构设计中E-R模型向关系模型转换的方法和物理结构设计中索引建立的方法。

4.4.1 逻辑结构设计的目标及任务

逻辑结构设计的目标是在概念结构设计的基础上，在一定的原则指导下将概念结构转换为某个具体DBMS支持的、数据模型相符合的、经过优化的逻辑结构。

逻辑结构设计的具体工作如下。

（1）选定DBMS。

（2）将概念结构转换为DBMS 支持的数据模型（全局关系模式）。

（3）利用规范化原则优化（良好全局关系模式）。

（4）完善数据模型（关系的完整性约束）。

4.4.2 逻辑结构设计的相关术语

数据模型由数据结构、数据操作和完整性约束3部分组成，关系模型同样也有这3个要素。以下从数据模型的3个要素出发介绍关系模型的相关术语。

1. 关系

数据结构是用来描述现实系统中数据的静态特性的，它不仅要描述客观存在的实体本身，还要描述实体间的联系。在概念结构的基础上转换而成的关系模型，是用二维表的形式表示实体集的数据结构模型，这个二维表称为关系（Relation）。

表4-1就是一个关系的例子。

表 4-1 学生表

学生编号	学生姓名	性别	出生年月	学校编号
S010901	江雨珊	男	2005-01-09	0101001
S010902	刘鹏	男	2005-03-08	0101001
S010903	崔月明	女	2005-03-17	0101001
S010904	白涛	女	2005-11-24	0101001
S010905	邓平	男	2005-04-09	0101001
S010906	周康勇	女	2005-10-11	0101001
S010907	张德发	男	2005-05-21	0101001
S010801	赵蕾	女	2006-02-04	0101002
S010902	杨涛	男	2007-01-03	0101002
S010701	李晓薇	女	2008-04-10	0101002
S020501	罗忠旭	女	2009-12-23	0101002
S020502	何盼盼	女	2009-09-19	0101002
S020403	韩璐	女	2010-06-16	0101002

2. 元组

在一个关系中，每一横行称为一个元组（Tuple）。

若干个平行的、相对独立的元组组成了关系，每一个元组由若干属性组成，元组的诸多属性横向排列。

元组对应于实体集中若干平行的、相对独立的实体，每一个实体的若干属性组即是元组的诸多属性。

例如，元组（S010901，江雨珊，男，2005-01-09，0101001）描述了江雨珊同学的相关信息。

3. 分量

元组中的属性值称为分量（Component）。在一个关系中，每一个数据都可看成独立的分量。

例如，分量S010901描述了江雨珊同学的学生编号信息。

分量是关系的最小单位，一个关系中的全部分量构成了该关系的全部内容。

分量对应的是实体集中某个实体的某个属性值。

例如，学生表（表4-1）中全部数据（所有分量）构成了多个学生的信息。

4. 属性

在一个关系中，每一竖列称为一个属性。

属性（Attribute）是实体的一个特性，一个属性由若干按照某种值域（Domain）划分的相同类型的分量组成。

例如，S010901、S010902、S010903、S010904、S010905、S010906和S010907描述了学号这一属性（值域为S010901~S010907）的信息。

5. 码

码（Key）是关系模型中的一个重要概念，主要有以下3种。

（1）候选码：如果一个属性或属性集能唯一标识元组，且又不含多余的属性或属性集，那么这个属性或属性集称为关系模式的候选码（Candidate Key）。

（2）主码：在一个关系模式中，正在使用的候选码，或由用户特别指定的某一候选码，可称为关系模式的主码（Primary Key）。

在一个关系模式中，可以把能够唯一确定某一个元组的属性或属性集合称为候选码。一个关系模式中可以有多个候选码，但只可从多个候选码中选出一个作为关系的主码。一个关系模式中最多只能有一个主码。

（3）外码：如果一个关系模式中某个属性或属性集是其他关系模式的主码，那么该属性或属性集是该模式的外码（Foreign Key）。

例如，在学生表中，一个学生编号可以确定一个学生，所以学生编号既可作为学生表的候选码，也可作为主码。

6. 关系模式

在一个关系中，有关系名和属性名。通常把用于描述关系结构的关系名和属性名的集合称为关系模式（Schema）。

关系模式对应的是概念模型中的实体型。

例如，学生(用户编号，姓名，性别，出生年月，学校编号)。

概念模型与关系模型下的对应术语见表4-2。

表 4-2　概念模型与关系模型下的对应术语

概念模型	关系模型
实体集	关系
实体	元组
属性	属性
实体型	关系模式

4.4.3　概念模型与逻辑结构的转换

将概念模型转换成逻辑结构通常采用“二步式”，第一步是按转换规则直接转换，第二步是进行关系模式的优化。

1. 概念模型转换成逻辑结构的原则

（1）实体型的转换。对于概念模型中的每个实体型，设计一个关系模式与之对应，使该关系模式包含实体型的所有属性。通常关系模式中有下划线的属性是主码属性。

（2）联系的转换。

①1∶1联系的转换：先将两个实体型分别转换为两个对应的关系模式，再将联系的属性和其中一个实体型对应关系模式的主码属性加入另一个关系模式中。

②1∶n联系的转换：先将两个实体型分别转换为两个对应的关系模式，再将联系的属性和1端对应关系模式的主码属性加入n端对应的关系模式中。

③m∶n联系的转换：先将两个实体型分别转换为两个对应的关系模式，再将联系转换为一个对应的关系模式，其属性由联系的属性和前面两个关系模式的主码属性构成。

2. 关系模式的优化

优化关系模式的方法如下。

（1）确定数据依赖：按需求分析阶段得到的语义，分别写出每个关系模式内部各属性之间的数据依赖以及不同关系模式属性之间的数据依赖。

（2）消除联系的冗余：对于各个关系模式之间的数据依赖进行极小化处理，消除联系的冗余。

（3）确定所属范式：根据数据依赖的理论对关系模式逐一进行分析，确定各关系模式分别属于第几范式。注意，并不是规范化程度越高的关系就越好，一般说来，第三范式就足够了。

（4）分析数据处理是否合适：根据需求分析阶段得到的数据处理的要求，分析这些关系模式是否合适，如果不合适，应对其进行合并或分解。

4.4.4 逻辑结构设计阶段的工作过程

逻辑结构设计阶段的工作过程较为简单，它的设计结果完全依赖于概念模型。首先选定DBMS，然后将概念模型转换为DBMS支持的数据模型，最后利用规范化原则优化数据模型。

逻辑结构设计阶段的工作过程如图4-13所示。

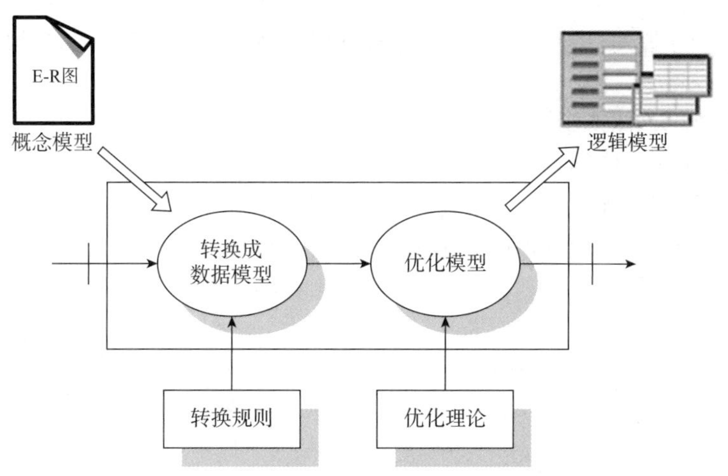

图4-13 逻辑结构设计阶段的工作过程

【例4-3】"英才智慧数字图书馆"应用系统的逻辑结构设计

根据"英才智慧数字图书馆"全局概念结构设计"英才智慧数字图书馆"逻辑结构。

由于"英才智慧数字图书馆"使用分布式数据库，所以数据库设计分为两部分。

第一部分是数据中心基础数据子模块"校园阅读"，逻辑结构设计如下：

学校信息表（学校编号，学校名称，学校简介，建馆时间，书库编号）

班级信息表（班级编号，班级名称，入学年份，班号，班级简介，学校编号）

用户信息表（用户编号，用户名，密码，用户类型，创建时间）

教师信息表（教师编号，教师姓名，性别，教师简介，学校编号）

学生信息表（学生编号，学生姓名，性别，出生年月，学校编号）

班级成员表（学生编号，班级编号）

阅读记录表（记录编号，用户编号，图书编号，阅读时长，阅读字数，记录时间戳）

第二部分是图书资源中心管理端"图书资源"，逻辑结构设计如下：

图书信息表（图书编号，图书名称，作者，作者编号，出版社，出版社编号，出版时间，内容简介，图书内容）

作者信息表（作者编号，作者姓名，作者简介）

出版社信息表（出版社编号，出版社名称，出版社简介）

书库信息表（书库编号，图书编号）

4.5 物理结构设计

（视频4–4：物理结构设计）

扫一扫，看视频

数据库物理结构设计是指针对一个给定的数据库逻辑模型，选择最适合的应用环境。换句话说，就是能够在应用环境中的物理设备上，由全局逻辑模型产生一个能在特定的DBMS上实现的关系数据库模式。

4.5.1 物理结构设计阶段的目标及任务

物理结构设计阶段的目标是为逻辑数据结构选取一个最适合应用环境的物理结构，包括存储结构和存取方法等。

物理结构设计的具体工作如下。

（1）存储记录结构设计（表的结构）。

（2）确定数据存放位置。

（3）存取方法的设计（触发器与存储过程）。

（4）完整性和安全性考虑。

（5）物理结构的评价。

（6）程序设计（前端代码的设计）。

4.5.2 物理结构设计的相关术语

1. 表

表（Table）：一个关系是一张二维表。

2. 记录

记录（Record）：关系中的一个元组是表中的一行，即为一个记录。

3. 属性

字段（Filed）：关系中的一个属性是表中的一列，即为一个字段。

4. 关键字

关键字（Key）：关系中的某个属性或属性组构成的主键（主码）是表中的某个字段或字段组构成的关键字，标识一个记录。

一个关系数据库由多个关系组成，一个关系对应一张二维表，该二维表也可称为数据表（简称为表），表包含表结构、关系完整性、表中数据及数据间的联系。

表结构（Table Structure）：关系模式对应表的基本数据结构，如图4-14所示。

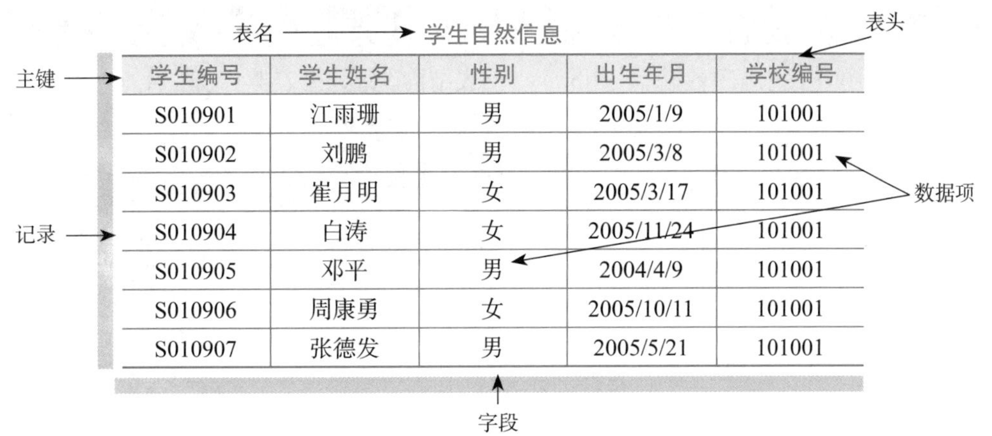

学生自然信息

学生编号	学生姓名	性别	出生年月	学校编号
S010901	江雨珊	男	2005/1/9	101001
S010902	刘鹏	男	2005/3/8	101001
S010903	崔月明	女	2005/3/17	101001
S010904	白涛	女	2005/11/24	101001
S010905	邓平	男	2004/4/9	101001
S010906	周康勇	女	2005/10/11	101001
S010907	张德发	男	2005/5/21	101001

图4-14　关系模式与表

关系模型与物理模型下的对应术语见表4-3。

表 4-3　关系模型与物理模型下的对应术语

关系模型	物理模型
关系	表
元组	记录
属性	字段
分量	数据项

4.5.3　物理结构设计需注意的问题

（1）确定数据的存储结构：设计关系、索引等数据库文件的物理存储结构，需注意存取时间、空间效率和维护代价间的平衡。

（2）选择合适的存取路径：确定哪些关系模式建立索引，索引关键字是什么等内容。

（3）确定数据的存放位置：确定数据存放在一个磁盘上还是多个磁盘上。

（4）确定存取分布：许多DBMS都提供了一些存储分配参数供设计者使用（如缓冲区的大小和个数、块的长度、块因子的大小等）。

4.5.4　物理结构设计阶段的工作过程

物理结构设计阶段首先要设计存储记录的表结构，然后确定数据的存放位置和存取方法，同时要注意数据的完整性和安全性。

物理结构设计阶段的工作过程如图4-15所示。

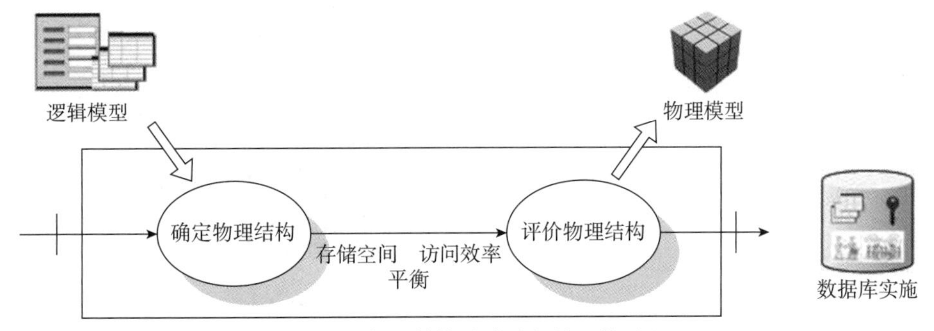

图4-15　物理结构设计阶段的工作过程

【例4-4】"英才智慧数字图书馆"应用系统的物理结构设计

"英才智慧数字图书馆"数据库（elibrary）的表结构设计，见表4-4~表4-14。

表4-4 school（学校）表结构

字段名	字段类型	字段长度	索引	备注
id	char	7	有（无重复）	学校编号（主键）
name	varchar	8	—	学校名称
brief	varchar	128	—	学校简介
create_time	datetime	默认值	—	建馆时间
booklist_id	char	7	—	书库编号（外键）

表4-5 class（班级）表结构

字段名	字段类型	字段长度	索引	备注
id	char	11	有（无重复）	班级编号（主键）
name	varchar	16	—	班级名称
year	int	2	—	入学年份
class_no	int	2	—	班号
brief	varchar	128	—	班级简介
school_id	char	7	—	学校编号（外键）

表4-6 user（用户）表结构

字段名	字段类型	字段长度	索引	备注
id	char	7	有（无重复）	用户编号（主键、外键）
username	varchar	16	—	用户名
password	varchar	16	—	密码
type	char	1	—	用户类型
create_time	datetime	默认值	—	创建时间

表4-7 teacher（教师）表结构

字段名	字段类型	字段长度	索引	备注
id	char	7	有（无重复）	教师编号（主键、外键）
name	varchar	8	—	教师姓名
gender	varchar	2	—	性别
brief	varchar	128	—	教师简介
school	int	7	—	学校编号（外键）

表4-8 student（学生）表结构

字段名	字段类型	字段长度	索引	备注
id	char	7	有（无重复）	学生编号（主键、外键）
name	varchar	8	—	学生姓名
gender	varchar	2	—	性别
birth	datetime	默认值	—	出生年月
school	int	7	—	学校编号（外键）

表 4-9 classmember（班级成员）表结构

字段名	字段类型	字段长度	索引	备注
student_id	char	7	有（无重复）	学生编号（主键、外键）
class_id	char	11	—	班级编号（主键、外键）

表 4-10 record（阅读记录）表结构

字段名	字段类型	字段长度	索引	备注
id	char	8	有（无重复）	记录编号（主键）
user_id	char	7	—	用户编号（外键）
book_id	char	19	—	图书编号（外键）
read_time	time	默认值	—	阅读时长
word_num	int	11	—	阅读字数
create_time	date	默认值	—	记录时间戳

表 4-11 book（图书）表结构

字段名	字段类型	字段长度	索引	备注
id	char	19	有（无重复）	图书编号（主键）
bookname	varchar	16	—	图书名称
author	varchar	16	—	作者
author_id	char	8	—	作者编号（外键）
press	varchar	16	—	出版社
press_id	char	6	—	出版社编号（外键）
publish_time	date	默认值	—	出版时间
brief	tinytext	默认值	—	内容简介
file	blob	默认值	—	图书内容

表 4-12 author（作者）表结构

字段名	字段类型	字段长度	索引	备注
id	char	8	有（无重复）	作者编号（主键）
name	varchar	16	—	作者姓名
brief	varchar	128	—	作者简介

表 4-13 press（出版社）表结构

字段名	字段类型	字段长度	索引	备注
id	char	6	有（无重复）	出版社编号（主键）
name	varchar	16	—	出版社名称
brief	varchar	128	—	出版社简介

表 4-14 booklist（书库）表结构

字段名	字段类型	字段长度	索引	备注
list_id	char	7	有（无重复）	书库编号（主键）
book_id	char	19	—	图书编号（主键、外键）

4.6 习题四

1.简答题

（1）简述数据库设计的生命周期。

（2）简述数据库逻辑结构设计的目标及任务。

2.选择题

（1）下列选项中描述错误的是（　　）。

A. 实体可以是具体的人、事及物，也可以是抽象的概念与联系

B. 属性用于描述实体的特征与性质

C. 域是属性的取值范围

D. 概念模型是对整个数据库组织结构的抽象定义，它是用码-属性方法来描述的

（2）概念结构设计的具体工作任务不包括（　　）。

A. 设计表　　　　B. 设计局部E-R图

C. 将局部E-R图合并为全局E-R图　　　　D. 全局概念结构的优化

3.操作题

（1）根据本章所讲的需求分析内容，完成班级作业管理系统的需求分析。

（2）结合本章所讲内容的案例，完成班级作业管理系统的数据库设计。

2 数据库操作技术

第 5 章

数据库操作

学习目标

本章主要讲解 MySQL 数据库的具体内容，包括 MySQL 存储引擎，数据库的创建与维护，并通过创建“图书资源”和“校园阅读”两个数据库的过程展示实际操作。本章将会对这三部分进行详细阐述。通过本章的学习，读者可以：

- 熟悉 MySQL 存储引擎
- 学会数据库的创建与维护
- 学会创建“图书资源”案例的数据库
- 学会创建“校园阅读”案例的数据库

内容浏览

5.1 MySQL存储引擎

（视频5-1：MySQL存储引擎）

数据库存储引擎是数据库底层组件，其各项特性保障了数据库的操作安全和性能优化。数据库的存储引擎决定了表在计算机中的存储方式，不同的存储引擎提供不同的存储机制、索引技巧、锁定水平等功能。

数据库操作是指对数据库的数据进行的一系列处理，包括读取数据、写数据、更新或修改数据、删除数据等，数据库存储引擎保证了这些数据处理的顺利进行，同时提供了各种特定的技术支撑。

目前许多数据库管理系统都支持多种不同的存储引擎，MySQL存储引擎除了有基本的存取功能，还有事务处理、锁定、备份和恢复、优化以及其他特殊功能。

MySQL存储引擎主要分为以下四类。

1. InnoDB存储引擎

InnoDB存储引擎给MySQL的表提供了事务处理、回滚、崩溃修复和多版本并发控制的能力；支持自动增长（AUTO_INCREMENT）功能，其中，自动增长列的值不能为空，并且值必须唯一；支持外键（FOREIGN KEY）。其缺点是读写效率较差，占用的空间相对较大。

InnoDB存储引擎的功能见表5-1。

表 5-1　InnoDB 存储引擎的功能

功　能	InnoDB
存储限制	≤ 64TB
支持事务	是
支持全文索引	否
支持数索引	是
支持哈希索引	否
支持数据缓存	是
支持外键	是

2. MyISAM存储引擎

MyISAM存储引擎是MySQL常见的存储引擎，支持3种不同的存储格式：静态型、动态型和压缩型，其中，静态型是MyISAM的默认存储格式，它的字段是固定长度的；动态型包含变长字段，记录的长度不是固定的。MyISAM的优点是占用空间小，处理速度快；缺点是不支持事务的完整性和并发性。

MyISAM存储引擎的功能见表5-2。

表 5-2　MyISAM 存储引擎的功能

功　能	MyISAM
存储限制	256TB
支持事务	否
支持全文索引	是

续表

功　能	MyISAM
支持数索引	是
支持哈希索引	否
支持数据缓存	否
支持外键	否

3. Memory存储引擎

Memory存储引擎是MySQL中一类特殊的存储引擎，它使用存储在内存中的内容来创建表，而且数据全部放在内存中。这些特性与前面的两个不同。

每个基于Memory存储引擎的表实际对应一个磁盘文件，该文件的文件名与表名相同，该文件中只存储表的结构。Memory存储引擎默认使用哈希索引，使用哈希索引的速度比使用B型树索引的速度快。当然，如果想用B型树索引，则可以在创建索引时指定。

注意:Memory存储引擎用到的很少，因为它是把数据存到内存中，如果内存出现异常则会影响数据。如果重启或者关机，所有数据都会消失。

Memory存储引擎的功能见表5-3。

表 5-3　Memory 存储引擎的功能

功　能	Memory
存储限制	RAM
支持事务	否
支持全文索引	否
支持数索引	是
支持哈希索引	是
支持数据缓存	N/A
支持外键	否

4. Archive存储引擎

Archive 存储引擎只支持INSERT和SELECT操作，通过使用zlib算法将数据行压缩后存储。Archive 存储引擎非常适合存储归档数据，如日志信息，但是它并不是事务安全的存储引擎，它的设计目标是提供高速的插入和压缩功能。

Archive存储引擎的功能见表5-4。

表 5-4　Archive 存储引擎的功能

功　能	Archive
存储限制	None
支持事务	否
支持全文索引	否
支持数索引	否
支持哈希索引	否
支持数据缓存	否
支持外键	否

5.2 数据库的创建与维护

5.2.1 创建数据库

创建数据库是数据库操作的首要任务，通常是一次性完成。之后是数据库的维护，它是经常性的工作，大多是由数据库管理员（DBA）完成的。

创建数据库实际上是定义数据库的名称、大小、所有者和存储数据库的文件。

在数据库管理系统中，不是所有的数据库用户都能够创建数据库，只有系统管理员才能够创建。

创建数据库的方法很多，不同数据库管理系统的操作会有差异，常用的方法如下。

(1) 利用SQL语句创建数据库。

(2) 利用前端工具创建数据库。

1. 利用SQL语句创建数据库

创建数据库的SQL语句格式如下：

```
CREATE DATABASE [IF NOT EXISTS] <数据库名>
[[DEFAULT] CHARACTER SET <字符集名>]
[[DEFAULT] COLLATE <校对规则名>];
```

功能：创建数据库。

说明：

(1) IF NOT EXISTS表示在创建数据库之前进行判断，只有该数据库目前尚不存在时才能执行创建操作。此选项可以用来避免出现数据库已经存在而重复创建的错误。

(2) [DEFAULT] CHARACTER SET表示指定数据库的字符集。指定字符集的目的是避免数据库存储的数据出现乱码的情况。如果在创建数据库时不指定字符集，则使用系统默认的字符集。

(3) [DEFAULT] COLLATE表示指定字符集的默认校对规则。

【例5-1】使用SQL语句创建数据库

(视频5-2：使用SQL语句创建数据库)

操作步骤如下：

(1) 单击“开始”菜单，搜索MySQL，打开MySQL 5.7 Command Line Client命令行客户端，在Enter password后输入数据库密码登录MySQL，如图5-1所示。

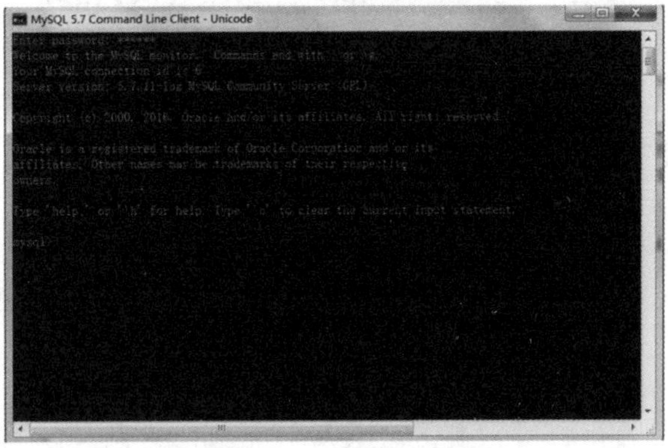

图5-1　登录MySQL

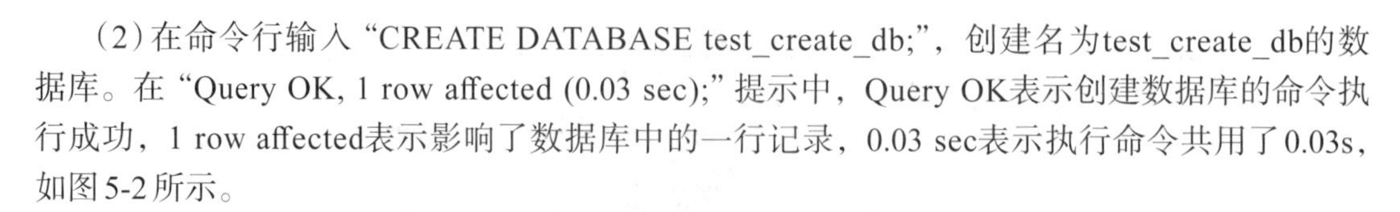

（2）在命令行输入“CREATE DATABASE test_create_db;”，创建名为test_create_db的数据库。在“Query OK, 1 row affected (0.03 sec);”提示中，Query OK表示创建数据库的命令执行成功，1 row affected表示影响了数据库中的一行记录，0.03 sec表示执行命令共用了0.03s，如图5-2所示。

```
mysql> CREATE DATABASE test_create_db;
Query OK, 1 row affected (0.03 sec)
```

图5-2　创建数据库

（3）在命令行输入“SHOW DATABASES;”，验证数据库是否创建成功，在输出的数据库列表中可以看到test_create_db，表示数据库已经成功创建，如图5-3所示。

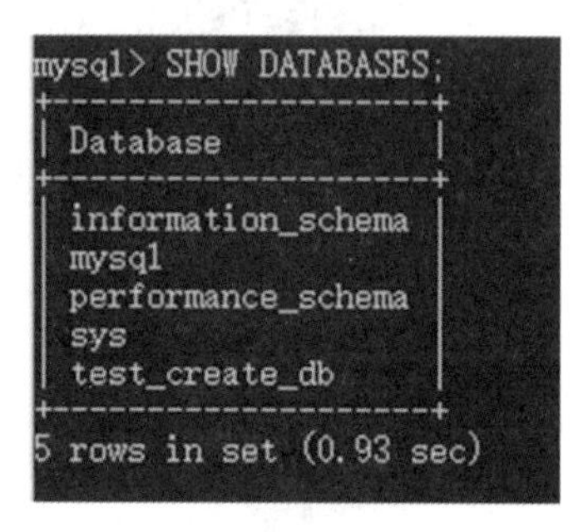

图5-3　验证是否成功创建数据库

2. 使用前端工具创建数据库

【例5-2】使用前端工具创建数据库

（视频5-3：使用前端工具创建数据库）

扫一扫，看视频

操作步骤如下：

（1）打开Workbench工具，连接目标数据库服务器，打开MySQL Workbench窗口，如图5-4所示。

图5-4　MySQL Workbench窗口

(2) 在MySQL Workbench窗口中首先展示的是SCHEMAS区域，在空白处右击，选择Create Schema命令，在操作区会显示new_schema-Schema窗口，如图5-5所示。

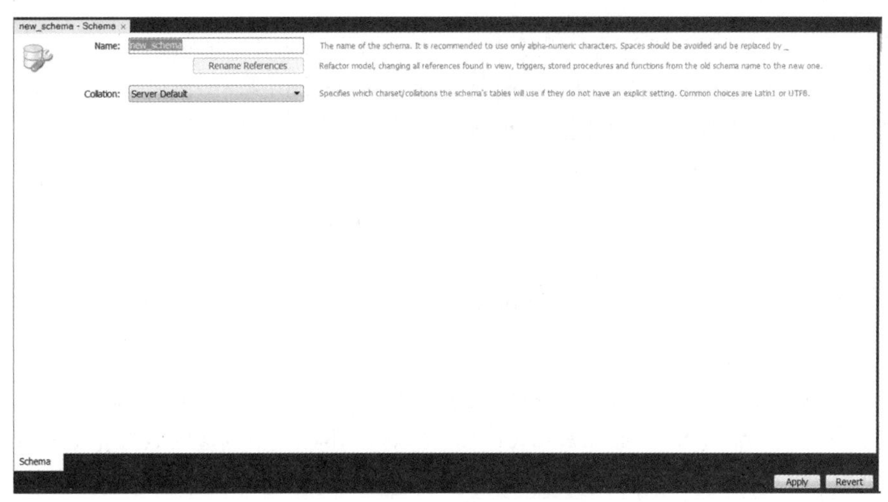

图5-5　new_schema-Schema窗口

(3) 在new_schema-Schema窗口中，首先在Name文本框中输入要创建的数据库的名称test_workbench_db，然后在Collation下拉列表中选择UTF-8 default collation（UTF-8默认排序规则）选项，再单击Apply按钮，会弹出Apply SQL Script to Database对话框，将创建表的操作转化为SQL语句后在Workbench中执行，如图5-6所示。

(4) 在Apply SQL Script to Database窗口中，再次单击Apply按钮，完成创建数据库操作。在左侧的SCHEMAS区域可以看到test_workbench_db，表示已经创建成功，如图5-7所示。

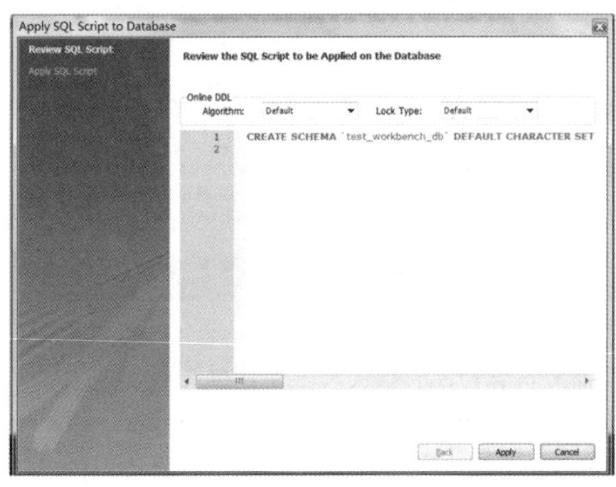

图5-6　创建数据库test_workbench_db

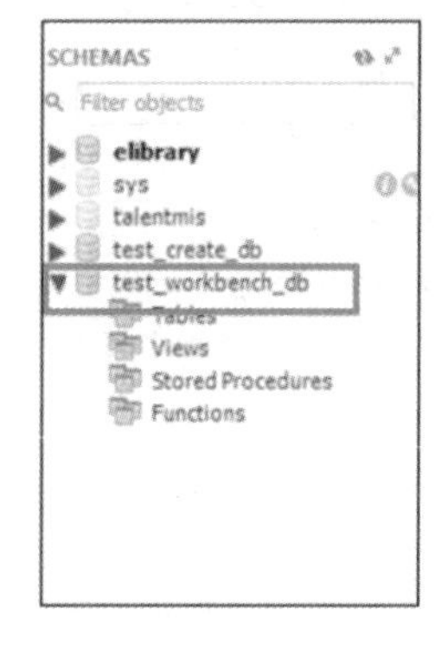

图5-7　数据库创建成功

5.2.2　维护数据库

有时需要对创建完成的数据库进行修改，在使用过程中也需要删除一些失效的数据和压缩数据库，完成这些操作通常需要了解数据库的相关属性，这些属性信息可以通过命令行查询。

1. 打开数据库

（视频5–4：打开数据库）

扫一扫，看视频

在使用数据库之前，需要先打开要操作的数据库。打开数据库的方式有两种，一种是用Workbench工具直接打开，在Workbench中操作比较简便；另一种是用命令行打开数据库。为方便读者理解，此处用命令行方式打开。

打开数据库的语句格式如下：

```
USE <数据库名>
```

功能：打开数据库。

【例5-3】打开数据库

操作步骤如下：

（1）打开MySQL 5.7 Command Line Client命令行客户端，输入数据库密码登录MySQL。

（2）在命令行输入“USE test_create_db;”，可以打开例5-1中创建的数据库test_create_db，如图5-8所示。

```
mysql> USE test_create_db;
Database changed
```

图5-8　打开数据库

2. 查看数据库列表

（视频5–5：查看数据库）

扫一扫，看视频

在命令行查看数据库列表的语句格式如下：

```
SHOW DATABASES [LIKE '数据库名'];
```

功能：查看数据库。

说明：

（1）LIKE 从句是可选项，用于匹配指定的数据库名称。

（2）LIKE 从句可以进行部分匹配，也可以进行完全匹配。

【例5-4】查看数据库列表

操作步骤如下：

（1）打开MySQL 5.7 Command Line Client命令行客户端，输入数据库密码登录MySQL。

（2）在命令行输入“SHOW DATABASES LIKE 'test%'”，可以查看例5-1和例5-2中创建的两个数据库test_create_db和test_workbench_db，如图5-9所示。

```
mysql> SHOW DATABASES LIKE 'test%';
+-------------------+
| Database (test%)  |
+-------------------+
| test_create_db    |
| test_workbench_db |
+-------------------+
2 rows in set (0.00 sec)
```

图5-9　查看数据库列表

3. 修改数据库

（视频5–6：修改数据库）

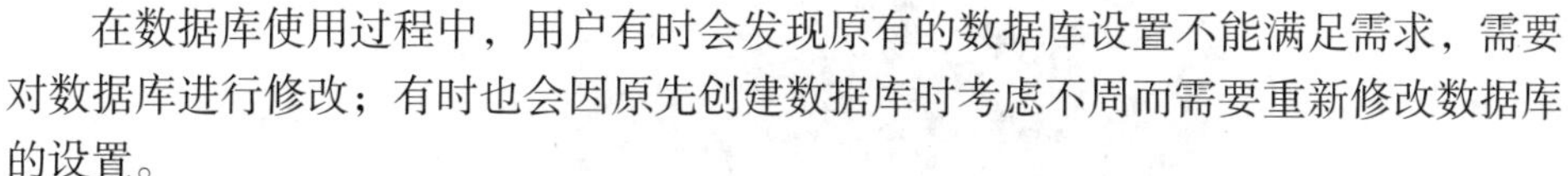

在数据库使用过程中，用户有时会发现原有的数据库设置不能满足需求，需要对数据库进行修改；有时也会因原先创建数据库时考虑不周而需要重新修改数据库的设置。

在 MySQL 中，可以使用 ALTER DATABASE 来修改已存在的数据库的相关参数。

修改数据库的SQL语句格式如下：

```
ALTER DATABASE [数据库名] {
[ DEFAULT ] CHARACTER SET <字符集名> |
[ DEFAULT ] COLLATE <校对规则名>}
```

功能：修改数据库。

说明：

（1）ALTER DATABASE 用于更改数据库的全局特性。

（2）使用 ALTER DATABASE 需要获得数据库的修改权限。

（3）数据库名可以忽略，如果忽略数据库名，则此时的修改对象是默认数据库。

（4）CHARACTER SET 子句用于更改默认的数据库字符集。

【例5-5】修改数据库信息

操作步骤如下：

（1）打开MySQL 5.7 Command Line Client命令行客户端，输入数据库密码登录MySQL。

（2）在命令行输入“ALTER DATABASE test_create_db CHARACTER SET utf8;”，可以将数据库test_create_db的字符集修改为utf8，如图5-10所示。

```
mysql> ALTER DATABASE test_create_db CHARACTER SET utf8;
Query OK, 1 row affected (0.00 sec)
```

图5-10　修改数据库信息

4. 删除数据库

（视频5–7：删除数据库）

数据库如果有损坏，或数据库不再使用，或数据库不能运行，则需要对这些数据库进行删除操作。

删除数据库的SQL语句格式如下：

```
DROP DATABASE [ IF EXISTS ] <数据库名>
```

功能：删除数据库。

【例5-6】删除数据库

操作步骤如下：

（1）打开MySQL 5.7 Command Line Client命令行客户端，输入数据库密码登录MySQL。

（2）在命令行输入“DROP DATABASE test_create_db;”，提示执行成功。

（3）在命令行输入“SHOW DATABASES;”，检验是否删除成功，可以发现数据库列表中没有test_create_db数据库，说明删除成功，如图5-11所示。

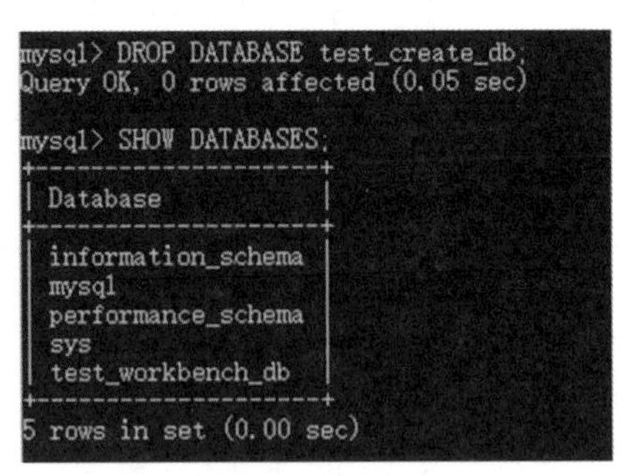

图5-11　删除数据库

5.3 案例：创建“图书资源”数据库

（视频5-8：创建“图书资源”数据库）

扫一扫，看视频

下面根据第4章物理结构设计的结果进行“图书资源”数据库的创建。操作步骤如下：

（1）打开MySQL 5.7 Command Line Client命令行客户端，输入数据库密码登录MySQL。

（2）在命令行输入“CREATE DATABASE IF NOT EXISTS elibrary DEFAULT CHARACTER set = 'utf8';”后执行，提示执行成功。

（3）在命令行输入“SHOW DATABASES;”，检验是否创建成功。可以发现在数据库列表中已经有elibrary数据库，说明创建成功，如图5-12所示。

图5-12　创建数据库（elibrary）

5.4 案例：创建“校园阅读”数据库

（视频5-9：创建“校园阅读”数据库）

扫一扫，看视频

下面根据第4章介绍的物理结构设计的结果，进行“校园阅读”数据库的创建。操作步骤如下：

（1）打开MySQL 5.7 Command Line Client命令行客户端，输入数据库密码登录MySQL。

（2）在命令行输入“CREATE DATABASE IF NOT EXISTS talentmis DEFAULT CHARACTER set = 'utf8';” 后执行，提示执行成功。

（3）在命令行输入 “SHOW DATABASES;”，检验是否创建成功。可以发现在数据库列表中已经有talentmis数据库，说明创建成功，如图5-13所示。

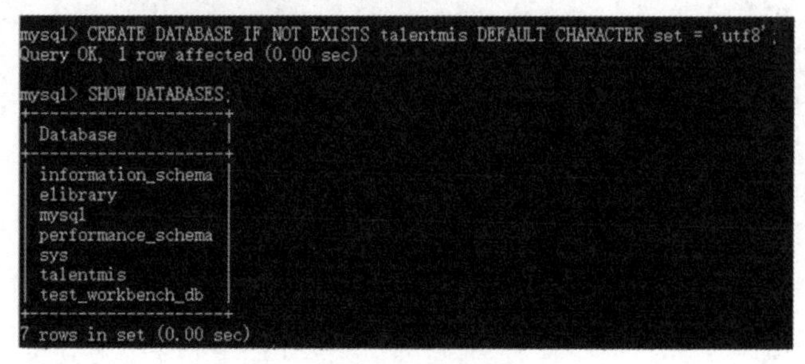

图5-13　创建数据库（talentmis）

5.5 习题五

1.简答题

（1）简述四种常用存储引擎的异同。

（2）列举在创建MySQL数据库时不会使中文数据出现乱码的字符集。

2.选择题

（1）下列不是MySQL存储引擎的是（　　）。

A. InnoDB　　B. MyISAM　　C. Memory　　D. Google

（2）InnoDB存储引擎不支持（　　）。

A. 全文索引　　B. 事务　　C. 数据缓存　　D. 外键

3.操作题

（1）分别使用MySQL Workbench窗口和SQL语句两种方式，在本地MySQL中创建my_workbench_db数据库和my_sql_db数据库。

（2）在本地MySQL环境下分别使用MySQL Workbench窗口和SQL语句查看本地的数据库列表。

第6章

索引操作

学习目标

本章主要讲解 MySQL 数据库索引的操作方法，包括什么是索引、MySQL 索引的类型和创建索引遵循的原则，以及 MySQL 索引的创建、维护和使用。本章将会对这三部分内容进行详细阐述。通过本章的学习，读者可以：

- 掌握索引的概念
- 熟悉 MySQL 的索引类型
- 掌握创建索引的原则
- 掌握索引的相关操作

内容浏览

6.1 索引的定义

（视频6–1：有关索引）

扫一扫，看视频

数据库中的索引类似于一本书的目录，如果希望快速了解这本书特定章节的内容，则可以通过目录查找指定章节对应的页码，根据页码快速找到需要的信息。另外，数据库中的索引和图书馆借阅图书时使用的索引目录一样，只要给定一条或多条检索信息，像图书馆的图书借阅系统快速定位图书的所在位置一样，索引也会快速定位数据库中相关数据的所在位置。

在数据库环境中索引被视为一种特殊的数据库结构，由数据表中的一列或多列组合而成，可以用来快速查询数据表中有某一特定值的记录。它是按照索引表达式的值，使表中的记录有序排列的一种技术。

也可以说，索引是在表的字段的基础上建立的一种数据库对象，它由DBA或表的拥有者创建和撤销，其他用户不能随意创建和撤销索引，即其他用户的操作对表毫无影响；索引由系统自动选择和维护。另外，索引也是创建表与表之间关联关系的基础。

一般情况下，表中记录的顺序是由数据输入的前后顺序决定的，并用记录号予以标识。除非有记录插入或删除，否则表中的记录顺序总是不变的。如果创建了一个索引（非聚簇索引），则会建立一个专门存放索引项的结构，在该结构中保存索引项的逻辑顺序，并记录指针指向的对应物理记录。

若为某个表创建了索引，表的存储便由两部分组成，一部分用来存放表的数据页面，另一部分用来存放索引页面（聚簇索引没有索引页面），索引就存放在索引页面上。通常来说，索引页面所占的内存相对于数据页面来说小得多。当进行数据检索时，系统先搜索索引页面，从中找到所需数据的指针，再通过指针直接从数据页面中读取数据。否则，数据库系统将逐条读取所有记录的信息进行匹配。因此，使用索引可以在很大程度上提高数据库的查询速度，有效地提高了数据库系统的性能。

如果要对一个数据量较为庞大的表进行查询操作，数据库程序在查询所需数据时则要顺序扫描整个数据页面，这样要耗费大量的时间。但是，如果事先为此表建立了相关的索引，利用索引的指针指向对应的物理记录这一特性，将会非常快速地完成查询操作。

MySQL索引的建立对于MySQL的高效运行是很重要的，索引可以极大地提高MySQL的检索速度。如果说没有设计和使用索引的MySQL是一辆人力三轮车，那么设计且使用了合理的索引的MySQL就是一辆兰博基尼。

6.2 索引的类型

索引的类型由数据库的功能决定，索引由DBA或表的拥有者负责创建和撤销。通常索引可分为普通索引、唯一索引和主键索引3种类型。

6.2.1 普通索引、唯一索引和主键索引

普通索引是MySQL中的基本索引类型，允许在定义索引的列中插入重复值和空值。

唯一索引指索引列的值必须唯一，但允许有空值。如果是组合索引，则列值的组合必须唯一。

主键索引是一种特殊的唯一索引，一个表只能有一个主键，不允许有空值。

1. 创建普通索引的操作方式

（1）直接创建索引。语句格式如下：

```
CREATE INDEX index_name ON table(column(length))
```

（2）以修改表结构的方式添加索引。语句格式如下：

```
ALTER TABLE table_name ADD INDEX index_name ON (column(length))
```

（3）创建表的时候同时创建索引。示例如下：

```
CREATE TABLE author(id CHAR(6) not null,
name CHAR(6) not null ,
brief VARCHAR(128) ,
PRIMARY KEY (id), INDEX author_name (name(length)));
```

2. 创建唯一索引的操作方式

（1）创建唯一索引。语句格式如下：

```
CREATE UNIQUE INDEX index_name ON table(column(length))
```

（2）修改表结构。语句格式如下：

```
ALTER TABLE table_name ADD UNIQUE index_name ON (column(length))
```

（3）创建表的同时创建唯一索引。示例如下：

```
CREATE TABLE press(id CHAR(6) not null,
name CHAR(6) not null ,
brief VARCHAR(128) ,
PRIMARY KEY (id), UNIQUE INDEX author_name (name(length)));
```

注意：一般是在建表时同时创建主键索引。

6.2.2 单列索引和组合索引

单列索引即一个索引只包含单个列，一个表可以有多个单列索引。

组合索引是指组合表的多个字段创建的索引，只有在查询条件中使用了创建索引时的第一个字段，索引才会被使用。使用组合索引时遵循最左前缀匹配的原则。

单列索引和组合索引的创建方式与普通索引和唯一索引相同，此处不再赘述。

一般创建表时直接指定索引。示例如下：

```
CREATE TABLE author(id CHAR(6) not null,
name CHAR(6) not null ,
brief VARCHAR(128) ,
PRIMARY KEY (id));
```

6.2.3 空间索引

空间索引是检索空间数据集合的“目录”。它不同于图书的目录，在进行图书内容检索时，目录对应的书本内容是不变的，而空间索引是根据空间数据的变化而变化的，包括数据的创建、修改、删除等基本操作都会重新建立新的索引。

空间数据是含有位置、大小、形状以及分布特征等多方面信息的数据，因其数据的复杂性，需要一种索引去提高检索空间数据集合中空间数据的效率，减少空间数据操作的时间。

空间索引是对空间数据类型的字段建立的索引，从MySQL索引的数据结构角度来看，空间索引主要可以分为BTREE、HASH、FULLTEXT和RTREE。

6.2.4 全文索引

全文索引的类型为FULLTEXT，表示在定义索引的列上支持值的全文查找，允许在这些索引列中插入重复值和空值。全文索引主要用来查找文本中的关键字，而不是直接与索引中的值相比较。

FULLTEXT索引与其他索引大不相同，它更像是一个搜索引擎，而不是简单的WHERE语句的参数匹配。MySQL中只有MyISAM存储引擎支持全文索引。

FULLTEXT索引可以在进行CREATE TABLE、ALTER TABLE和CREATE INDEX操作时使用，不过目前只有字符类型CHAR、VARCHAR、TEXT 列可以创建全文索引。

技巧：在数据量较大时，先将数据放入一个没有全局索引的表中，然后再用CREATE INDEX创建FULLTEXT索引，要比先为一张表建立FULLTEXT，然后再将数据写入的速度快很多。

（1）创建表时添加全文索引。示例如下：

```
CREATE TABLE author(id CHAR(8) not null,
name CHAR(16) not null,
brief VARCHAR(128),
PRIMARY KEY (id), FULLTEXT INDEX brief (brief(length)));
```

（2）修改表结构添加全文索引。语句格式如下：

```
ALTER TABLE  <table_name>  ADD FULLTEXT  <index_content(content)>
```

（3）直接创建索引。语句格式如下：

```
CREATE FULLTEXT INDEX  <index_content>  ON < article(content)>
```

6.3 创建索引的原则

传统的查询方法是按照表的顺序遍历的，无论查询几条数据，MySQL需要从头开始遍历表，直到找到该数据。创建索引后，MySQL一般通过BTREE算法生成一个索引文件，在查询数据库时，首先找到索引文件并遍历索引记录，在其中找到相应的键后就可以获取对应值的数据，查询效率会提高很多。

然而，使用索引是有代价的。索引设计得不合理，或者缺少索引都会对数据库和应用程序的性能造成影响。高效的索引对于良好性能的获取非常重要，因此，只有遵循创建索引的有效原则建立索引，才能真正达到事半功倍的效果。

1. 创建索引要由专人完成

（1）索引由DBA或表的拥有者负责创建和撤销，其他用户不能随意操作。

（2）索引由系统自动选择，或由用户打开，用户可执行重建索引操作。

2. 是否创建索引取决于表的数据量

（1）基本表中记录的数量越多，记录越长，越有必要创建索引。创建索引后，查询速度的提升效果会很明显。要避免对经常更新的表创建过多的索引，索引中的列也要尽可能少。

（2）数据量小的表最好不要使用索引。由于数据较少，查询花费的时间可能比遍历索引的时间还要短，因此，创建索引可能不会产生优化效果。对经常用于查询的字段应该创建索引，但要避免添加不必要的字段。

（3）索引要根据数据查询或数据处理的要求确定是否创建。对于查询频度高、实时性要求高的数据一定要建立索引。

3. 索引数量要适度

（1）索引文件占用文件目录和存储空间，因此索引过多会加重系统负担。

（2）索引需要自身维护。当基本表的数据增加、删除或修改时，索引也会进行调整和更新，索引文件也要随之变化，以保持与基本表一致。

（3）索引过多会影响数据增、删、改的速度。索引并非越多越好，一张表中如果有大量的索引，不仅占用磁盘空间，而且还会影响INSERT、DELETE、UPDATE等操作的性能。

4. 避免使用索引的情形

（1）包含太多重复值的字段。

（2）查询中很少被引用的字段。

（3）值特别长的字段。

（4）查询返回率很高的字段。

（5）具有很多NULL值的字段。

（6）需要经常增、删、改的字段。

（7）记录较少的基本表。

（8）需要频繁、大批量进行数据更新的基本表。

6.4 索引操作

下面介绍有关索引的操作命令及实例。

6.4.1 创建索引

（视频6-2：创建普通索引）

扫一扫，看视频

创建索引的语句格式为：

```
CREATE TABLE <表名> [<字段名> data type]
[UNIQUE|FULLTEXT][INDEX|KEY][index_name](<col_name>[length])
[ASC|DESC]
```

功能：创建索引。

说明：

（1）UNIQUE|FULLTEXT为可选参数，分别表示唯一索引、全文索引。

（2）INDEX和KEY为同义词，两者作用相同，用来指定创建索引。

（3）index_name指定索引的名称，为可选参数，如果不指定，默认col_name为索引值。

（4）col_name为需要创建索引的字段列，该列必须从数据表中定义的多个列中选择。

（5）length为可选参数，表示索引的长度，只有字符串类型的字段才能指定索引长度。

（6）ASC或DESC指定以升序或降序的方式存储索引值。

【例6-1】创建普通（单列）索引

操作步骤如下：

（1）打开Workbench工具，连接目标数据库服务器，在工具栏单击按钮，打开“SQL设计器”窗口，如图6-1所示。

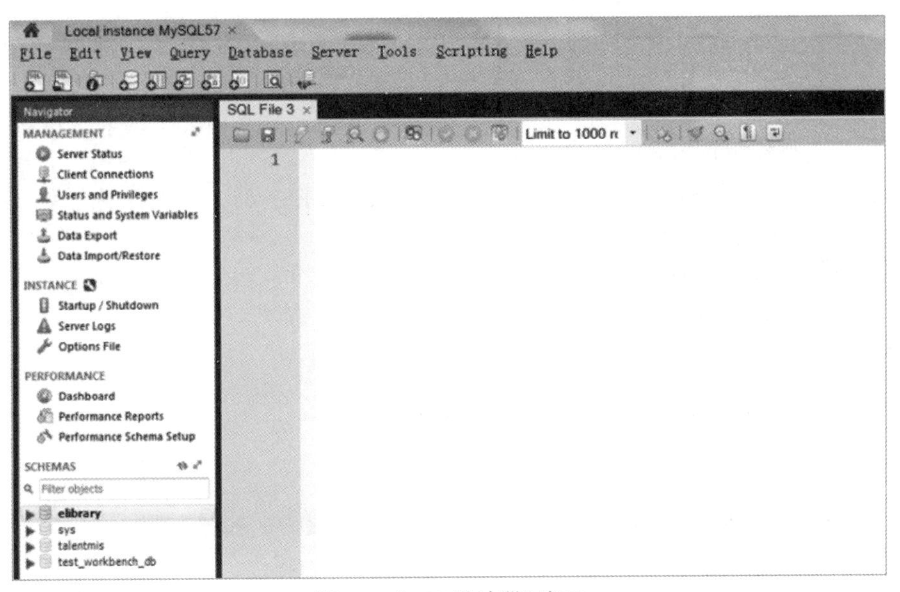

图6-1 “SQL设计器”窗口

（2）输入如下SQL语句，效果如图6-2所示。

```
CREATE TABLE student  (id CHAR(6) not null,
name CHAR(6) not null,
gender CHAR(2),
class_id CHAR(8) not null,
PRIMARY KEY (id))ENGINE=InnoDB DEFAULT CHARSET=utf8;
```

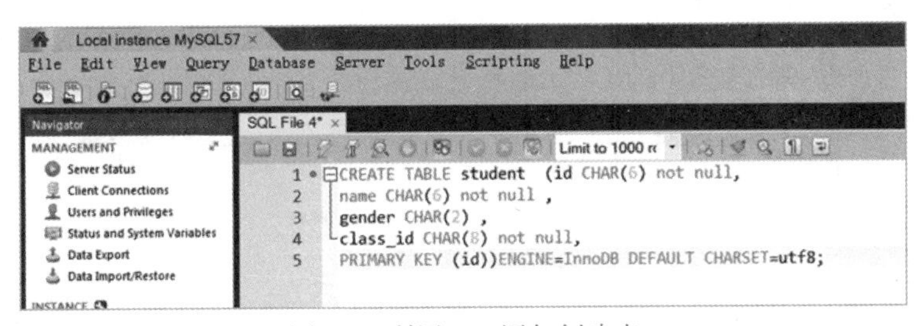

图6-2 利用SQL语句创建表

（3）在“SQL设计器”窗口，单击SQL设计器工具栏上的按钮，运行SQL语句，完成表（student）的创建。

（4）在“SQL设计器”窗口，输入如下SQL语句，效果如图6-3所示。

```
CREATE INDEX stu_name ON student(name);
```

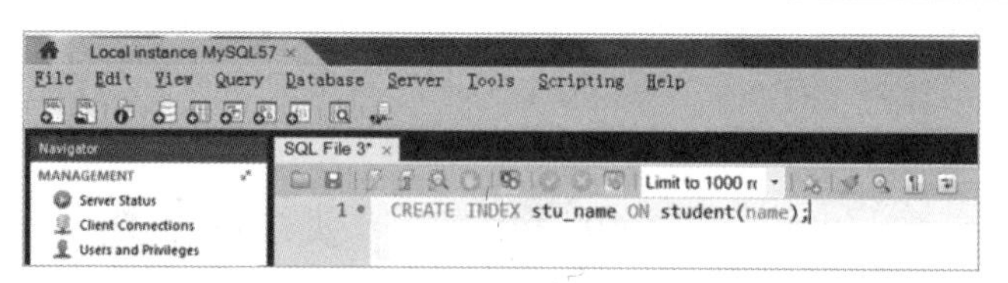

图6-3　利用SQL语句创建单列索引

（5）在“SQL设计器”窗口，单击SQL设计器工具栏上的按钮，运行SQL语句，完成普通（单列）索引（stu_name）的创建。

【例6-2】创建组合索引

（视频6-3：创建组合索引）

扫一扫，看视频

操作步骤如下：

（1）打开Workbench工具，连接目标数据库服务器，在工具栏上单击按钮，打开“SQL设计器”窗口。

（2）在“SQL设计器”窗口，输入如下SQL语句，效果如图6-4所示。

```
CREATE TABLE press(id CHAR(6) not null,
name CHAR(6) not null,
brief VARCHAR(128),
PRIMARY KEY (id))ENGINE=InnoDB DEFAULT CHARSET=utf8;
```

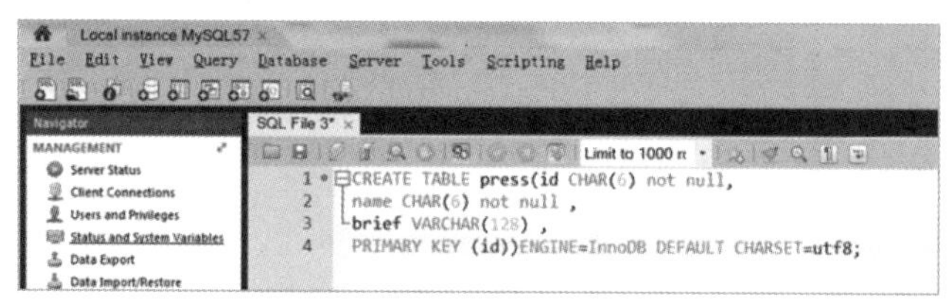

图6-4　利用SQL语句创建表

（3）在“SQL设计器”窗口，单击SQL设计器工具栏上的按钮，运行SQL语句，完成表（press）的创建。

（4）在“SQL设计器”窗口，输入如下SQL语句，效果如图6-5所示。

```
CREATE UNIQUE INDEX press_info ON press(id,name);
```

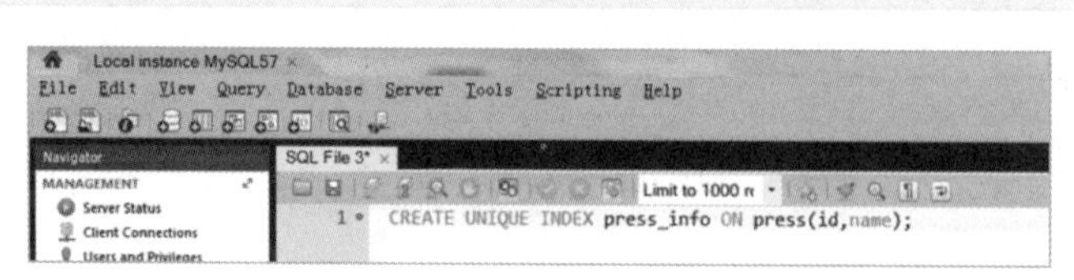

图6-5　利用SQL语句创建唯一索引

（5）在“SQL设计器”窗口，单击SQL设计器工具栏上的按钮，运行SQL语句，完成组合索引（press_name）的创建。

【例6-3】创建全文索引

（视频6–4：创建全文索引）

操作步骤如下：

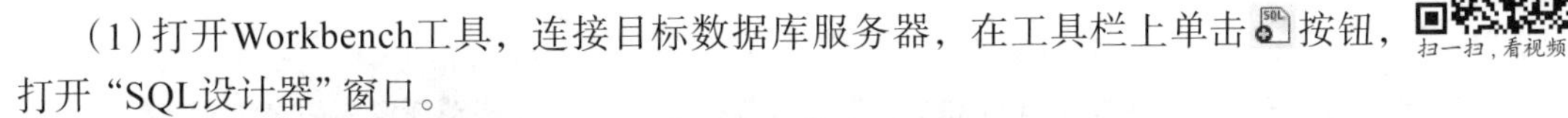

（1）打开Workbench工具，连接目标数据库服务器，在工具栏上单击SQL按钮，打开“SQL设计器”窗口。

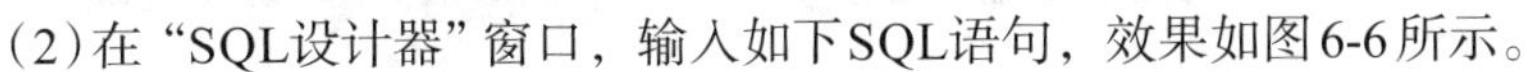

（2）在“SQL设计器”窗口，输入如下SQL语句，效果如图6-6所示。

```
CREATE TABLE author(id CHAR(6) not null,
name CHAR(6) not null,
brief VARCHAR(128),
PRIMARY KEY (id))ENGINE=InnoDB DEFAULT CHARSET=utf8;
```

图6-6　利用SQL语句创建表

（3）在“SQL设计器”窗口，单击SQL设计器工具栏上的按钮，运行SQL语句，完成表（author）的创建。

（4）在“SQL设计器”窗口，输入如下SQL语句，效果如图6-7所示。

```
CREATE FULLTEXT INDEX author_brief ON author(brief);
```

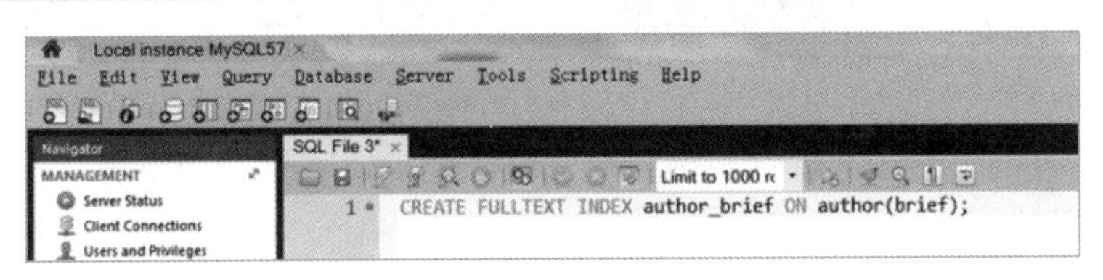

图6-7　利用SQL语句创建全文索引

（5）在“SQL设计器”窗口，单击SQL设计器工具栏上的SQL按钮，运行SQL语句，完成全文索引（author_brief）的创建。

6.4.2　查看索引

（视频6–5：查看索引）

扫一扫，看视频

查看索引的语句格式为：

SHOW INDEX FROM <表名> [FROM <数据库名>]

功能：查看索引。

【例6-4】查看索引

操作步骤如下：

（1）打开Workbench工具，连接目标数据库服务器，在工具栏上单击SQL按钮，打开“SQL设计器”窗口。

（2）在“SQL设计器”窗口，输入如下SQL语句：

```
SHOW INDEX FROM press;
```

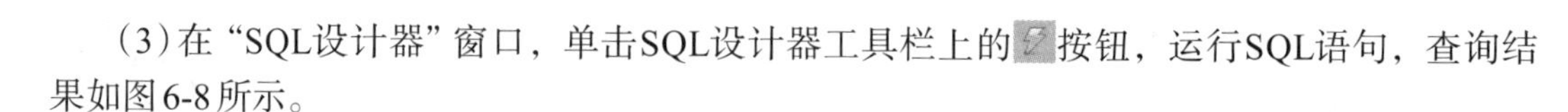

（3）在“SQL设计器”窗口，单击SQL设计器工具栏上的按钮，运行SQL语句，查询结果如图6-8所示。

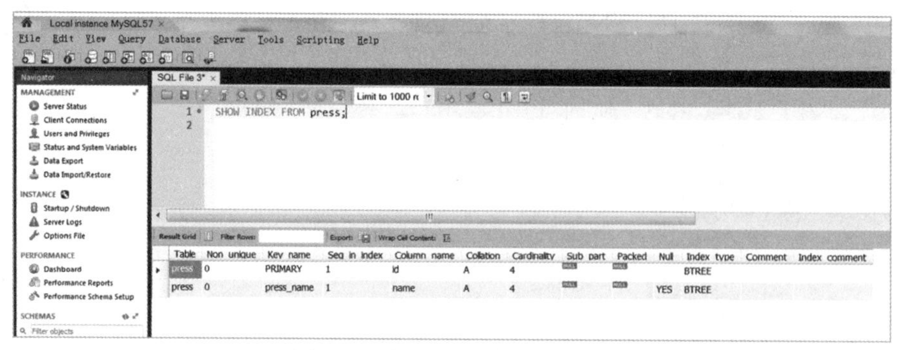

图6-8　利用SQL语句查看索引

6.4.3　删除索引

（视频6–6：删除索引）

扫一扫，看视频

删除索引的语句格式如下：

DROP INDEX <索引名> ON <表名>

功能：删除索引。

【例6-5】直接删除索引

操作步骤如下：

（1）打开Workbench工具，连接目标数据库服务器，在工具栏上单击按钮，打开“SQL设计器”窗口。

（2）在“SQL设计器”窗口，输入如下SQL语句，效果如图6-9所示。

```
DROP INDEX press_name ON press;
```

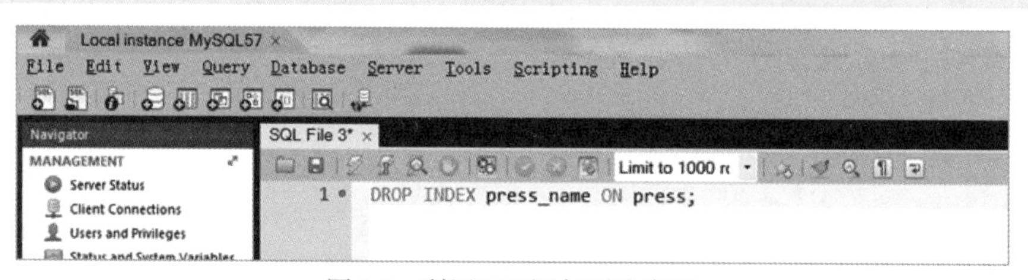

图6-9　利用SQL语句删除索引

（3）在“SQL设计器”窗口，单击SQL设计器工具栏上的按钮，运行SQL语句，完成删除索引操作。

6.4.4　修改表结构删除索引

修改表结构删除索引命令的语句格式如下：

ALTER TABLE <表名> DROP INDEX <索引名>

功能：修改表结构删除索引。

【例6-6】通过修改表结构删除索引

操作步骤如下：

(1)打开Workbench工具，连接目标数据库服务器，在工具栏上单击按钮，打开“SQL设计器”窗口。

(2)在“SQL设计器”窗口，输入如下SQL语句，效果如图6-10所示。

```
ALTER TABLE author DROP INDEX author_brief;
```

图6-10　通过修改表结构删除索引

(3)在“SQL设计器”窗口，单击SQL设计器工具栏上的按钮，运行SQL语句，完成删除索引操作。

6.5 习题六

1.简答题

(1)简述空间索引类型中BTREE索引和HASH索引的区别。

(2)简述在数据库中对字段列使用索引可以提高效率的原因，以及使用索引的好处。

2.选择题

(1)下列说法错误的是(　　)。

A. 只有在创建表时才可以创建主键索引

B. 一张表可以有多个单列索引

C. 索引是在表的字段基础上建立的一种数据库对象

D. 表中记录的顺序是由数据输入顺序决定的，用记录号标识

(2)下列不是索引类型的是(　　)。

A. 普通索引和唯一索引　　B. 全文索引

C. 单列索引和组合索引　　D. 空间索引和时间索引

3.操作题

(1)为MySQL中的本地数据库创建哈希索引。

(2)查阅资料，在本地环境查看MySQL中本地支持的存储引擎。

第 7 章

数据表操作

学习目标

本章主要讲解 MySQL 数据表的操作方法，包括表设计概述、创建表的方法、表中数据的操作方法。通过本章的学习，读者可以：

- 熟悉表设计的内容
- 掌握创建表的方法
- 掌握表中数据的操纵方法
- 掌握“图书资源”案例部分表的创建过程及方法
- 掌握“校园阅读”案例部分表的创建过程及方法

内容浏览

7.1 表设计概述

（视频7–1：什么是表）

数据表是满足关系模型的相关数据的集合。表是数据库对象之一，是数据库中所有数据库对象的基础数据源。表的创建与使用通常在两个场景中进行，一个是在对表结构进行定义和维护时，另一个是在对表中数据进行输入和维护时。

设计表的步骤可以分为四步：定义二维表的名称、设计二维表的栏目、填写表的内容和定义表的结构。

1. 定义二维表的名称

设计一张二维表，首先要给表定义一个名称。

2. 设计二维表的栏目

首先确定表中有几个栏目，然后根据每个栏目包含的内容设计栏目标题，由此决定每列存放数据的具体内容。

3. 填写表的内容

一旦表的总体框架设计完成，就可以按照数据的属性将数据填入表中。

表7-1是学生基本信息表。

表 7-1　学生基本信息表

学生编号	学生姓名	性别	出生年月	学校编号
S010901	江雨珊	男	2005-01-09	0101001
S010902	刘鹏	男	2005-03-08	0101001
S010903	崔月明	女	2005-03-17	0101001
S010904	白涛	女	2005-11-24	0101001
S010905	邓平	男	2005-04-09	0101001
S010906	周康勇	女	2005-10-11	0101001
S010907	张德发	男	2005-05-21	0101001
S010801	赵蕾	女	2006-02-04	0101002
S010902	杨涛	男	2007-01-03	0101002
S010701	李晓薇	女	2008-04-10	0101002
S020501	罗忠旭	女	2009-12-23	0101002
S020502	何盼盼	女	2009-09-19	0101002
S020403	韩璐	女	2010-06-16	0101002

从表7-1中可以看到，这张二维表由以下三部分组成。

（1）表名：每张表都有一个名称，用来概括表的内容，如表7-1的名称为“学生基本信息表”。

（2）表头：表中栏目的标题称为表头，标明了某一列诸多数据对应的属性，如表7-1中的“学生编号”“学生姓名”“学校编号”便是栏目名。

（3）表的内容：表中的每行数据是表的具体内容，由具体的数据项组成，某一行的数据表明了某一具体事物的基本内容。如表7-1的第6行，反映的是姓名为“邓平”的个人信息。

4. 定义表的结构

在数据库管理系统中，一张二维表对应一个数据表，称为表文件（Table），一个数据库可以创建多个表。

定义表的结构，就是根据二维表的定义来确定表的组织形式，即定义表中列的个数，每一列的列名、数据类型、长度及是否以该列建立索引等。

由上述内容可知，一张二维表由表名、表头、表的内容三部分组成，一个数据表则由表名、表的结构、表的记录这三个要素构成。具体说明如下。

（1）表名：数据表的表名相当于二维表中的表名，它是表的主要标识。用户通过表名向表存取数据或使用表。

（2）表的结构：数据表的结构相当于二维表的表头，二维表的每一列对应数据表中的一个字段，其属性由字段名、字段类型和字段长度决定。

如果以表7-1的内容创建一个表，其表结构可以按表7-2定义。

表 7-2　student 表结构

字段名	字段类型	字段长度	小数点	索引类型
id	int	7	–	主键
name	char	8	–	–
gender	char	2	–	–
school_id	char	7	–	外键

（3）表的记录：数据表的记录是表不可分割的基本项，即二维表的内容。

一个表的大小主要取决于它拥有的数据记录的多少，不包含记录的表称为空表。

7.2 创建表

（视频7–2：创建表）

扫一扫，看视频

创建表的过程，实际上是定义表的结构、确定表的组织形式的过程，即定义表的字段个数、字段名、字段类型、字段长度、索引以及完整性等。

表结构设计得好与坏，决定了表的使用效果，也决定了表中数据的冗余度、共享性及完整性的高低，直接影响着数据表的质量。

7.2.1　新表的创建

在MySQL中，可以利用Workbench中的“表设计视图”创建表，也可以利用SQL语句创建表，无论是什么数据库，都有这两种创建表的方法。

1. 利用“表设计视图”创建表

在数据库管理系统中，创建表多数是通过Workbench可视化环境下的表设计视图进行的。

【例 7-1】利用“表设计视图”创建表（student）

操作步骤如下：

（1）打开Workbench工具，连接目标数据库服务器，打开MySQL Workbench窗口，如图7-1所示。

（2）在MySQL Workbench窗口中的SCHEMAS区域中，展开tesr_workbench_db数据库的下拉列表，选择Tables操作对象并右击，在弹出的快捷菜单中选择Create Table选项，如图7-2所示。

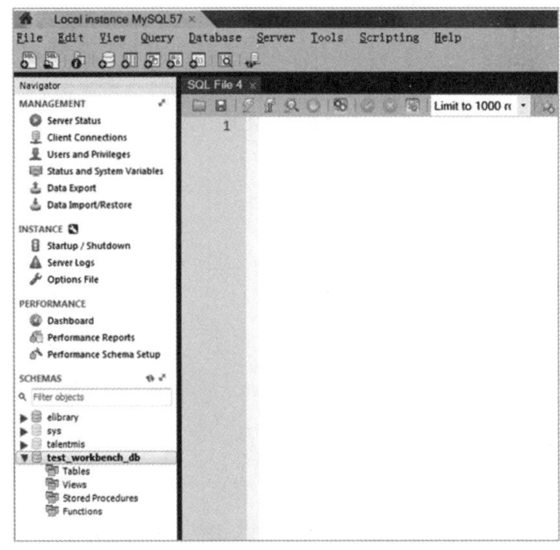

图7-1　MySQL Workbench窗口

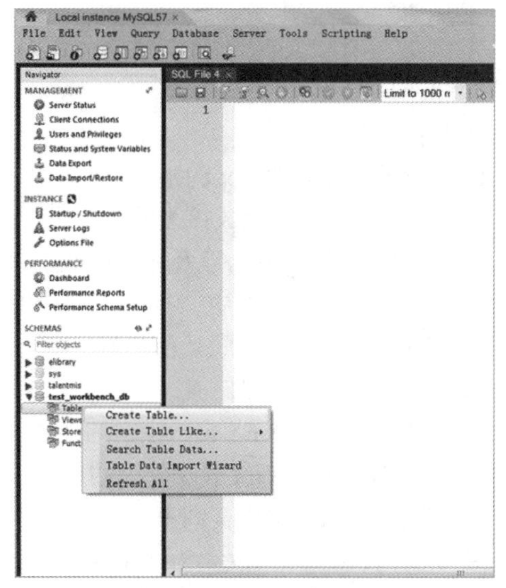

图7-2　“表设计视图”窗口

（3）在“表设计视图”窗口，根据表7-2的内容，逐一定义表中所有字段的名称、类型、长度，如图7-3所示。

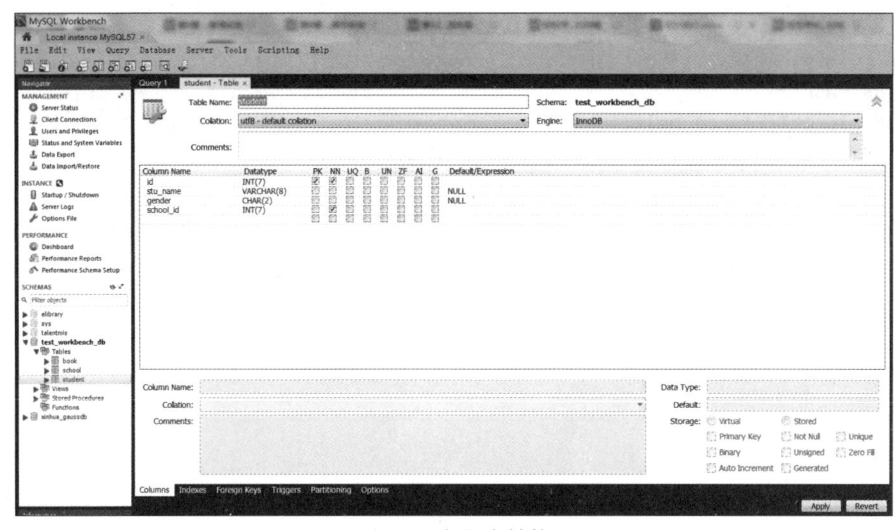

图7-3　定义表结构

（4）在“表设计视图”窗口，单击Apply按钮，保存表，结束表（student）的创建。

2. 利用SQL语句创建表

创建表的SQL命令的语句格式为：

CREATE Table <表名>

（[<字段名1>] 类型（长度）[默认值][字段级约束]

[，<字段名2> 数据类型[默认值][字段级约束]]...

[，UNIQUE（字段名[，字段名]...）]
[，PRIMARY KEY（字段名[，字段名]...）]
[，FOREIGN KEY（字段名[，字段名]...）
REFERENCES 表名（字段名[，字段名]...）]
[，CHECK (条件)])

功能：建立一个表。

说明：

（1）<表名>表示要定义的基本表的名字。

（2）<字段名>表示组成该表的各个属性（字段）。

（3）[字段级约束]表示涉及相应属性字段的完整性约束条件。

（4）在MySQL 数据库中，有以下5种约束：

①DEFAULT表示默认值约束。

②UNIQUE表示唯一性约束。

③PRIMARY KEY表示主键约束。

④FOREIGN KEY表示外键约束。

⑤CHECK表示检查约束。

【例7-2】利用SQL语句创建表（student）

操作步骤如下：

（1）打开Workbench工具，连接目标数据库服务器，如图7-1所示。

（2）在“SQL设计器”窗口，输入如下SQL语句，效果如图7-4所示。

```
CREATE TABLE student  (id INT(7) not null,
name CHAR(8) not null,
gender CHAR(2),
school_id INT(7) not null,
PRIMARY KEY (id))ENGINE=InnoDB DEFAULT CHARSET=utf8;
```

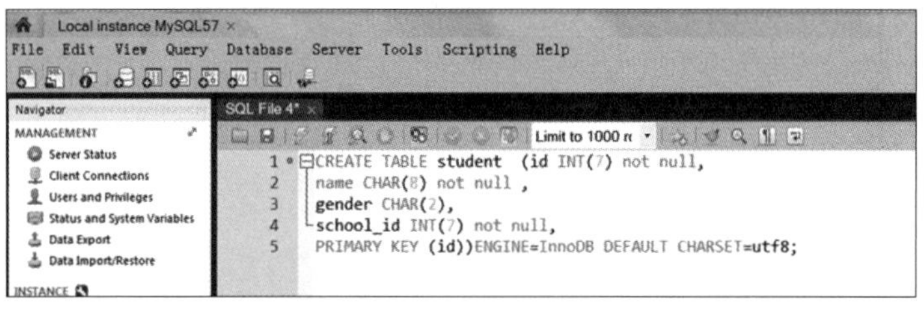

图7-4 利用SQL语句创建表

（3）在“SQL设计器”窗口，单击工具栏上的 按钮，运行SQL语句，完成表（student）的创建。

 7.2.2 修改表结构

（视频7-3：修改表结构）

扫一扫，看视频

在创建表时经常会因为考虑不周、操作不慎或不适应新的变化，使得表结构的设计不合理，这就需要对表结构进行某些修改。另外，若选择使用表向导创建表，一般情况下也要修改表结构。

修改表结构有两种方法：利用“表设计视图”修改和利用SQL语句修改。

1. 利用“表设计视图”修改表结构

【例7-3】利用“表设计视图”修改表（student）的结构

操作步骤如下：

（1）打开Workbench工具，连接目标数据库服务器，打开MySQL Workbench窗口。

（2）在MySQL Workbench窗口，展开目标数据库的下拉菜单，在SCHEMAS区域，选择表（student）操作对象并右击，打开快捷菜单，再选择Alter Table选项，打开“表设计视图”窗口，如图7-5所示。

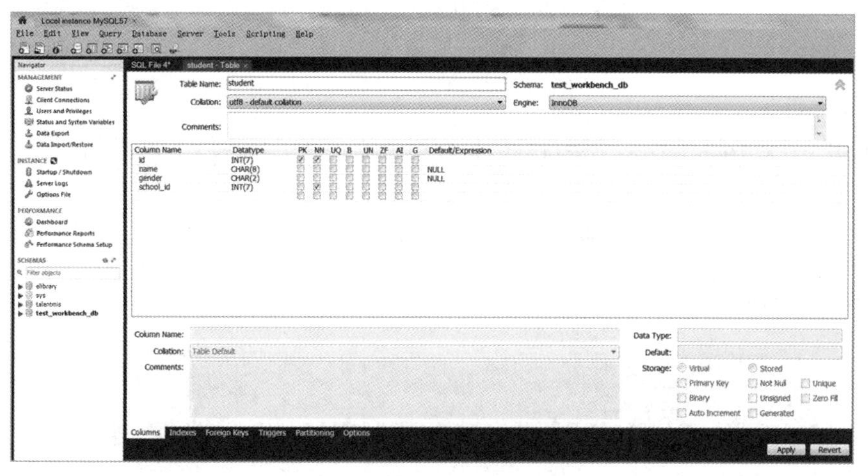

图7-5 “表设计视图”窗口

（3）在“表设计视图”窗口，双击字段name进行编辑，将字段名改为stu_name，如图7-6所示。

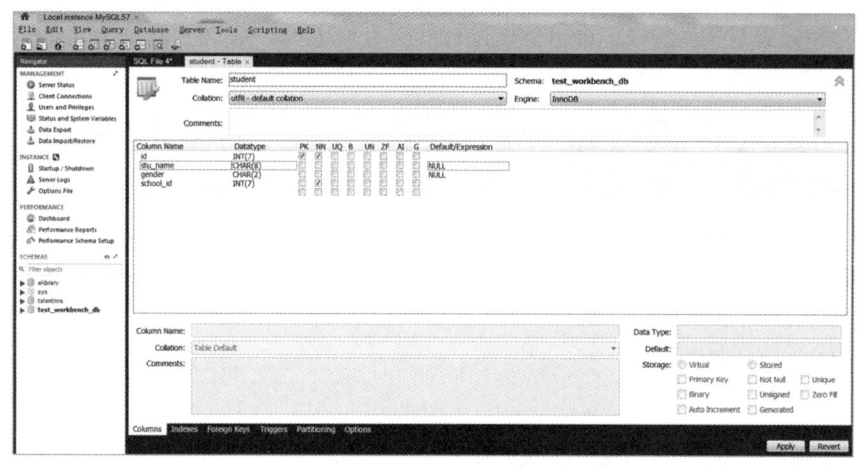

图7-6 修改字段

（4）在“表设计视图”窗口，单击Apply按钮，保存表，结束表（student）的表结构修改。

2. 利用SQL语句修改表结构

修改表结构的SQL命令语句格式为：

ALTER TABLE <表名>

[ADD <新字段名> <数据类型> [完整性约束]]
[DROP <完整性约束名>]
[MODIFY COLUMN <字段名> <数据类型> [完整性约束]];

功能：修改表结构。

说明：

（1）<表名>表示要修改的基本表。

（2）ADD子句表示增加新字段以及新的完整性约束条件。

（3）DROP子句表示删除指定的字段以及完整性约束条件。

（4）ALTER子句表示修改指定字段以及完整性约束条件。

【例7-4】利用SQL语句修改表结构，为表（student）添加一个新字段Tel（字符类型，长度为16）

操作步骤如下：

（1）打开Workbench工具，连接目标数据库服务器，在工具栏单击按钮，打开“SQL设计器”窗口。

（2）在“SQL设计器”窗口，输入如下SQL语句，效果如图7-7所示。

```
ALTER TABLE student
ADD Tel CHAR(16);
```

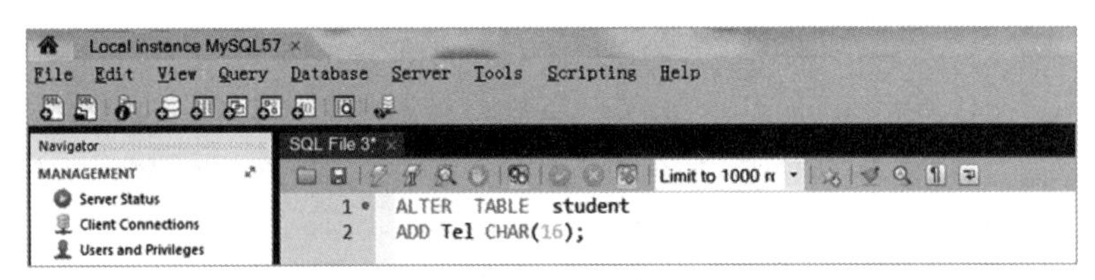

图7-7　利用SQL语句修改表结构

（3）在“SQL设计器”窗口，单击SQL设计器工具栏上的按钮，运行SQL语句，完成表（student）结构的修改。

【例7-5】利用SQL语句修改表结构，删除表（student）中的字段Tel

操作步骤如下：

（1）打开Workbench工具，连接目标数据库服务器，在工具栏上单击按钮，打开“SQL设计器”窗口。

（2）在“SQL设计器”窗口，输入如下SQL语句，效果如图7-8所示。

```
ALTER TABLE student
DROP Tel;
```

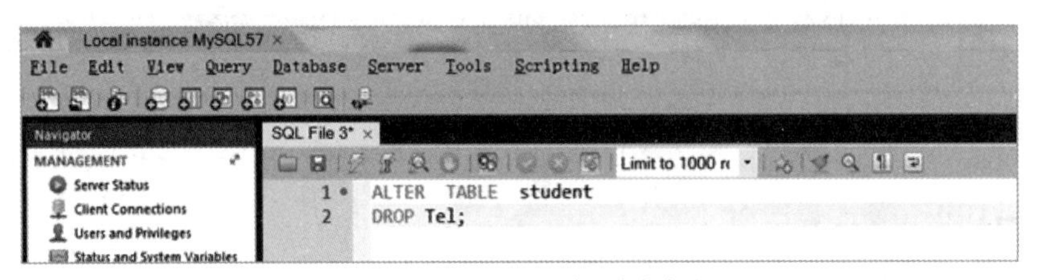

图7-8　利用SQL语句删除字段

（3）在“SQL设计器”窗口，单击SQL设计器工具栏上的按钮，运行SQL语句，删除表

（student）的字段（Tel）。

【例7-6】利用SQL语句修改表结构，将表（student）中字段（stu_name）的数据类型CHAR(6)修改为VARCHAR(8)

操作步骤如下：

（1）打开Workbench工具，连接目标数据库服务器，在工具栏上单击按钮，打开“SQL设计器”窗口。

（2）在“SQL设计器”窗口，输入如下SQL语句，效果如图7-9所示。

```
ALTER TABLE student
MODIFY stu_name VARCHAR(8);
```

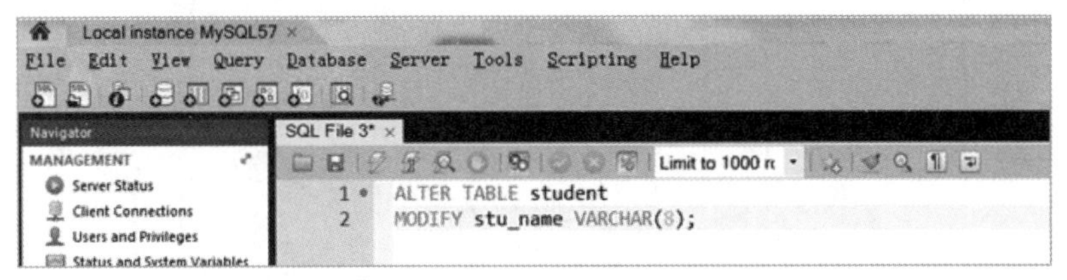

图7-9 利用SQL语句修改字段的数据类型

（3）在“SQL设计器”窗口，单击SQL设计器工具栏上的按钮，完成表（student）中字段（stu_name）的数据类型的修改操作。

7.2.3 表的键及约束

（视频7-4：创建约束及索引）

扫一扫，看视频

设置表的键和约束的方法有以下6种。

（1）主键约束（PRIMARY KEY）：在MySQL中，为了快速查找表中的某条信息，可以通过设置主键来实现。主键约束是通过PRIMARY KEY定义的，它可以唯一标识表中的记录，这与身份证可以用来标识人的身份一样。

（2）外键约束（FOREIGN KEY）：外键是用来实现参照完整性的。外键约束可以将不同的两张表紧密地结合起来，特别是修改或删除的级联操作将使日常维护更加轻松。外键主要用来保证数据的完整性和一致性。

（3）非空约束（NOT NULL）：非空约束是指字段的值不能为NULL，在MySQL中，非空约束是通过NOT NULL定义的。

（4）唯一性约束（UNIQUE）：唯一性约束用于表示数据表中字段的唯一性，类似于主键，即表中字段值不能重复出现。唯一性约束是通过UNIQUE定义的。

（5）默认值约束（DEFAULT）：默认值约束用于给数据表中的字段指定默认值，即当在表中插入一条新记录时，如果没有给这个字段赋值，那么数据库系统会自动将这个字段设置为默认值。默认值是通过DEFAULT关键字定义的。

（6）自增约束（AUTO_INCREMENT）：在数据表中，若想为表中插入的新记录自动生成唯一的ID，可以使用AUTO_INCREMENT关键字来实现。AUTO_INCREMENT约束的字段可以是任何整数类型。默认情况下，该字段的值从1开始自增。

其中，主键约束和唯一性约束可以在定义表结构时设置完成（图7-3）。下面以外键约束为例演示如何在MySQL中创建表的外键。

1. 利用“表设计视图”创建表的外键

【例7-7】利用“表设计视图”创建表（student）的外键

操作步骤如下：

（1）打开Workbench工具，连接目标数据库服务器，展开目标数据库的下拉菜单。

（2）在SCHEMAS区域，选择表（student）操作对象，右击后打开快捷菜单，选择Alter Table选项，打开“表设计视图”窗口的“表”设计窗口，如图7-10所示。

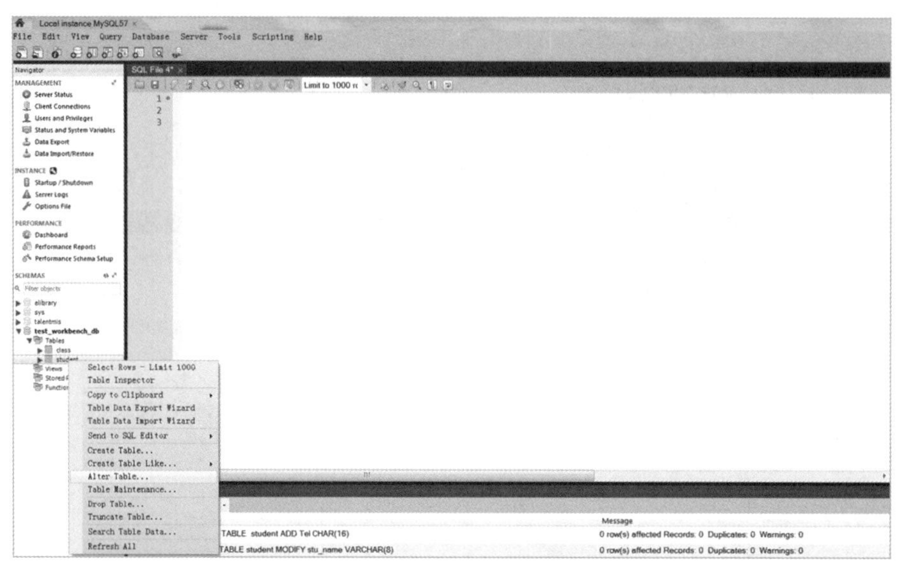

图7-10　选择Alter Table选项

（3）在“表”设计窗口，首先单击下方的Foreign Keys选项卡，在“外键设计视图”窗口，将表（student）中的字段（school_id）设置为外键，在左侧窗口设置外键名为sid，选择关联表（Reference Table）为表（school），在右侧勾选school_id复选框；然后在下拉菜单中选择id字段，完成外键设置，如图7-11所示。

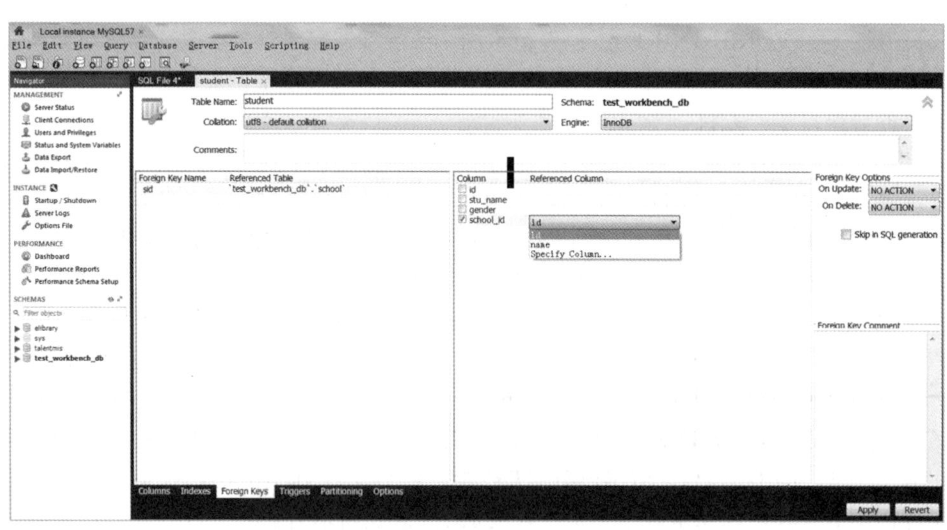

图7-11　设置外键

（4）单击Apply按钮，保存表，结束表（student）中外键的创建。

2. 利用SQL语句创建表的外键

创建表的外键的SQL命令语句格式为：

ALTER TABLE <表名>.<字段名>
ADD CONSTRAINT <外键名称>
FOREIGN KEY（<字段名>）
REFERENCES <关联表名>（<字段名>）
ON DELETE NO ACTION
ON UPDATE NO ACTION;

功能：创建外键。

【例7-8】利用SQL语句为表（student）创建外键

操作步骤如下：

（1）打开Workbench工具，连接目标数据库服务器，在工具栏上单击按钮，打开“SQL设计器”窗口。

（2）在“SQL设计器”窗口，输入如下SQL语句，效果如图7-12所示。

```
ALTER TABLE student
ADD CONSTRAINT  'sid'
  FOREIGN KEY (school_id)
  REFERENCES school (id)
  ON DELETE NO ACTION
  ON UPDATE NO ACTION;
```

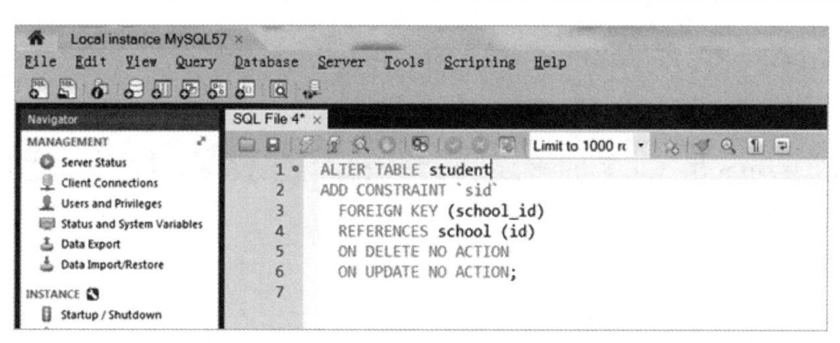

图7-12　利用SQL语句创建外键

（3）在“SQL设计器”窗口，单击SQL设计器工具栏上的按钮，运行SQL语句，完成外键的创建。

7.2.4　创建表时创建索引

1. 利用“表”视图建立表索引

【例7-9】利用“表”视图建立表索引

操作步骤如下：

（1）打开Workbench工具，连接目标数据库服务器，展开目标数据库的下拉菜单。

（2）在SCHEMAS区域，选择student为操作对象并右击，选择Alter Table选项。

（3）在“表”设计窗口，单击下方的Indexes选项卡，在“索引设计视图”中将表（student）

中的字段（name）设置成索引，以便按照学生姓名查询。在左侧窗口设置索引名为stu_name，并勾选stu_name复选框，然后在Order中选择ASC（升序排序），如图7-13所示。

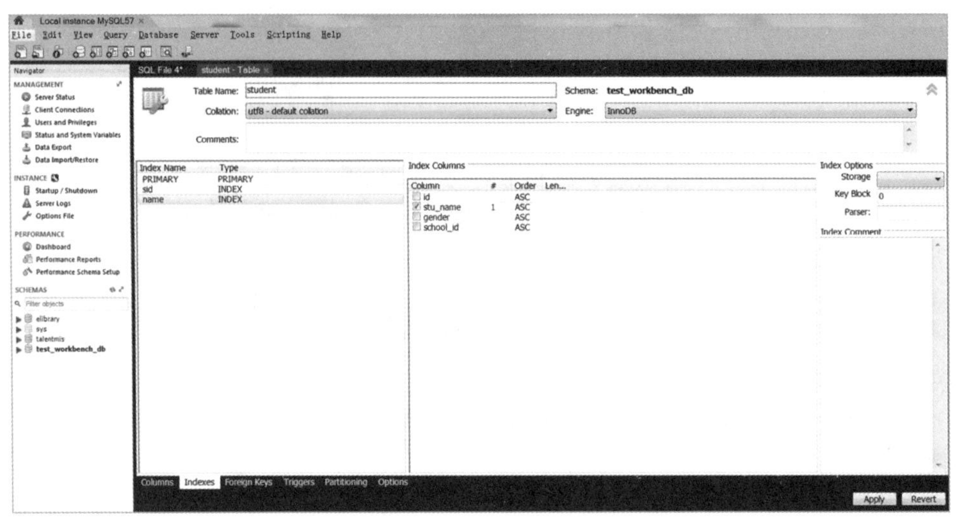

图7-13　利用Workbench建立表索引

（4）单击Apply按钮，结束表（student）中索引的创建。

2. 创建索引的SQL语句

命令格式：

ALTER TABLE <表名>.<字段名>

ADD INDEX <字段名>(<字段名> ASC/DESC);

功能：增加索引。

【例7-10】利用SQL语句为表（student）创建索引

操作步骤如下：

（1）打开Workbench工具，连接目标数据库服务器，在工具栏单击按钮，打开“SQL设计器”窗口。

（2）在“SQL设计器”窗口，输入如下SQL语句，效果如图7-14所示。

```
ALTER TABLE student
ADD INDEX name( 'stu_name' ASC);
```

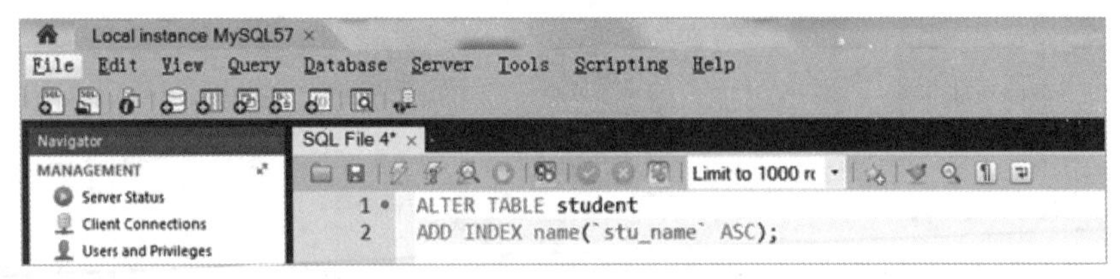

图7-14　利用SQL语句创建索引

（3）在“SQL设计器”窗口，单击SQL设计器工具栏上的按钮运行语句，完成索引的创建。

7.3 表中数据操纵

创建表以及修改表结构是关于表中字段(列)的操作，向表中插入数据、修改和删除表中的数据是关于表中记录(行)的操作。

7.3.1 插入数据

(视频7–5：插入数据)

插入数据就是向表中添加数据，可以使用“表”设计窗口和SQL语句来完成。

1. 利用“表”设计窗口向表插入数据

【例7-11】利用“表”设计窗口向表(school)插入数据

操作步骤如下：

(1)打开Workbench工具，连接目标数据库服务器，展开目标数据库的下拉菜单。

(2)在SCHEMAS区域，选择Tables为操作对象并右击，选择Select Rows - Limit 1000选项，如图7-15所示。

(3)在“表”设计窗口，依次输入数据，单击Apply按钮完成数据插入，如图7-16所示。

(4)保存表，结束表(school)中数据的插入。

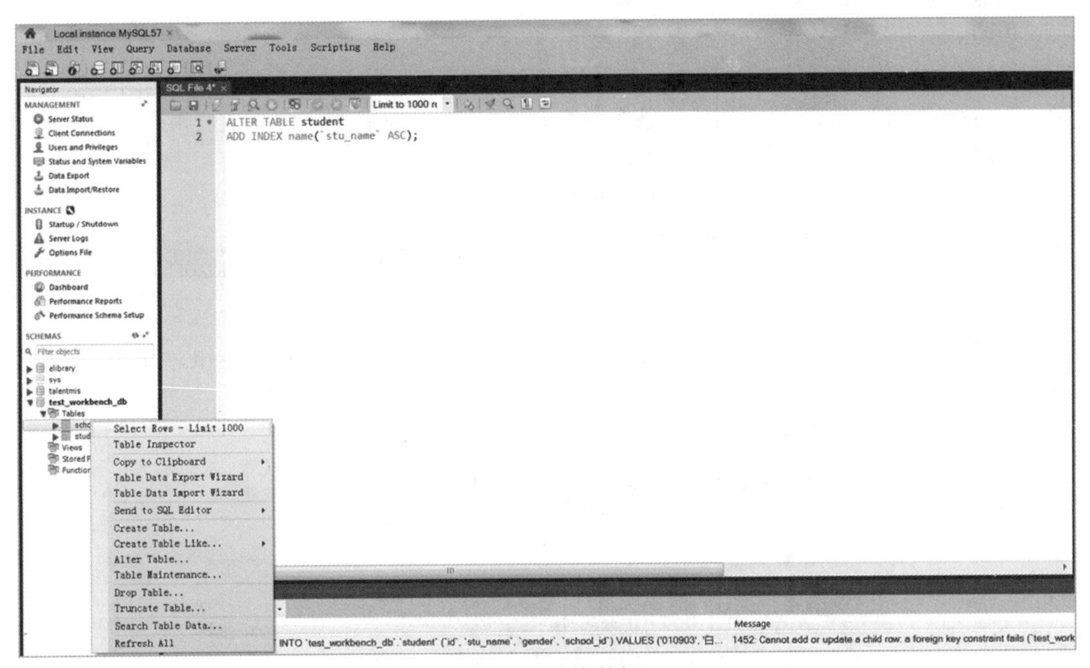

图7-15 查询数据

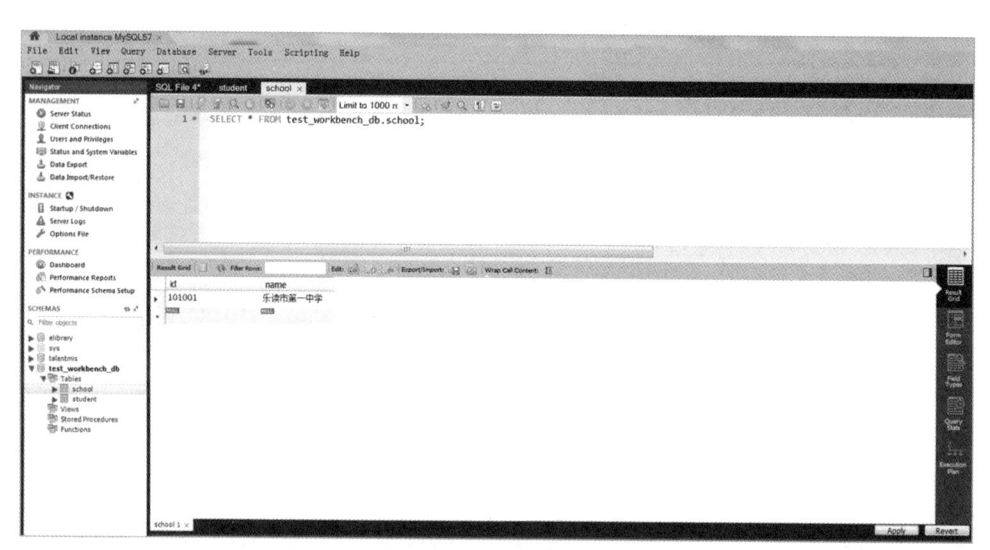

图7-16 利用“表”设计窗口向表输入数据

2. 利用SQL语句插入数据

语句格式：

INSERT

INTO <表名> [(<字段1>[，<字段2 >...)]

VALUES (<常量1> [，<常量2>]...);

功能：插入单个记录。

说明：

（1）INTO子句表示指定要插入数据的表名及字段，字段的顺序可与表定义中的顺序不一致；没有指定字段表示要插入的是一条完整的记录，且字段属性与表定义中的顺序一致；指定部分字段表示插入的记录在其余字段上取空值。

（2）VALUES子句表示提供的值必须与INTO子句匹配（值的个数及类型）。

【例7-12】利用SQL语句向表（student）插入数据

操作步骤如下：

（1）打开Workbench工具，连接目标数据库服务器，在工具栏单击按钮，打开“SQL设计器”窗口。

（2）在“SQL设计器”窗口，输入如下SQL语句，效果如图7-17所示。

```
INSERT INTO student (id,stu_name,gender,school_id)
VALUES ('010908', '张思怡', '女', '0101001');
```

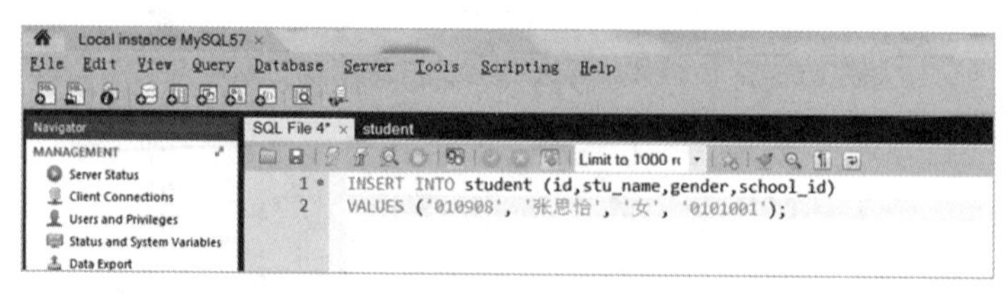

图7-17 利用Workbench向表输入数据

（3）在“SQL设计器”窗口，单击SQL设计器工具栏上的按钮运行语句，保存表，结束表（student）中数据的插入。

7.3.2 修改数据

（视频7–6：修改数据）

当表创建完成后，表的数据和结构已基本确定，可以在“表”设计窗口显示、修改表结构；也可以在“表设计视图”中对表中的数据进行显示和修改。

对表中的数据进行修改，可以利用“表”设计窗口和SQL语句来完成。

1. 利用“表”设计窗口修改表中的数据

【例7-13】利用“表”设计窗口修改（student）表中的数据

操作步骤如下：

（1）打开Workbench工具，连接目标数据库服务器，展开目标数据库的下拉菜单。

（2）在SCHEMAS区域，选择Tables为操作对象并右击，选择Select Rows - Limit 1000选项。

（3）在“表”设计窗口，选择表（student）中需要修改的数据行，将数据项姓名一列的“张思怡”修改为“张思艺”，单击Apply按钮完成数据修改，如图7-18所示。

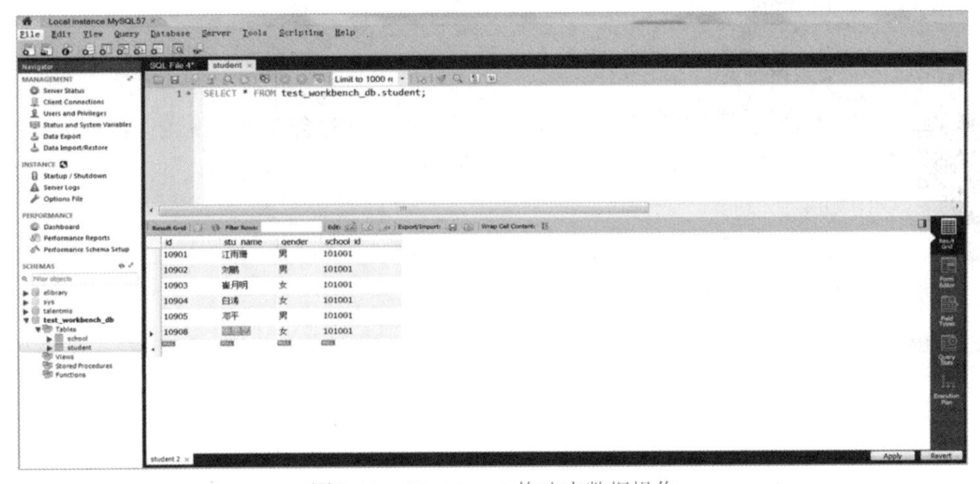

图7-18 Workbench修改表数据操作

（4）保存表，结束表（student）中数据的修改。

2. 利用SQL语句修改表中的数据

语句格式：

```
UPDATE <表名>
    SET <字段名>=<表达式>[，<字段名>=<表达式>]...
    [WHERE <条件>];
```

功能：更新指定表中满足WHERE子句条件记录的数据。

说明：

（1）SET子句指定要修改的方式和字段，修改后取值。

（2）WHERE子句指定要修改的记录，默认表示要修改表中的所有记录。

（3）DBMS在执行修改语句时会检查修改操作是否会破坏表上已定义的完整性规则。

【例7-14】利用SQL语句修改表（student）中的数据

操作步骤如下：

（1）打开Workbench工具，连接目标数据库服务器，在工具栏上单击按钮，打开“SQL设计器”窗口。

（2）在“SQL设计器”窗口，输入如下SQL语句，效果如图7-19所示。

```
UPDATE student SET stu_name = '张品怡'
WHERE id = '010908';
```

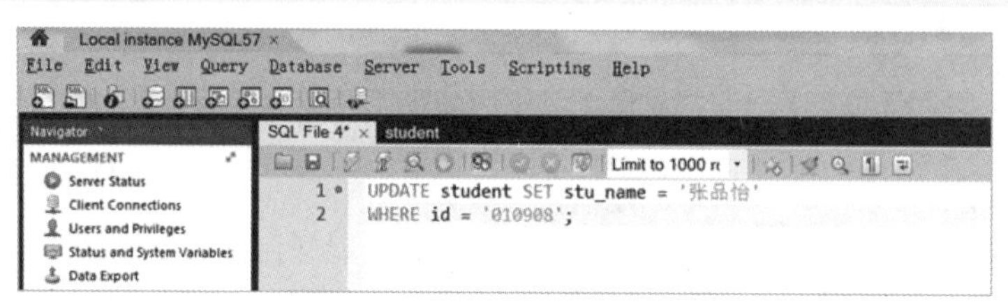

图7-19　SQL语句修改表的数据

（3）在“SQL设计器”窗口，单击SQL设计器工具栏上的按钮运行语句，完成数据的修改。

7.3.3　删除数据

（视频7-7：删除数据）

扫一扫，看视频

表中的数据有时会随着时间的推移失效，有时会因操作不当使数据出现错误，还有时因数据的来源不准确造成表中的数据不正确……这些有误的数据通常需要从表中删除。

删除表中的数据，可以利用“表”设计窗口和SQL语句来完成。

1. 利用“表”设计窗口删除表数据

【例7-15】利用“表”设计窗口从表（student）中删除数据

操作步骤如下：

（1）打开Workbench工具，连接目标数据库服务器，展开目标数据库的下拉菜单。

（2）在SCHEMAS区域，选择Tables为操作对象并右击，选择Select Rows - Limit 1000选项。

（3）在“表”设计窗口，选择表（student）中需要删除的数据行，右击，选择Delete Row(s)选项，单击Apply按钮完成数据删除，如图7-20所示。

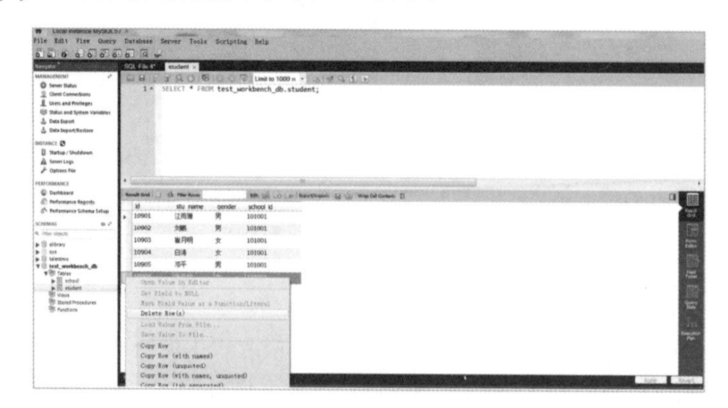

图7-20　利用“表”设计窗口删除表数据

(4)保存表，结束表(student)中数据的删除。

2. 利用SQL语句删除数据

语句格式：

DELETE FROM <表名>
[WHERE <条件>];

功能：删除指定表中满足WHERE子句条件的记录。

说明：

(1) WHERE子句指定要删除的记录应满足的条件，默认表示要删除表中的所有记录。

(2) DBMS在执行删除语句时会检查所删除记录是否会破坏表已定义的完整性规则。

【例7-16】利用SQL语句从表(student)中删除数据

操作步骤如下：

(1)打开Workbench工具，连接目标数据库服务器，在工具栏单击按钮，打开“SQL设计器”窗口。

(2)在“SQL设计器”窗口，输入如下SQL语句，效果如图7-21所示。

```
DELETE FROM student
WHERE id = '010908';
```

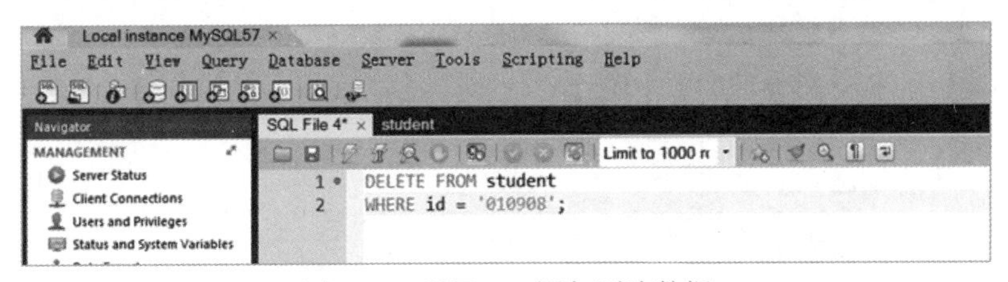

图7-21　利用SQL语句删除数据

(3)在“SQL设计器”窗口，在 SQL设计器工具栏上单击按钮，运行语句，完成数据的删除。

7.4 案例：创建“图书资源”数据库的部分表

(视频7-8：图书信息表的创建)

根据第4章介绍的数据设计结果，本节对“图书资源”数据库中部分表进行创建。

出版社信息表的结构如下：

出版社信息表(出版社编号，出版社名称，出版社简介)

具体操作步骤如下：

(1)打开Workbench工具，连接目标数据库服务器，展开目标数据库(elibrary)的下拉菜单，打开“SQL设计器”窗口。

(2)在“SQL设计器”窗口，输入如下SQL语句，效果如图7-22所示。

```
CREATE TABLE  'press' (
        'id' varchar(6) NOT NULL,
        'name' varchar(16) NOT NULL,
```

```
        'brief' varchar(128) DEFAULT NULL,
        PRIMARY KEY ('id')
) ENGINE=InnoDB DEFAULT CHARSET=utf8;
```

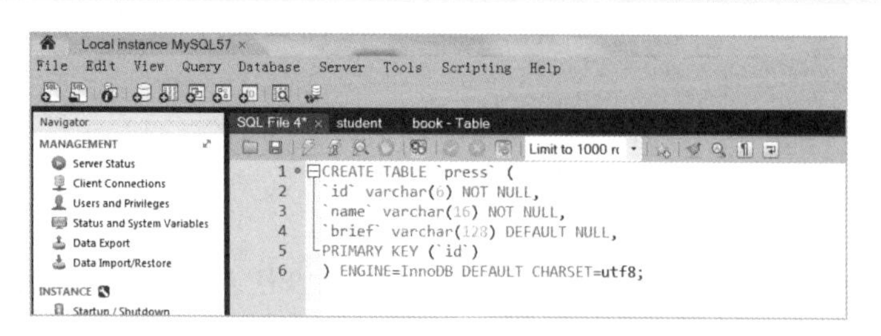

图7-22　利用SQL语句创建表（press）

（3）在“SQL设计器”窗口，单击SQL设计器工具栏上的 按钮，运行SQL语句，完成表（press）的创建。

7.5 案例：创建“校园阅读”数据库的部分表

根据第4章介绍的数据设计结果，下面创建“校园阅读”数据库中的部分表。

7.5.1　班级信息表的创建

（视频7-9：班级信息表的创建）

扫一扫，看视频

班级信息表结构如下：

班级信息表（班级编号，班级名称，入学年份，班号，班级简介，学校编号）

具体操作步骤如下：

（1）打开Workbench工具，连接目标数据库服务器，展开目标数据库（talentmis）的下拉菜单，打开“SQL设计器”窗口。

（2）在“SQL设计器”窗口，输入如下SQL语句，效果如图7-23所示。

```
CREATE TABLE 'class' (
  'id' char(11) NOT NULL,
  'name' varchar(16) NOT NULL,
  'year' int(2) DEFAULT NULL,
  'class_no' int(2) DEFAULT NULL,
  'school_id' char(7) NOT NULL,
'brief' varchar(128) NOT NULL,
  PRIMARY KEY ('id')
) ENGINE=InnoDB DEFAULT CHARSET=utf8;
```

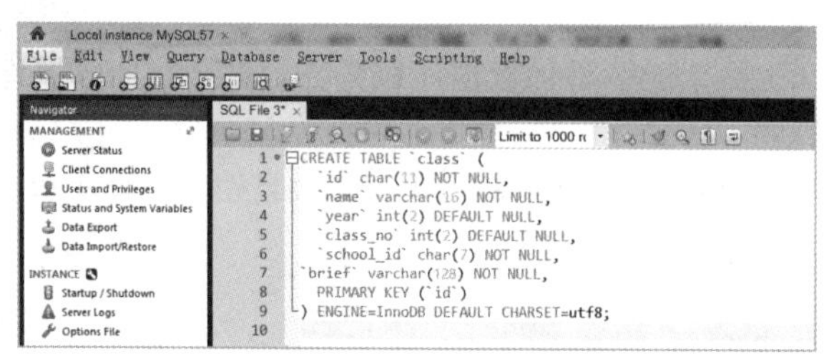

图7-23　利用SQL语句创建表（class）

（3）在“SQL设计器”窗口，单击SQL设计器工具栏上的 按钮，运行SQL语句，完成表（class）的创建。

7.5.2　教师信息表的创建

（视频7–10：教师信息表的创建）

教师信息表结构如下：

教师信息表（教师编号，教师姓名，性别，教师简介，学校编号）

具体操作步骤如下：

（1）打开Workbench工具，连接目标数据库服务器，展开目标数据库（talentmis）的下拉菜单，打开“SQL设计器”窗口。

（2）在“SQL设计器”窗口，输入如下SQL语句，效果如图7-24所示。

```
CREATE TABLE 'teacher' (
  'id' char(7) NOT NULL,
  'name' varchar(8) DEFAULT NULL,
  'gender' varchar(2) DEFAULT NULL,
  'brief' varchar(128) DEFAULT NULL,
  'school_id' char(7) NOT NULL,
  PRIMARY KEY ('id')
) ENGINE=InnoDB DEFAULT CHARSET=utf8;
```

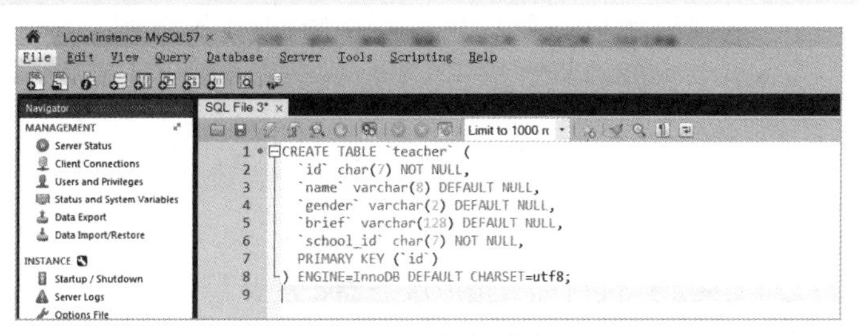

图7-24　利用SQL语句创建表（teacher）

（3）在“SQL设计器”窗口，单击SQL设计器工具栏上的 按钮，运行SQL语句，完成表（teacher）的创建。

7.5.3　学生信息表的创建

（视频7–11：学生信息表的创建）

学生信息表结构如下：

学生信息表（学生编号，学生姓名，性别，出生年月，学校编号）

扫一扫，看视频

具体操作步骤如下：

（1）打开Workbench工具，连接目标数据库服务器，展开目标数据库（talentmis）的下拉菜单，打开“SQL设计器”窗口。

（2）在“SQL设计器”窗口，输入如下SQL语句，效果如图7-25所示。

```
CREATE TABLE 'student' (
  'id' char(7) NOT NULL,
  'name' char(8) NOT NULL,
  'gender' char(2) DEFAULT NULL,
```

```
    'school_id' char(7) DEFAULT NULL,
    'birth' date DEFAULT NULL,
    PRIMARY KEY ('id'),
    KEY 'name' ('name')
  ) ENGINE=InnoDB DEFAULT CHARSET=utf8;
```

图7-25　利用SQL语句创建表（student）

（3）在“SQL设计器”窗口，单击SQL设计器工具栏上的按钮，运行SQL语句，完成表（student）的创建。

7.5.4　阅读记录信息表的创建

（视频7-12：阅读行为表的创建）

扫一扫，看视频

阅读行为信息表结构如下：

阅读记录表（记录编号，用户编号，图书编号，阅读时长，阅读字数，记录时间戳）

具体操作步骤如下：

（1）打开Workbench工具，连接目标数据库服务器，展开目标数据库（talentmis）的下拉菜单，打开“SQL设计器”窗口。

（2）在“SQL设计器”窗口，输入如下SQL语句，效果如图7-26所示。

```
CREATE TABLE 'record' (
   'id' char(8) NOT NULL,
   'user_id' char(7) DEFAULT NULL,
   'book_id' char(19) DEFAULT NULL,
   'read_time' time DEFAULT NULL,
   'word_num' int(11) DEFAULT NULL,
   'create_time' date DEFAULT NULL,
   PRIMARY KEY ('id')
 ) ENGINE=InnoDB DEFAULT CHARSET=utf8;
```

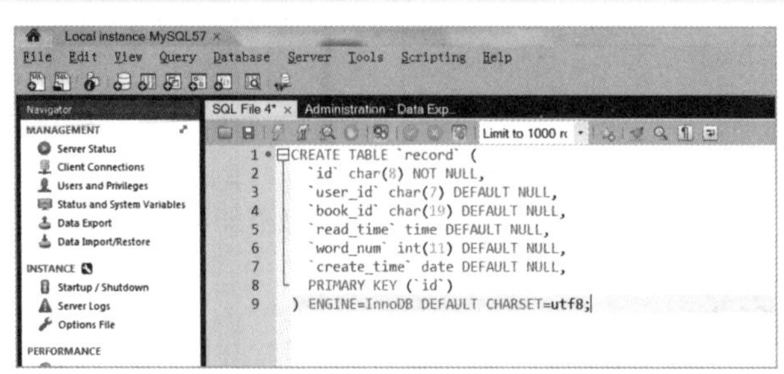

图7-26　利用SQL语句创建表（record）

（3）在“SQL设计器”窗口，单击SQL设计器工具栏上的 按钮，运行SQL语句，完成表（record）的创建。

7.6 习题七

1.简答题

（1）设计和创建表的时候，为什么需要设定一个主键？

（2）如何将表（student）的主键设置为自增？请在Workbench视图下完成设置操作。

（3）创建表时，是否有必要将字段定义为NOT NULL？

2.选择题

（1）以下选项中选择数据库的命令是（　　）。

A. USE database_name　　B. CREATE DATABASE database_name

C. ALTER DATABASE database_name　　D. DROP DATABASE database_name

（2）以下选项中删除数据库的命令是（　　）。

A. USE database_name　　B. CREATE DATABASE database_name

C. ALTER DATABASE database_name　　D. DROP DATABASE database_name

3.操作题

（1）在数据库（my_workbench_db）中创建数据表（Course），其表结构见表7-3。设置表存储引擎为InnoDB。

表 7-3　Course 数据表结构

字段名	字段别名	字段类型	字段长度	索引	备注
Course_id	课程编号	char	5	有（无重复）	主键
Course_name	课程名称	char	12	—	—
Period	学时	smallint	默认值	—	—
Credit	学分	smallint	默认值	—	—
Term	学期	smallint	1	—	—

（2）利用Workbench视图将表7-4中的数据输入到数据库表（Course）中。

表 7-4　课程表数据

课程编号	课程名称	学时	学分	学期
01-01	数据结构	54	2	2
01-02	软件工程	72	3	4
01-03	数据库原理	72	3	3
01-04	程序设计	54	2	1
02-01	离散数学	54	2	2
02-02	概率统计	54	2	1
02-03	高等数学	72	3	1

第 8 章

视 图 操 作

学习目标

本章主要讲解 MySQL 数据库的视图操作，包括视图概述、创建视图、使用视图，并继续用案例来展示实际应用中部分视图的操作方法。通过本章的学习，读者可以：

- 熟悉视图概念
- 掌握创建视图的方法
- 学会视图的维护及使用
- 掌握“图书资源”案例部分视图的创建过程及方法
- 掌握“校园阅读”案例部分视图的创建过程及方法

内容浏览

8.1 视图概述

视图是一个功能强大的数据库对象，利用视图可以实现数据库中数据的浏览、筛选、排序、检索、统计和更新等操作，可以为其他数据库对象提供数据来源，可以从若干个表或视图中提取更多、更有用的综合信息，可以更高效地对数据库中的数据进行加工处理。

8.1.1 视图的定义

视图（View）是一种数据库对象，是由从若干个表或视图中按照一定的查询规则抽取的数据组成的“表”。它与表不同的是，视图中的数据还存储在原来的数据源中，因此可以把视图看作只是逻辑上存在的表，是一个“虚拟表”。

视图不能单独存在，它依赖于某一数据库中某一个表或视图，或多个表、多个视图存在，视图可以是一个数据表的一部分，也可以是多个基表的联合。

当对通过视图看到的数据进行修改时，相应表的数据也会发生变化。同样，若作为数据源的表和视图数据发生变化，这种变化也会自动地反映到所建的视图中。

8.1.2 视图的特性

（视频8–1：视图的特性）

扫一扫，看视频

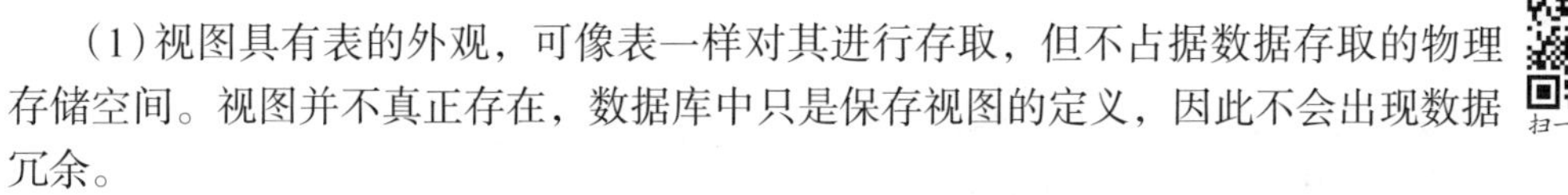

（1）视图具有表的外观，可像表一样对其进行存取，但不占据数据存取的物理存储空间。视图并不真正存在，数据库中只是保存视图的定义，因此不会出现数据冗余。

（2）视图是数据库管理系统提供给用户以多种角度观察数据库中数据的重要机制，可以重新组织数据集。在三层数据库体系结构中，视图是外模式，它是从一个或几个表（或视图）中派生出来的，它依赖于表，不能独立存在。

（3）若表中的数据发生变化，视图中的数据也会随之改变。

（4）视图可以隐藏数据结构的复杂性，使用户只专注于与自己有关的数据，从而简化了用户的操作，提高了操作的灵活性和方便性。

（5）视图使多个用户能从多种角度看待同一数据集，也可使多个用户从同种角度看待不同的数据集。

（6）视图对机密数据提供了安全保障。在设计数据库应用系统时，对不同的用户定义不同的视图，可以使机密数据不出现在没有权限的用户视图上，自动实现了对机密数据的安全保护。

（7）视图为数据库重构提供了一定的逻辑独立性，如果只是通过视图来存取数据库中的数据，数据库管理员可以有选择地改变构成视图的基本表，而不用考虑那些通过视图引用数据的应用程序的改动。

（8）视图可以定制不同用户对数据的访问权限。

（9）视图的操作与表的操作基本相同，包括查询、删除、更新、增加操作，以及定义基于该视图的新视图等。

8.2 创建视图

创建视图和维护视图与创建表和维护表的操作基本相同，掌握了表的创建及维护操作后，有关视图的操作就很容易学会。

8.2.1 创建单表视图

（视频8–2：创建单表视图）

扫一扫，看视频

创建视图要指定视图相关的数据库，视图中数据来源的表，视图的名称，视图中记录、字段的限制。如果视图中某一字段是函数、数学表达式、常量或者与字段名相同，则还须定义字段名称，以及视图与表的关系。

创建视图可以利用Workbench或SQL语句完成。

1. 利用Workbench创建视图

【例8-1】利用Workbench创建视图（v_school）

操作步骤如下：

（1）打开Workbench工具，连接目标数据库服务器，展开目标数据库的下拉菜单。

（2）在SCHEMAS区域，选择Views为操作对象并右击，在快捷菜单中选择Create View选项，如图8-1所示。

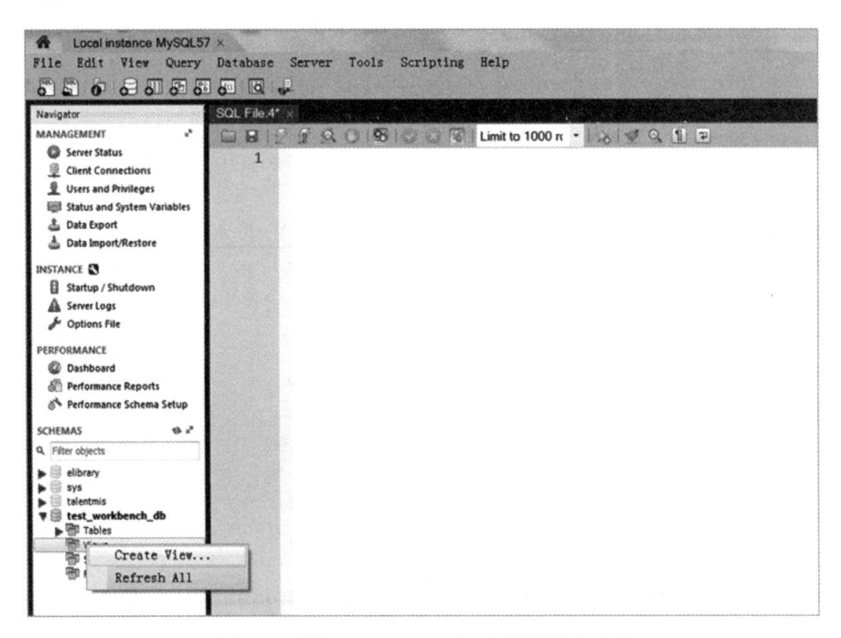

图8-1　利用Workbench创建视图操作（1）

（3）在“创建视图”设计窗口，输入如下的SQL语句创建视图，如图8-2所示。

```
CREATE VIEW 'v_school'
AS
SELECT id,name FROM school
```

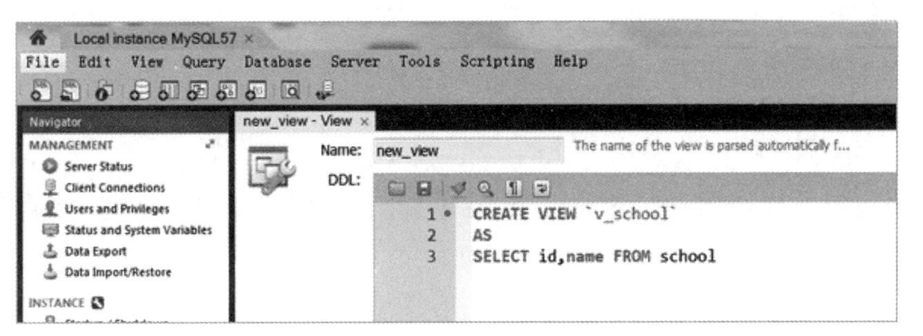

图 8-2　利用Workbench创建视图操作（2）

（4）单击Apply按钮，完成视图设计。

2. 利用SQL语句创建视图

创建视图的语句格式为：

CREATE VIEW <视图名>
AS
<SELECT语句>
[WITH CHECK OPTION]
< View_Attribute > ::={ ENCRYPTION | SCHEMABINDING | VIEW_METADATA }

功能：创建一个视图。

说明：

（1）WITH CHECK OPTION表示对通过视图插入的数据进行检验。

（2）ENCRYPTION表示对系统表syscomments的SELECT语句加密。

【例 8-2】利用SQL语句创建视图（v_student）

操作步骤如下：

（1）打开Workbench工具，连接目标数据库服务器，在工具栏上单击按钮，打开“SQL设计器”窗口。

（2）在“SQL设计器”窗口，输入如下SQL语句，效果如图 8-3 所示。

```
CREATE VIEW v_student
AS
SELECT id,stu_name FROM student;
```

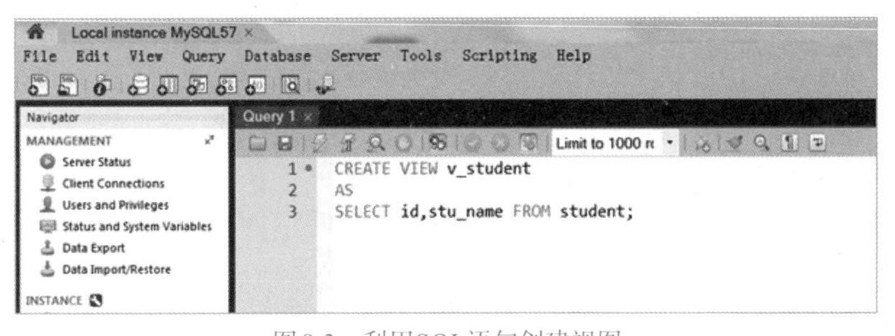

图 8-3　利用SQL语句创建视图

（3）在“SQL设计器”窗口，单击SQL设计器工具栏上的按钮，运行SQL语句，完成视图（v_student）的创建。

8.2.2 创建多表视图

【例8-3】利用已知的表（student、school）创建多表视图（v_student_school），用于查看学校学生的分布情况

（视频8–3：创建多表视图）

扫一扫，看视频

操作步骤如下：

（1）打开Workbench工具，连接目标数据库服务器，在工具栏上单击按钮，打开“SQL设计器”窗口。

（2）在“SQL设计器”窗口，输入如下SQL语句，效果如图8-4所示。

```
CREATE VIEW v_student_school
AS
SELECT A.id,A.stu_name,B.name AS schoolname
FROM student A,school B
WHERE A.school_id=B.id AND B.name='乐读市第一中学'
```

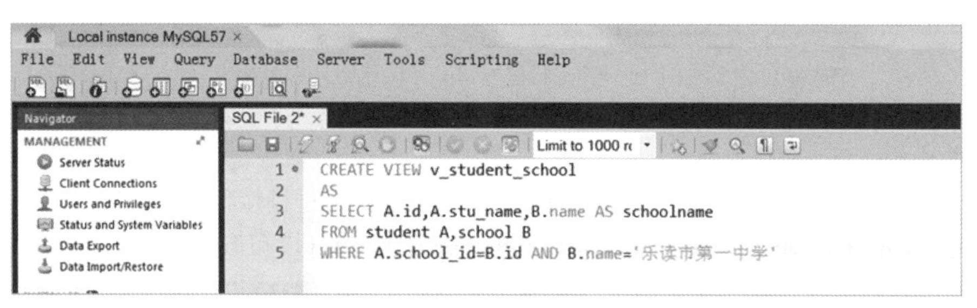

图8-4 利用SQL语句创建多表视图

（3）在“SQL设计器”窗口，单击SQL设计器工具栏上的按钮，运行SQL语句，完成视图（v_student_school）的创建。

8.3 使用视图

视图的使用方法和表的使用方法基本相同，同样有插入、更新、删除和查询等操作。但是视图毕竟不是表，所以在进行上述操作时有一定的限制。

使用视图的注意事项如下：

（1）使用视图修改表中的数据时，可修改一个表中的数据，若视图是由多个表作为基础数据源创建的，也可修改多个表中的数据。

（2）不能修改那些通过计算得到的字段。

（3）如果在创建视图时指定了WITH CHECK OPTION选项，那么使用视图修改数据库信息时，必须保证修改后的数据满足视图定义的范围。

（4）执行UPDATE、DELETE命令时，要更新与删除的数据必须包含在视图的结果集中。

（5）可以直接利用SQL命令中的DELETE语句删除视图中的行，必须指定视图中定义过的字段进行行删除操作。

（6）使用UPDATE命令更改视图数据，与插入语句的要求类似。

8.3.1 查看视图

（视频8–4：查看视图结构）

扫一扫，看视频

1. 查看视图结构

查看视图的字段信息与查看数据表的字段信息一样，都是使用DESCRIBE关键字。

查看视图结构的语句格式为：

DESCRIBE <视图名>;

也可简写为：

DESC <视图名>;

功能：查看视图结构。

【例8-4】利用SQL语句查看已知的视图（v_student_school）结构

操作步骤如下：

（1）打开Workbench工具，连接目标数据库服务器，在工具栏上单击按钮，打开“SQL设计器”窗口。

（2）在“SQL设计器”窗口，输入如下SQL语句，效果如图8-5所示。

```
DESCRIBE v_student_school
```

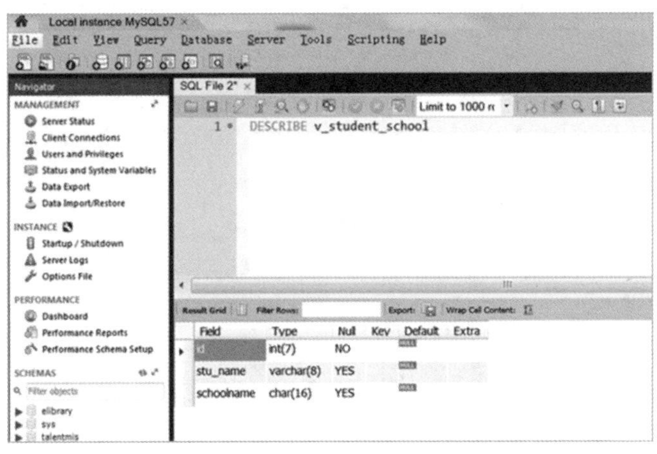

图8-5　利用SQL语句查看视图结构

（3）在“SQL设计器”窗口，单击SQL设计器工具栏上的按钮，运行SQL语句，查看视图的结构。

2. 查看视图数据

（视频8–5：查看视图数据）

扫一扫，看视频

【例8-5】利用Workbench查看视图（v_student）中的数据

操作步骤如下：

（1）打开Workbench工具，连接目标数据库服务器，展开目标数据库的下拉菜单。

（2）在Views区域，选择需要查看的视图（v_student）为操作对象并右击，在快捷菜单中选择Select Rows - Limit 1000选项。

（3）在“表”设计窗口，可以查看到视图中的数据，如图8-6所示。

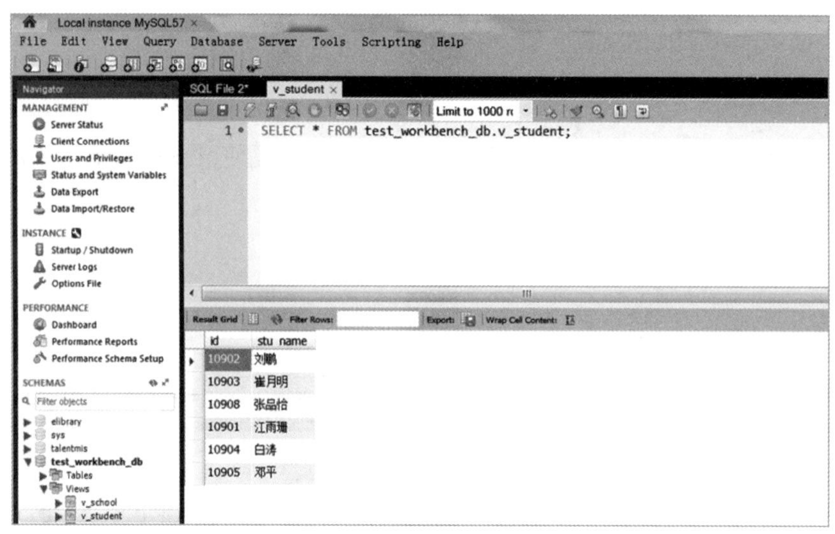

图8-6 利用Workbench查看视图中的数据

8.3.2 更新视图

（视频8-6：更新视图）

扫一扫，看视频

更新视图的语句格式为：

ALTER VIEW [<database_name> .] [<owner> .]

view_name [(column [,...n])]

[WITH <View_Attribute > [,...n]]

AS

SELECT statement

[WITH CHECK OPTION]

< View_Attribute > ::={ ENCRYPTION | SCHEMABINDING | VIEW_METADATA }

功能：更新视图。

说明：

（1）ALTER VIEW命令与CREATE VIEW命令的参数基本相同。

（2）view_name表示待修改的视图名。

如果进行简化，则MySQL更新视图的语句格式变为：

ALTER VIEW <视图名> AS <SELECT语句>;

功能：更新视图。

【例8-6】利用已知的视图（v_student_school），为视图增加字段（school_name）

操作步骤如下：

（1）打开Workbench工具，连接目标数据库服务器，展开目标数据库的下拉菜单。

（2）在Views区域，选择要更新的视图为操作对象，右击后在快捷菜单中选择Alter View选项，如图8-7所示。

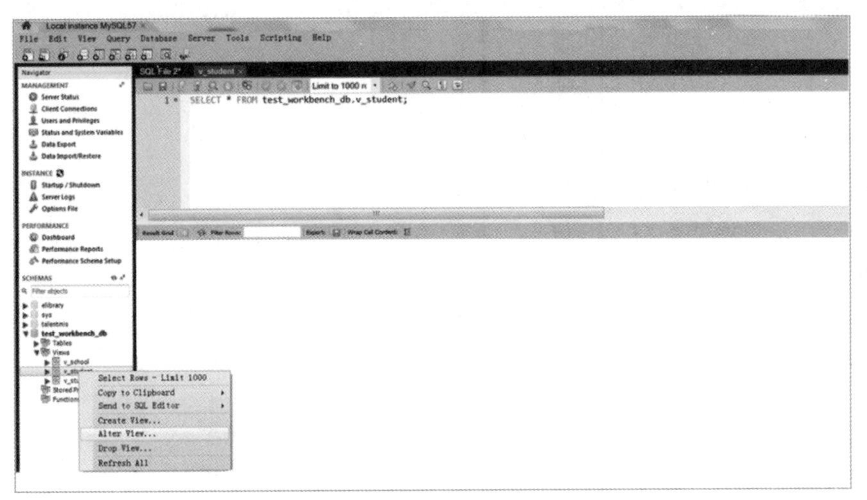

图8-7　利用Workbench更新视图

(3)在“更新视图”窗口，修改更新视图中的SQL语句。输入如下SQL语句：

```
CREATE
    ALGORITHM = UNDEFINED
    DEFINER = 'root'@'localhost'
    SQL SECURITY DEFINER
VIEW 'v_student_school' AS
    SELECT
        'a'.'id' AS 'id',
        'a'.'stu_name' AS 'stu_name',
        'b'.'name' AS 'schoolname',
        'a'.'school_id' AS 'school_id'
    FROM
        ('student' 'a'
        JOIN 'school' 'b')
    WHERE
        (('a'.'school_id' = 'b'.'id')
            AND ('b'.'name' = '乐读市第一中学'))
```

(4)在“更新视图”窗口，单击Apply按钮，运行SQL语句，如图8-8所示。

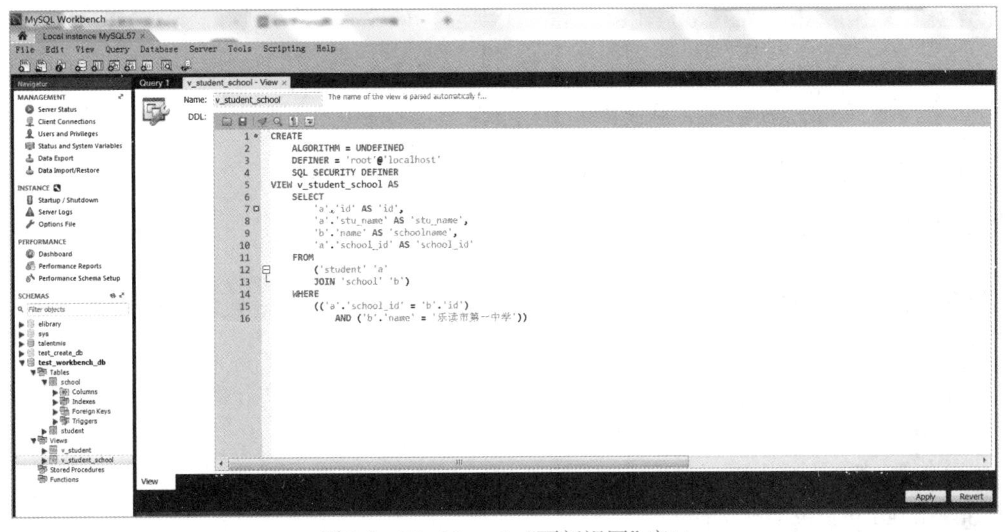

图8-8　Workbench“更新视图”窗口

8.3.3 删除视图

（视频8–7：删除视图）

扫一扫，看视频

删除视图的语句格式为：

DROP VIEW <视图名1> [, <视图名2> ...]

功能：删除视图。

说明：DROP VIEW可以同时删除多个视图。

1. 利用Workbench删除视图

【例8-7】删除已有的视图（v_student）

操作步骤如下：

（1）打开Workbench工具，连接目标数据库服务器，展开目标数据库的下拉菜单。

（2）在Views区域，首先选择要删掉的视图v_student为操作对象，右击后在快捷菜单中选择Drop View选项，如图8-9所示。

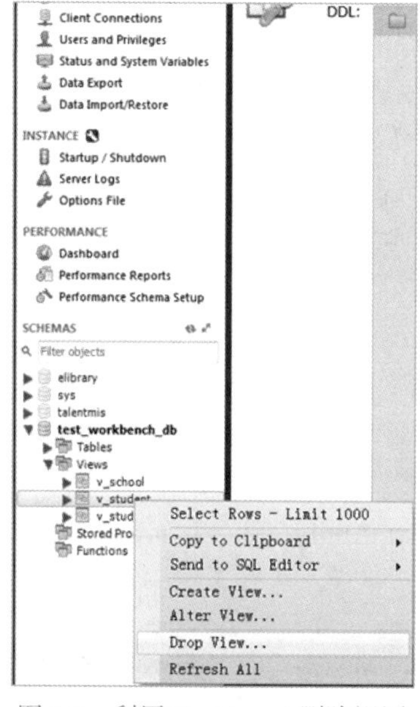

图8-9　利用Workbench删除视图

（3）在弹出的提示框中选择Drop Now选项，完成视图删除操作。

2. 利用SQL语句删除视图

【例8-8】删除已有的视图（v_student_school）

操作步骤如下：

（1）打开Workbench工具，连接目标数据库服务器，在工具栏单击按钮，打开“SQL设计器”窗口。

（2）在“SQL设计器”窗口，输入如下SQL语句，效果如图8-10所示。

```
DROP VIEW v_student_school;
```

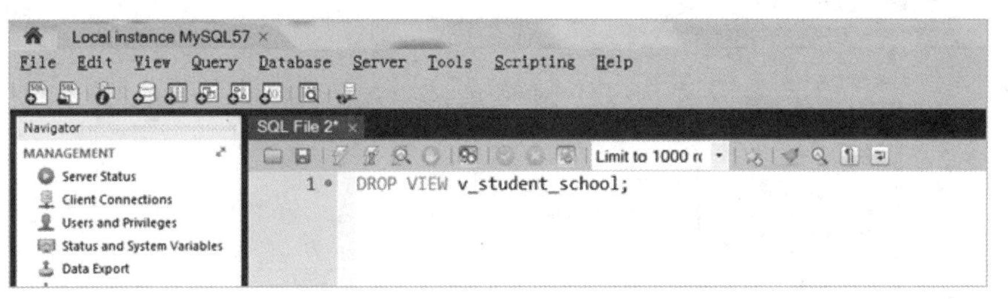

图 8-10　利用SQL语句删除视图

(3)在Workbench窗口，在Views区域，首先选择Views为操作对象，右击后在快捷菜单中选择Refresh All选项，如图8-11所示。

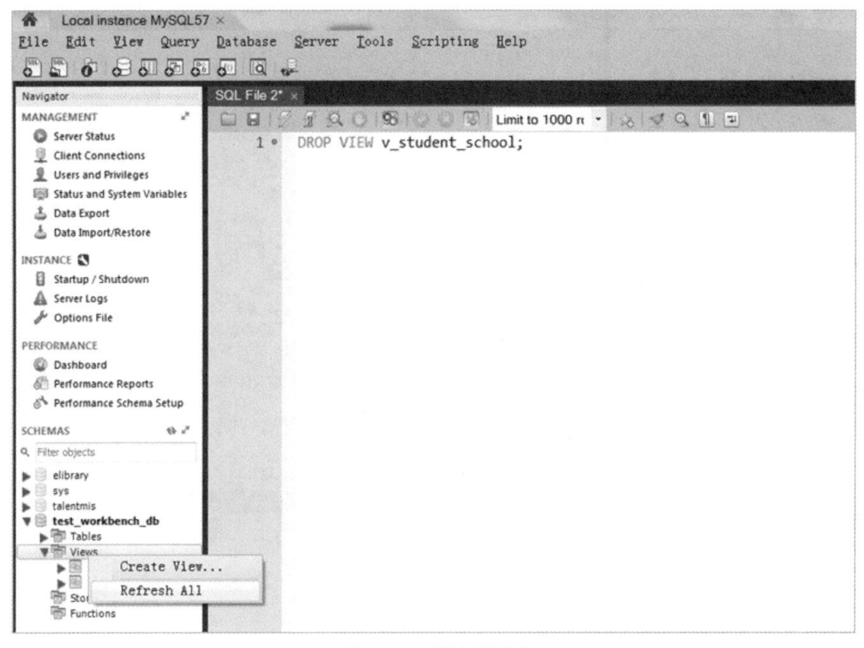

图 8-11　刷新视图

(4)刷新操作区后，已删除的视图(v_student_school)不会再显示，说明删除成功。

8.3.4　利用视图操纵表中的数据

(视频8–8：操纵数据)

1. 利用视图插入数据

【例8-9】利用SQL语句向视图(v_school)插入数据

操作步骤如下：

(1)打开Workbench工具，连接目标数据库服务器，在工具栏上单击按钮，打开“SQL设计器”窗口。

(2)在“SQL设计器”窗口，输入如下SQL语句，效果如图8-12所示。

```
INSERT INTO v_school
VALUE('101002','乐读市第一小学');
```

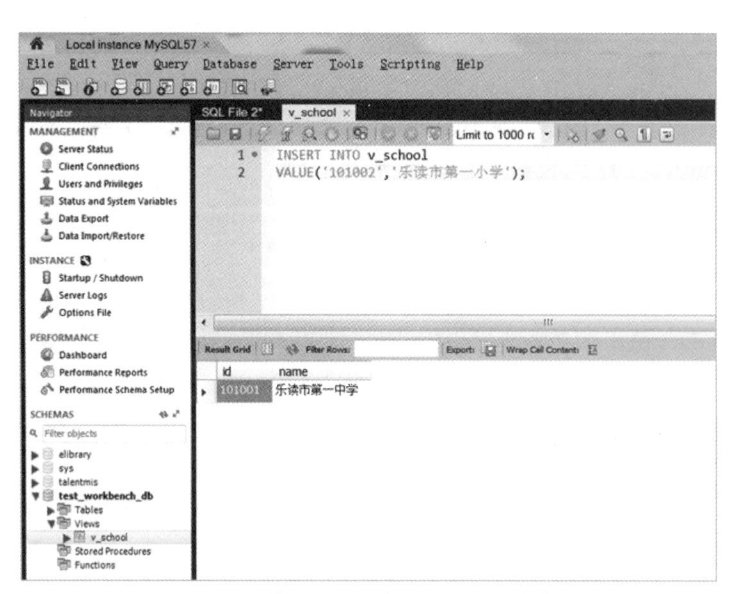

图8-12　利用SQL语句向视图插入数据

(3)在“SQL设计器”窗口，输入如下SQL语句：

```
SELECT * FROM v_school;
```

(4)在“SQL设计器”窗口，单击SQL设计器工具栏上的按钮，运行SQL语句，用查询语句进行检验后，可以发现刚才的数据已经成功插入视图中，如图8-13所示。

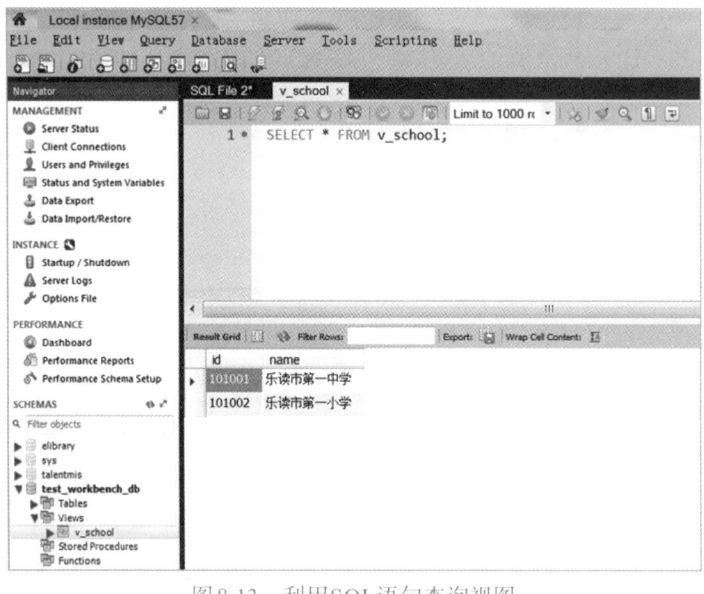

图8-13　利用SQL语句查询视图

2. 利用视图更新数据

虽然视图是一个“虚拟表”，但是可以利用视图更新数据表中的数据，因为视图可以从表中抽取部分数据，也就可以对表中部分数据进行更新。这样，在更新数据时就可以保证表中其他的数据不会被破坏，由此可以提高数据维护的安全性。

下面通过视图来更新基本数据源表中的数据。

【例8-10】利用已知的视图（v_school），将学校名称“乐读市第一小学”修改为“乐读市第一实验小学”

操作步骤如下：

（1）打开Workbench工具，连接目标数据库服务器，展开目标数据库的下拉菜单。

（2）在Views区域，选择需要更新的视图（v_school）为操作对象并右击，在快捷菜单中选择Select Rows - Limit 1000选项。

（3）在“SQL设计器”窗口，输入如下的SQL语句，如图8-14所示。

```
UPDATE v_school
       SET name='乐读市第一实验小学'
       WHERE id='101002';
```

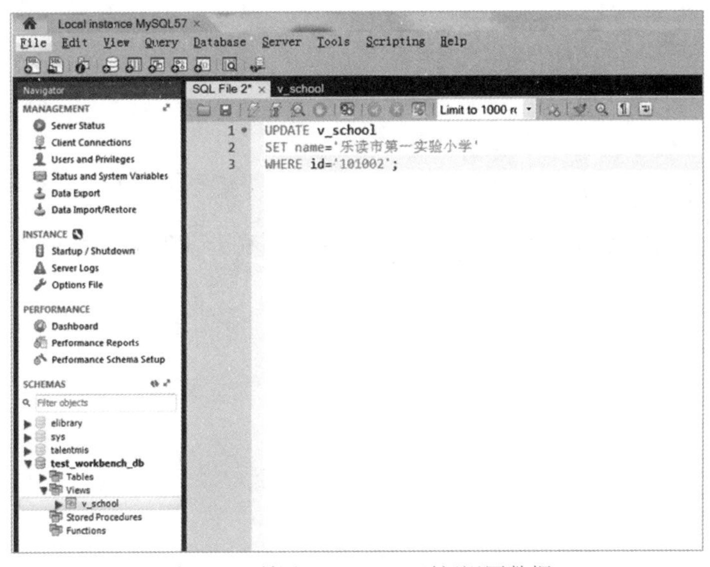

图8-14　利用Workbench更新视图数据

（4）在“SQL设计器”窗口，单击SQL设计器工具栏上的按钮，运行SQL语句，用查询语句进行检验后，可以发现刚才更新的数据已经成功地被修改，如图8-15所示。

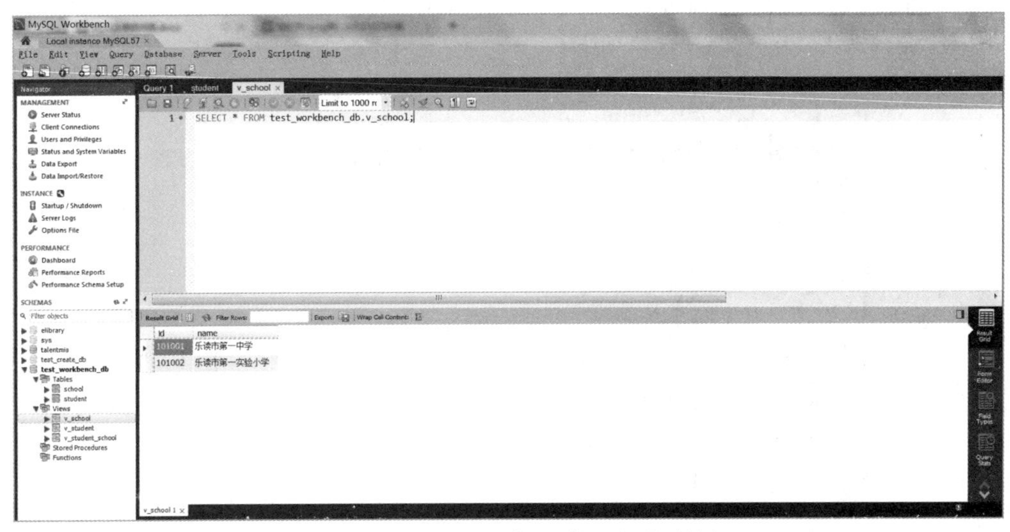

图8-15　利用SQL语句查看视图更新结果

3. 利用视图删除数据

下面通过视图来删除基本数据源表中的数据。

【例8-11】利用已知的视图（v_school），将学校名称为“乐读市第一实验小学”的记录删除

操作步骤如下：

（1）打开Workbench工具，连接目标数据库服务器，展开目标数据库的下拉菜单。

（2）在Views区域，选择需要删除的视图（v_school）为操作对象并右击，在快捷菜单中选择Select Rows - Limit 1000选项。

（3）在“SQL设计器”窗口，输入如下的更新数据语句。

```
DELETE FROM v_school
WHERE id='101002'
```

（4）在“SQL设计器”窗口，单击SQL设计器工具栏上的⚡按钮，完成视图数据的删除操作，如图8-16所示。

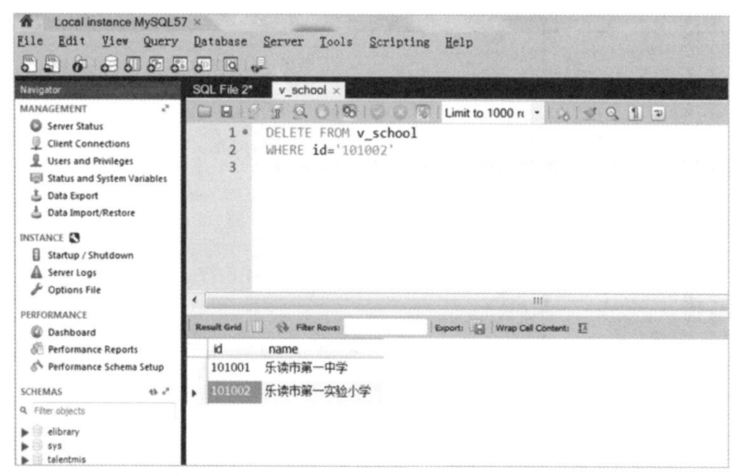

图8-16　利用SQL语句删除视图的数据

（5）删除成功后，用查询语句进行检验，可以发现学校名称为“乐读市第一实验小学”的记录从视图中删除成功，如图8-17所示。

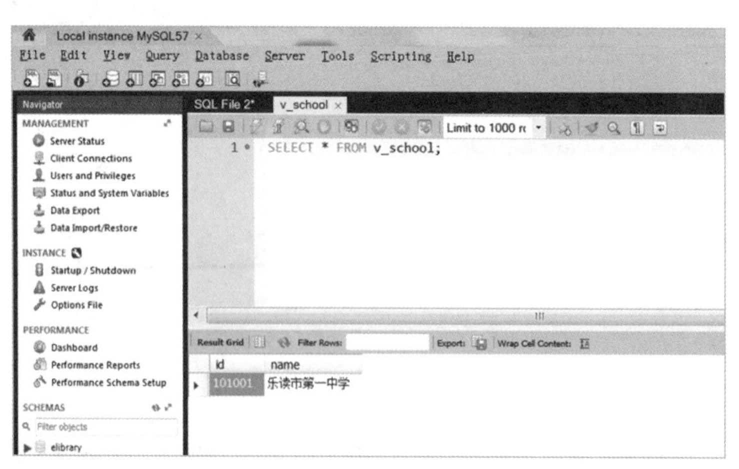

图8-17　删除后的查询结果

8.4 案例：创建“图书资源”数据库的部分视图

（视频8-9：创建“图书资源”部分视图）

根据第7章创建的数据表，进行“图书资源”数据库中部分视图的创建。

8.4.1 图书基本信息表视图的创建

图书信息表视图需要从book（图书）表中抽取常用信息，结构如下：

图书基本信息视图（图书编号，图书名称，作者，出版社）

操作步骤如下：

（1）打开Workbench工具，连接目标数据库服务器，选择目标数据库（elibrary），然后在工具栏上单击按钮，打开“SQL设计器”窗口。

（2）在“SQL设计器”窗口，输入如下SQL语句，效果如图8-18所示。

```
CREATE VIEW v_book
AS
SELECT id, bookname, author, press
FROM book;
```

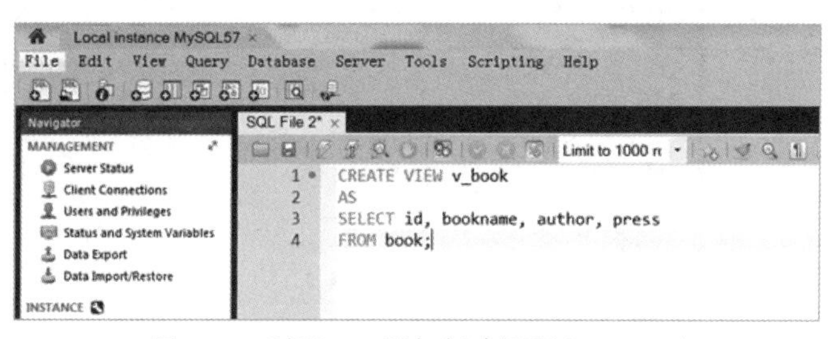

图8-18　利用SQL语句创建视图（v_book）

（3）在“SQL设计器”窗口，单击SQL设计器工具栏上的按钮，运行SQL语句，完成视图（v_book）的创建。

8.4.2 图书、出版社与作者的关系视图的创建

图书、出版社与作者的关系需要从press（出版社）表和author（作者）表中抽取常用信息，结构如下：

图书、出版社与作者关系视图（图书编号，图书名称，作者编号，作者姓名，出版社编号，出版社名称）

操作步骤如下：

（1）打开Workbench工具，连接目标数据库服务器，选择目标数据库（elibrary），然后在工具栏上单击按钮，打开“SQL设计器”窗口。

（2）在“SQL设计器”窗口，输入如下SQL语句，效果如图8-19所示。

```
CREATE VIEW v_book_press_author
AS
SELECT AB.book_id, AB.bookname, author_id, author_name, press_id, press_name
```

```
FROM
    (SELECT
        A.id as author_id,
        A.name as author_name,
        B.id as book_id,
        B.bookname as bookname
        FROM author A, book B
        WHERE A.id = B.author_id)
     AS AB
     ,(SELECT
        P.id as press_id,
        P.name as press_name,
        B.id as book_id,
        B.bookname as bookname
        FROM press P, book B
        WHERE P.id = B.press_id)
    AS PB
WHERE AB.book_id = PB.book_id
```

图8-19　利用SQL语句创建视图（v_book_press_author）

（3）在“SQL设计器”窗口，单击SQL设计器工具栏上的按钮，运行SQL语句，完成视图（v_book_press_author）的创建。

8.5 案例：创建“校园阅读”数据库的部分视图

扫一扫，看视频

（视频8-10：创建“校园阅读”部分视图）

根据第7章创建的数据表，下面进行“校园阅读”数据库中部分视图的创建。

8.5.1　班级与学生信息视图的创建

班级与学生信息视图需要从classmember（班级成员）、class（班级）和student（学生）3个信息表中抽取常用信息，结构如下：

班级与学生信息视图（学生编号，学生姓名，出生年月，班级编号，班级名称，入学年，学校编号）

操作步骤如下：

(1)打开Workbench工具，连接目标数据库服务器，选择目标数据库(talentmis)，在工具栏上单击按钮，打开“SQL设计器”窗口。

(2)在“SQL设计器”窗口，输入如下SQL语句，效果如图8-20所示。

```
CREATE VIEW v_class_student
AS
SELECT S.id as student_id,
    S.name as student_name,
    S.birth,
    C.id as class_id,
    C.name as class_name,
    C.year,
    S.school_id
FROM student as S
    inner join
    classmember as CM
    on S.id = CM.user_id
    inner join class as C
on CM.class_id = C.id
```

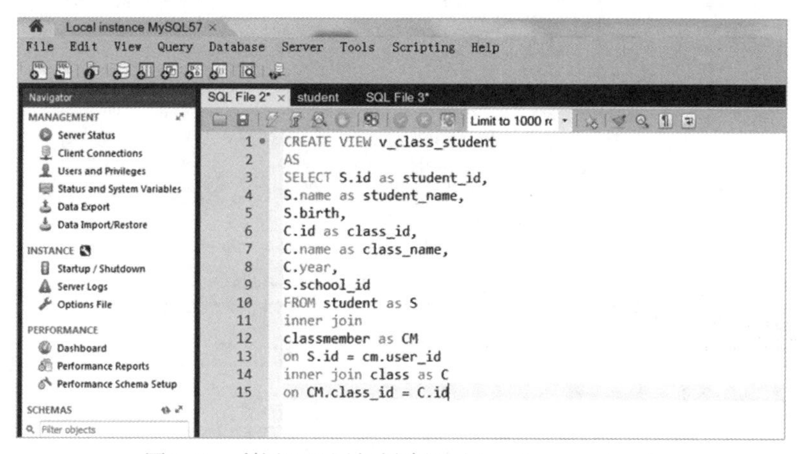

图8-20　利用SQL语句创建视图(v_class_student)

(3)在“SQL设计器”窗口，单击SQL设计器工具栏上的按钮，运行SQL语句，完成视图(v_class_student)的创建。

8.5.2　学生与阅读行为信息视图的创建

学生与阅读行为信息视图需要从record(阅读记录)表和student(学生)表中抽取常用信息，结构如下：

学生与阅读行为信息视图(记录编号，用户编号，学生姓名，图书编号，阅读时长，阅读字数)

操作步骤如下：

(1)打开Workbench工具，连接目标数据库服务器，选择目标数据库(talentmis)，在工具栏上单击按钮，打开“SQL设计器”窗口。

(2)在“SQL设计器”窗口，输入如下SQL语句，效果如图8-21所示。

```
CREATE VIEW v_student_record
AS
```

```
SELECT R.id,
R.user_id,
S.name as student_name,
R.book_id,
R.read_time,
R.word_num
FROM record as R
inner join
student as S
on R.user_id = S.id
```

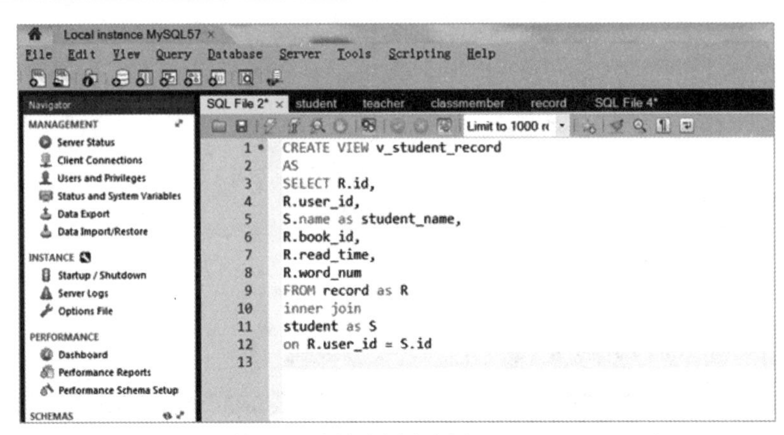

图8-21　利用SQL语句创建视图（v_student_record）

（3）在“SQL设计器”窗口，单击SQL设计器工具栏上的按钮，运行SQL语句，完成视图（v_student_record）的创建。

8.6 习题八

1.简答题

（1）简述数据库中表和视图之间的关系与区别。

（2）简述视图在数据库中的作用。

2.选择题

（1）以下选项中表述不正确的是（　　）。

A. 视图具有表的外观

B. 表中数据发生变化时，视图中的数据不变

C. 视图使多个用户能以多种角度看待同一数据集

D. 视图可以定制不同用户对数据的访问权限

（2）以下选项中用于查看视图结构的命令是（　　）。

A. CREATE DATABASE database_name

B. DESCRIBE view_name

C. CREATE TABLE table_name

D. CREATE VIEW view_name AS SELECT * FROM school

3.操作题

（1）请根据在第7章习题的操作题中创建的表（Course）创建视图（v_course），显示课程名称和学分。

（2）利用Workbench客户端工具查看视图（v_course）。

3 数据库应用技能

第 9 章

SQL 数据定义及操纵

学习目标

本章主要讲解 SQL 语言，包括 SQL 语言概述、数据定义和数据操纵，并通过案例演示 SQL 语言的实际应用。通过本章的学习，读者可以：

- 熟悉 SQL 语言的特点与组成
- 掌握数据定义语言
- 掌握数据操纵语言
- 掌握“图书资源”案例数据库表的定义及操纵
- 掌握“校园阅读”案例数据库表的定义及操纵

内容浏览

9.1 SQL语言概述

（视频9-1:SQL语言概述）

扫一扫，看视频

结构化查询语言（Structured Query Language，SQL)是高级的非过程化编程语言，是一种数据库查询和程序设计语言，用于存取数据以及查询、更新和管理关系数据库系统。

SQL标准的制定使得几乎所有的数据库厂家都采用SQL语言作为其数据库语言，但各家又在SQL标准的基础上进行扩充，形成了自己的语言。

SQL语言主要由以下几个部分组成：

（1）数据定义语言（Data Definition Language，DDL）。

（2）数据操纵语言（Data Manipularion Language，DML）。

（3）数据控制语言（Data Control Language，DCL）。

（4）系统存储过程（System Stored Procedure）。

（5）其他的语言元素。

SQL语言似乎充满了魔力，使用它可以在数据的海洋中任意行走。以数据源为基础，在其首要价值被应用后，仍然可以不断地挖掘其潜在意义，其价值将从最基本的数据本身代表的意义转变为未来的潜在用途，这一转变的意义更大。

9.1.1 SQL 语言的特点

1. 语言功能的一体化

SQL语言集DDL、DML和DCL功能于一体，语言风格统一，可以使用SQL语言独立完成数据库生命周期的全部操作。其中，DDL用于定义关系数据库模式(外模式和内模式);DML用于对数据库中的数据进行插入、删除、修改等数据维护操作和进行查询、统计、分组、排序等数据处理操作;DCL用于实现对基本表和视图的授权、完整性规则的描述、事务控制等操作。

2. 非过程化

SQL语言是一种高度非过程化的语言，在利用SQL语言进行数据操作时，只要提出“做什么”，无须指明“怎么做”，其他工作都由系统完成。因此，用户无须了解存取路径的结构，存取路径的选择，以及相应操作语句的操作过程，极大地减轻了用户的负担，同时有利于提高数据的独立性。

3. 采用面向集合的操作方式

SQL语言采用面向集合的操作方式，用户使用的每条操作命令，其操作对象和操作结果都是行的集合。无论是查询操作，还是插入、删除、更新操作的对象都是面向行集合的操作方式。

4. 一种语法结构两种使用方式

SQL语言是具有一种语法结构、两种使用方式的语言，既是自含式语言，又是嵌入式语

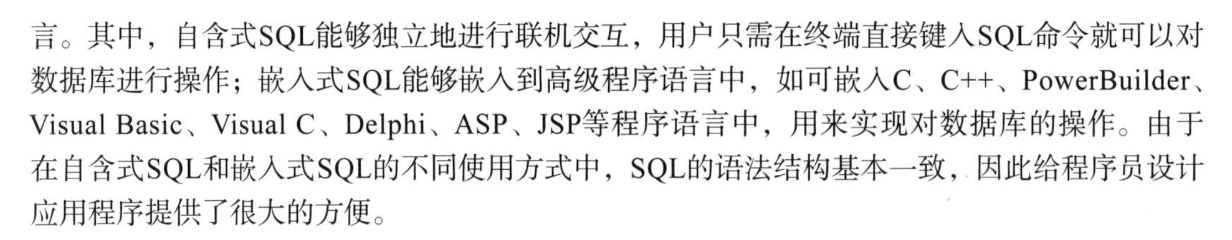
言。其中，自含式SQL能够独立地进行联机交互，用户只需在终端直接键入SQL命令就可以对数据库进行操作；嵌入式SQL能够嵌入到高级程序语言中，如可嵌入C、C++、PowerBuilder、Visual Basic、Visual C、Delphi、ASP、JSP等程序语言中，用来实现对数据库的操作。由于在自含式SQL和嵌入式SQL的不同使用方式中，SQL的语法结构基本一致，因此给程序员设计应用程序提供了很大的方便。

5. 语言结构简洁

虽然SQL语言功能极强，且有两种使用方式，但由于其设计构思巧妙，语言结构简洁明快，完成DDL、DML和DCL功能只用了9个动词，易学、易用。

DDL：CREATE、ALTER、DROP。

DML：SELECT、INSERT、UPDATE、DELETE。

DCL：GRANT、REVOKE。

6. 支持三级模式

SQL语言支持关系数据库三级模式。其中，视图和部分基本表，对应的是外模式；全体表对应的是模式；数据库的存储文件和它们的索引文件构成关系数据库的内模式。

9.1.2 SQL 语言的组成

1. 数据定义语言

数据定义语言（DDL）用来定义关系数据库（RDB）的模式、外模式和内模式，以实现对基本表、视图以及索引文件的定义、修改和删除等操作。

2. 数据操纵语言

数据操纵语言（DML）用于对数据库进行数据查询和数据维护操作。

数据查询：对数据库（DB）中的数据进行查询、统计、分组、排序等操作。

数据维护：进行数据的插入、删除、更新等数据维护操作。

3. 数据控制语言

数据控制语言（DCL）包括对基本表和视图的授权、完整性规则的描述，以及事务控制语句等。

4. 系统存储过程

系统存储过程是MySQL数据库系统创建的存储过程，用于方便地从表中查询信息，或者完成与更新数据库表相关的管理任务，或其他的管理任务。

5. 其他的语言元素

为了编写程序的需要，增加了一些其他的语言元素，这不是ANSI SQL-92的内容，是T-SQL语言附加的语言元素。

9.2 数据定义和数据操纵语言

9.2.1 数据定义语言

（视频9–2：数据定义语句介绍）

数据定义语言不仅可以实现数据库的模式定义，也可实现对基本表、视图和索引文件的定义，以及对定义的基本表、视图和索引文件的修改与删除。

数据定义的SQL语句见表9-1。

表 9-1 数据定义的 SQL 语句

对象	创建	删除	修改
模式	CREATE SCHEMA	DROP SCHEMA	
表	CREATE TABLE	DROP TABLE	ALTER TABLE
视图	CREATE VIEW	DROP VIEW	
索引	CREATE INDEX	DROP INDEX	

9.2.2 数据操纵语言

（视频9–3：数据操纵语句介绍）

数据操纵语言是对表中的数据进行插入、删除、更新和查询等操作的命令。

数据操纵的SQL语句见表9-2。

表 9-2 数据操纵的 SQL 语句

方式	语句
数据插入	INSERT
数据更新	UPDATE
数据删除	DELETE

9.3 案例："图书资源"数据库表的数据定义及数据操纵操作

本书第4章设计了"图书资源"数据库，数据库的逻辑设计如下：

图书信息表（图书编号，图书名称，作者，作者编号，出版社，出版社编号，出版时间，内容简介，图书内容）

作者信息表（作者编号，作者姓名，作者简介）

出版社信息表（出版社编号，出版社名称，出版社简介）

书库信息表（书库编号，图书编号）

本节将根据物理结构设计的结果（篇幅过大，此处不再赘述），对"图书资源"数据库的数据表进行数据定义及数据操纵操作。

9.3.1 book表的定义

扫一扫，看视频

（视频9-4：book表的定义）

book表的结构见表9-3。

表 9-3 book（图书）表的结构

字段名	字段类型	字段长度	索引	备注
id	char	19	有（无重复）	图书编号（主键）
bookname	varchar	16	—	图书名称
author	varchar	16	—	作者
author_id	char	8	—	作者编号（外键）
press	varchar	16	—	出版社
press_id	char	6	—	出版社编号（外键）
publish_time	date	默认值	—	出版时间
brief	tinytext	默认值	—	内容简介
file	blob	默认值	—	图书内容

定义book表的操作步骤如下：

（1）打开Workbench工具，连接目标数据库服务器，展开目标数据库的下拉菜单。

（2）在工具栏上单击按钮，打开“SQL设计器”窗口，如图9-1所示。

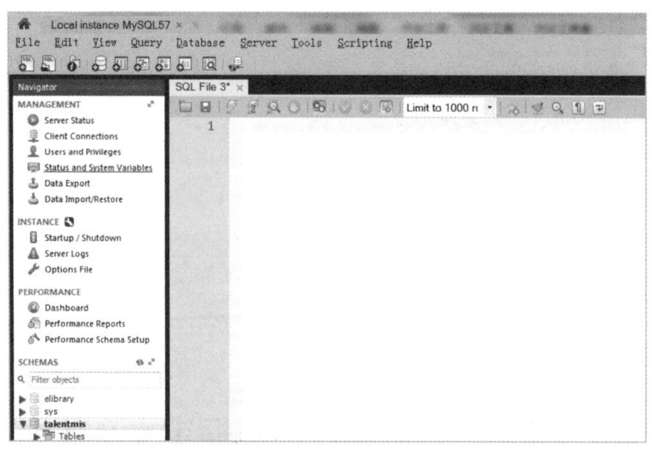

图9-1 “SQL设计器”窗口

（3）在“SQL设计器”窗口，输入如下SQL语句，效果如图9-2所示。

```
CREATE TABLE 'book' (
  'id' char(19) NOT NULL,
  'bookname' varchar(16) DEFAULT NULL,
  'author' varchar(16) DEFAULT NULL,
  'press' varchar(16) DEFAULT NULL,
  'publish_time' date DEFAULT NULL,
  'brief' tinytext,
  'file' blob,
  'author_id' varchar(8) DEFAULT NULL,
  'press_id' varchar(6) DEFAULT NULL,
  PRIMARY KEY ('id')
) ENGINE=InnoDB DEFAULT CHARSET=utf8;
```

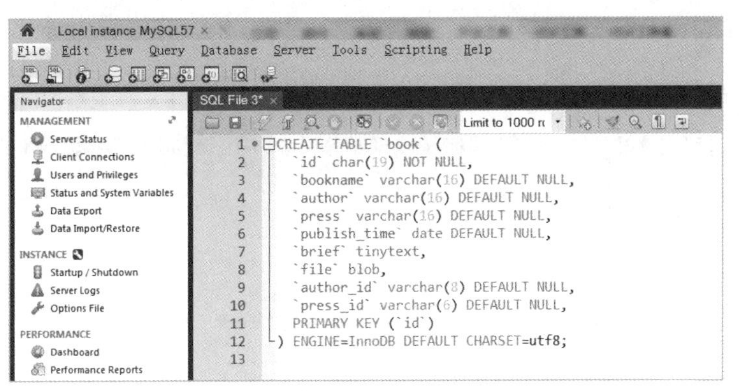

图9-2　利用SQL语句创建表（book）

（4）在“SQL设计器”窗口，单击SQL设计器工具栏上的按钮，运行SQL语句，完成表（book）定义。

9.3.2　book 表的数据插入

（视频9–5：book表的数据插入）

book表的内容见表9-4。

表 9-4　book（图书）表的内容

图书编号	图书名称	作者	作者编号	出版社	出版社编号	出版时间	内容简介	图书内容
9787100089548	西游记	吴承恩	A0000001	商务印书馆	P00001	2016-04-01	略	略
9787517017165	身边的科学	小石新八	A0000002	中国水利水电出版社	P00002	2018-11-01	略	略
9787570409891	狂人日记	鲁迅	A0000003	北京教育出版社	P00003	2019-04-01	略	略
9787100125086	三个火枪手	大仲马	A0000004	商务印书馆	P00001	2017-05-01	略	略
9787020104215	巴黎圣母院	雨果	A0000005	人民文学出版社	P00004	2015-04-01	略	略

操作步骤如下：

（1）打开Workbench工具，连接目标数据库服务器，展开目标数据库的下拉菜单。

（2）在SCHEMAS区域，选择Tables中的book表为操作对象，右击后在快捷菜单中选择Select Rows - Limit 1000选项，如图9-3所示。

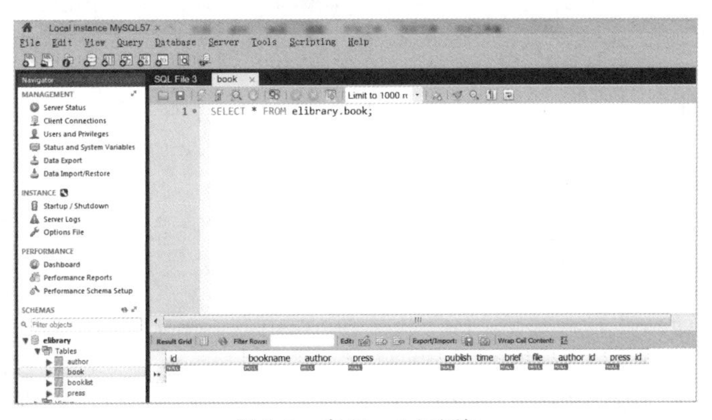

图9-3　表（book）查询

（3）在“表”窗口，依次输入数据，完成数据插入，如图9-4所示。

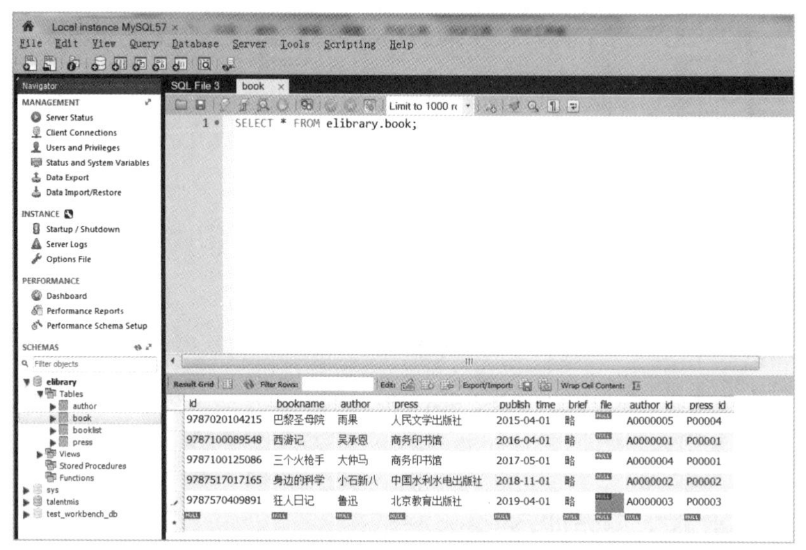

图9-4 利用“表”窗口向book表输入数据

（4）单击Apply按钮，保存表，结束表（book）中数据的插入。

9.3.3 book表的数据修改

（视频9-6：修改book表的数据）

在字段“图书编号（id）”为9787517017165的图书记录中，将其“图书简介（brief）”字段的数据修改为“身边的科学为小石新八（日）著”。

操作步骤如下：

（1）打开Workbench工具，连接目标数据库服务器，展开目标数据库的下拉菜单。

（2）在SCHEMAS区域，选择Tables中的表（book）为操作对象，右击后在快捷菜单选择Select Rows - Limit 1000选项，如图9-4所示。

（3）在“表”窗口，选中“图书编号（id）”为9787517017165的图书记录，修改字段“图书简介（brief）”中的数据，将其修改为“身边的科学为小石新八（日）著”，完成数据修改，如图9-5所示。

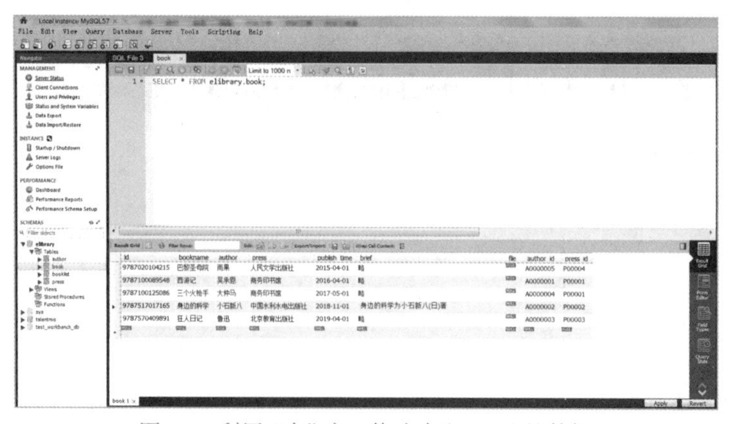

图9-5 利用“表”窗口修改表（book）的数据

（4）单击Apply按钮，保存表，结束表（book）中数据的修改。

9.3.4 定义“图书资源”数据库所有表并建立关联

（视频9–7：定义“图书资源”数据库所有表并建立关联）

已知“图书资源”数据库各表之间的关联，如图9-6所示。

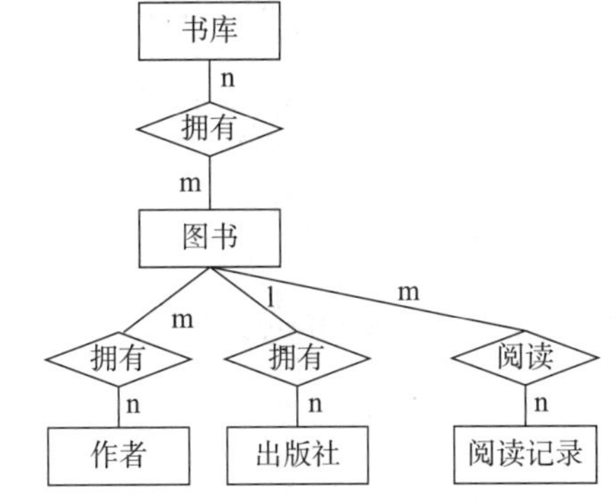

图9-6 “图书资源”数据库各表之间的关联

根据第4章设计的“图书资源”数据库各表的物理结构，定义“图书资源”数据库的各表，并建立表间关联。

操作步骤如下：

（1）打开Workbench工具，连接目标数据库服务器，展开目标数据库（elibrary）的下拉菜单，打开“SQL设计器”窗口。

（2）在“SQL设计器”窗口，输入如下SQL语句，效果如图9-7所示。

```
CREATE TABLE 'author' (
        'id' varchar(8) NOT NULL,
        'name' varchar(16) NOT NULL,
        'brief' varchar(128) DEFAULT NULL,
        PRIMARY KEY ('id')
) ENGINE=InnoDB DEFAULT CHARSET=utf8;
```

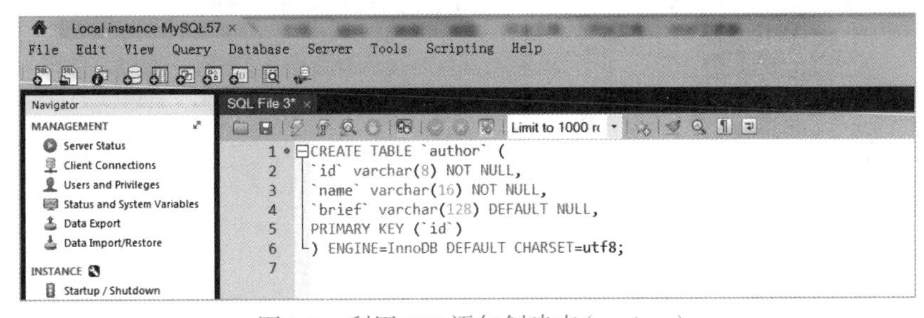

图9-7 利用SQL语句创建表（author）

（3）在“SQL设计器”窗口，单击SQL设计器工具栏上的⚡按钮，运行SQL语句，完成表（author）的创建。

（4）在“SQL设计器”窗口，输入如下SQL语句，效果如图9-8所示。

```
CREATE TABLE 'booklist' (
  'list_id' char(7) NOT NULL,
  'book_id' char(19) NOT NULL,
```

```
  PRIMARY KEY ('list_id','book_id')
) ENGINE=InnoDB DEFAULT CHARSET=utf8;
```

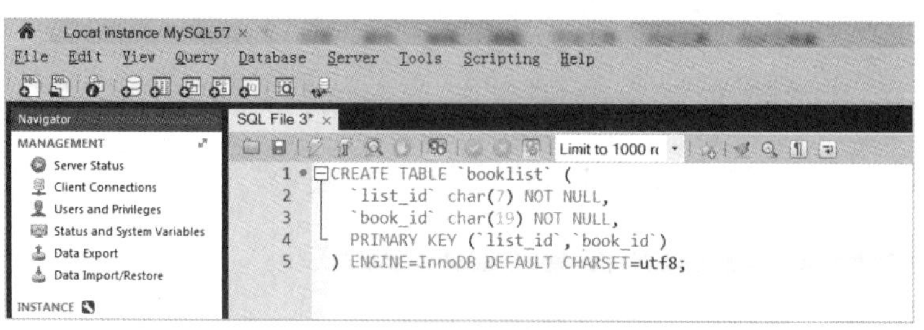

图9-8 利用SQL语句创建表（booklist）

（5）在“SQL设计器”窗口，单击SQL设计器工具栏上的按钮，运行SQL语句，完成表（booklist）的创建。

（6）在“SQL设计器”窗口，输入如下SQL语句，效果如图9-9所示。

```
ALTER TABLE book
ADD CONSTRAINT 'author_id'
  FOREIGN KEY ('author_id')
  REFERENCES author (id)
  ON DELETE NO ACTION
  ON UPDATE NO ACTION;
ALTER TABLE book
ADD CONSTRAINT 'press_id'
  FOREIGN KEY ('press_id')
  REFERENCES press (id)
  ON DELETE NO ACTION
  ON UPDATE NO ACTION;
ALTER TABLE booklist
ADD CONSTRAINT 'book_id'
  FOREIGN KEY ('book_id')
  REFERENCES book (id)
  ON DELETE NO ACTION
  ON UPDATE NO ACTION;
```

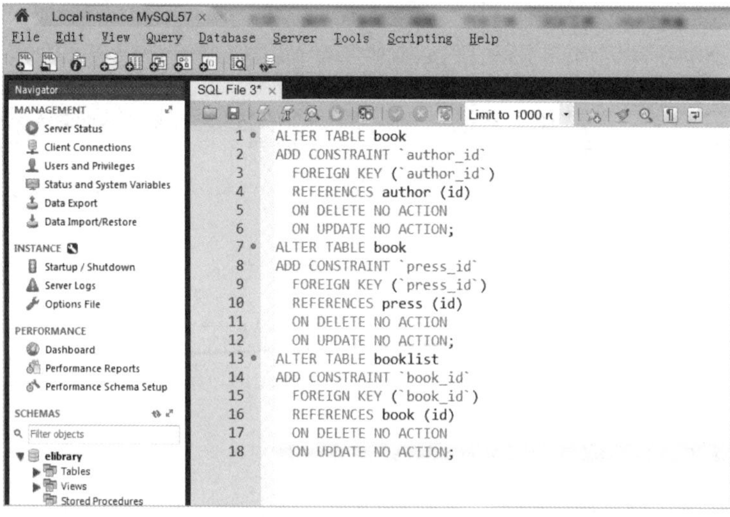

图9-9 定义“图书资源”数据库所有表并建立关联

（7）在“SQL设计器”窗口，单击SQL设计器工具栏上的⚡按钮，运行SQL语句，完成表（book）与表（author）、表（press）的外键关联，并且完成表（booklist和book）的外键的创建。

9.4 案例："校园阅读"数据库表的数据定义及数据操纵操作

本书第4章设计了“校园阅读”数据库，数据库逻辑如下：

用户信息表(用户编号，用户名，密码，用户类型，创建时间)

学校信息表(学校编号，建馆时间，学校名称，学校简介，书库编号)

班级信息表(班级编号，班级名称，入学年份，班号，班级简介，学校编号)

教师信息表(教师编号，教师姓名，性别，教师简介，学校编号)

学生信息表(学生编号，学生姓名，性别，出生年月，学校编号)

班级成员表(学生编号，班级编号)

阅读记录表(记录编号，用户编号，图书编号，阅读时长，阅读字数，记录时间戳)

本节将根据物理结构设计(篇幅过大，此处不再赘述)结果，对“校园阅读”数据库表的数据定义及数据操纵操作的案例进行讲解。

9.4.1 school 表的定义

school表的结构见表9-5。

表 9-5 school（学校）表的结构

字段名	字段类型	字段长度	索引	备注
id	char	7	有（无重复）	学校编号（主键）
name	varchar	8	—	学校名称
brief	varchar	128	—	学校简介
create_time	datetime	默认值	—	建馆时间
booklist_id	char	7	—	书库编号（外键）

定义school表的结构的操作步骤如下：

（1）打开Workbench工具，连接目标数据库服务器，展开目标数据库的下拉菜单。

（2）在工具栏上单击🗋按钮，打开“SQL设计器”窗口，如图9-1所示。

（3）在“SQL设计器”窗口，输入如下SQL语句，效果如图9-10所示。

```
CREATE TABLE 'school' (
'id' varchar(7) NOT NULL,
'name' varchar(8) NOT NULL,
'brief' varchar(128) DEFAULT NULL,
'create_time' datetime DEFAULT NULL,
'booklist_id' varchar(7) DEFAULT NULL,
PRIMARY KEY ('id')
) ENGINE=InnoDB DEFAULT CHARSET=utf8;
```

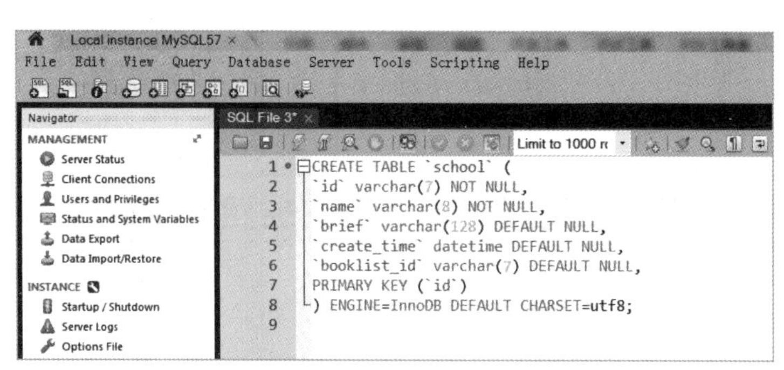

图9-10　利用SQL语句创建表（school）

（4）在“SQL设计器”窗口，单击SQL设计器工具栏上的按钮，运行SQL语句，完成表（school）创建。

9.4.2　school 表的数据插入

school表的内容见表9-6。

表 9-6　school（学校）表的内容

学校编号	学校名称	建馆时间	书库编号	学校简介
0101001	乐读市第一中学	2020-01-01	L00001	略
0101002	乐读市实验小学	2020-03-01	L00002	略

操作步骤如下：

（1）打开Workbench工具，连接目标数据库服务器，展开目标数据库的下拉菜单。

（2）在SCHEMAS区域，选择Tables中表（school）为操作对象，右击后选择Select Rows - Limit 1000选项，如图9-11所示。

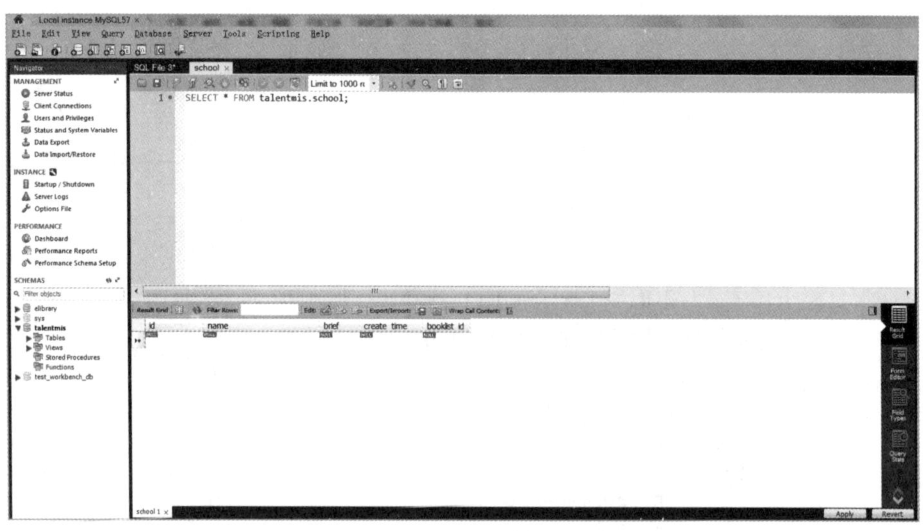

图9-11　表（school）查询

（3）在“表”窗口，依次输入数据，完成数据插入，如图9-12所示。

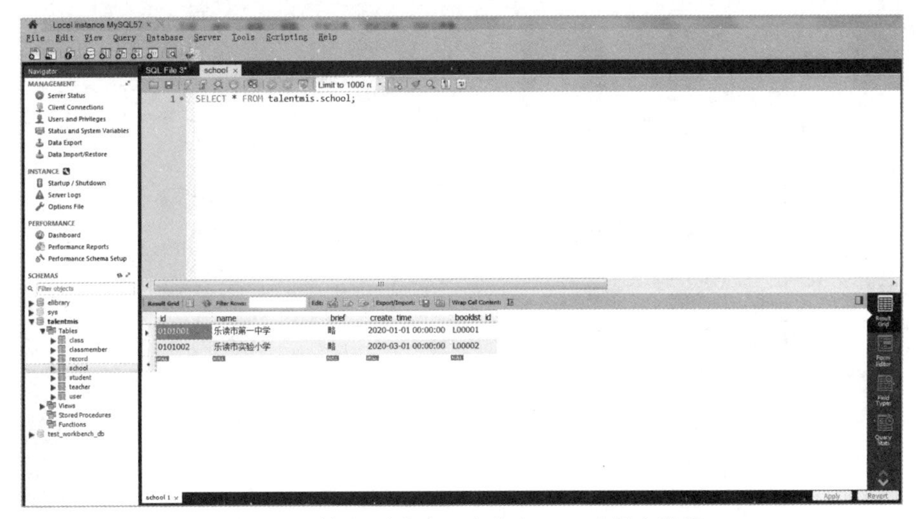

图9-12　利用“表”窗口向表（school）插入数据

（4）单击Apply按钮，保存表，结束表（school）中数据的插入。

9.4.3　school 表的数据删除

（视频9–8：删除school表的数据）

扫一扫，看视频

操作步骤如下：

（1）打开Workbench工具，连接目标数据库服务器，展开目标数据库的下拉菜单。

（2）在SCHEMAS区域，选择Tables中表（school）为操作对象，右击后选择Select Rows - Limit 1000选项，如图9-13所示。

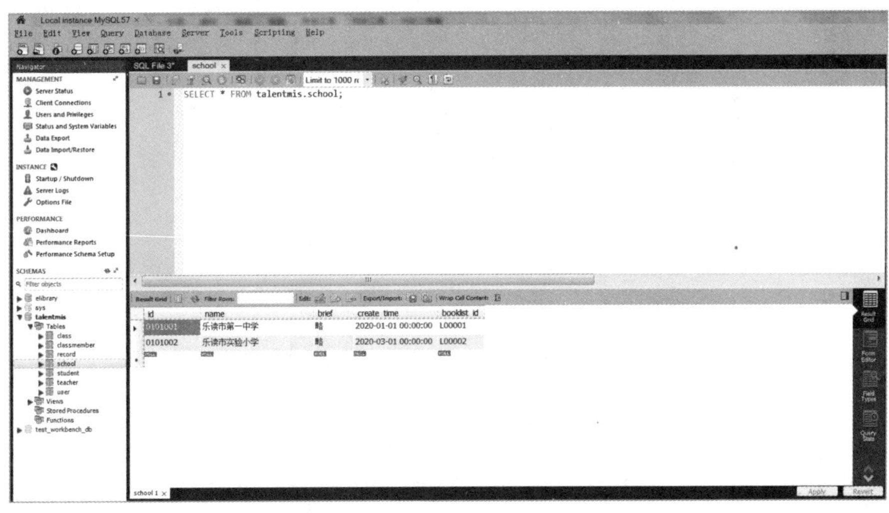

图9-13　表（school）查询

（3）在“表”窗口，选中需要删除的行，右击，选中Delete Row（s）选项，如图9-14所示。

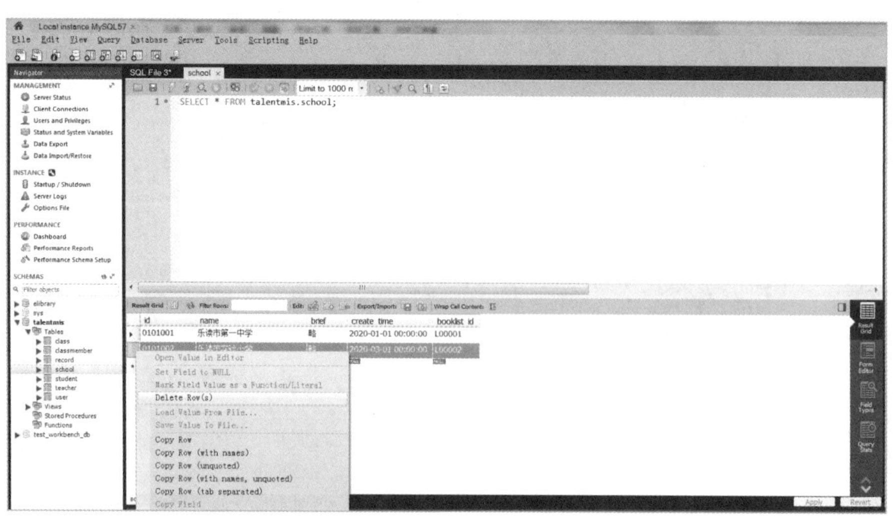

图9-14　利用“表”窗口删除表（school）的数据

（4）单击Apply按钮，保存表，结束表（school）中数据的删除。

9.4.4　定义“校园阅读”数据库所有表并建立关联

扫一扫，看视频

（视频9-9：定义“校园阅读”数据库所有表并建立关联）

根据第4章设计的“校园阅读”数据库各表的物理结构，定义“校园阅读”数据库的各表，并建立表间关联。已知“校园阅读”数据库各表之间的关联，如图9-15所示。

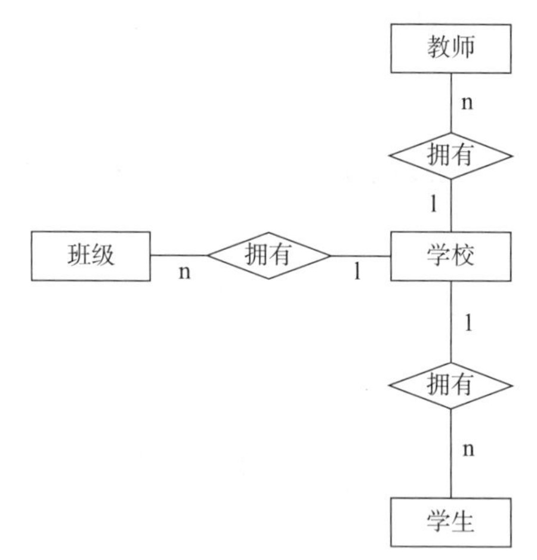

图9-15　“校园阅读”数据库各表之间的关联

操作步骤如下：

（1）打开Workbench工具，连接目标数据库服务器，展开目标数据库（elibrary）的下拉菜单，打开“SQL设计器”窗口。

（2）在“SQL设计器”窗口，输入如下SQL语句，效果如图9-16所示。

```
ALTER TABLE student
ADD CONSTRAINT 'school_id'
  FOREIGN KEY ('school_id')
```

```
  REFERENCES school (id)
  ON DELETE NO ACTION
  ON UPDATE NO ACTION;
ALTER TABLE teacher
ADD CONSTRAINT 'school_id'
  FOREIGN KEY ('school_id')
  REFERENCES school (id)
  ON DELETE NO ACTION
  ON UPDATE NO ACTION;
ALTER TABLE class
ADD CONSTRAINT 'school_id'
  FOREIGN KEY ('school_id')
  REFERENCES school (id)
  ON DELETE NO ACTION
  ON UPDATE NO ACTION;
```

```
1  ALTER TABLE student
2  ADD CONSTRAINT `school_id`
3    FOREIGN KEY (`school_id`)
4    REFERENCES school (id)
5    ON DELETE NO ACTION
6    ON UPDATE NO ACTION;
7  ALTER TABLE teacher
8  ADD CONSTRAINT `school_id`
9    FOREIGN KEY (`school_id`)
10   REFERENCES school (id)
11   ON DELETE NO ACTION
12   ON UPDATE NO ACTION;
13 ALTER TABLE class
14 ADD CONSTRAINT `school_id`
15   FOREIGN KEY (`school_id`)
16   REFERENCES school (id)
17   ON DELETE NO ACTION
18   ON UPDATE NO ACTION;
19
```

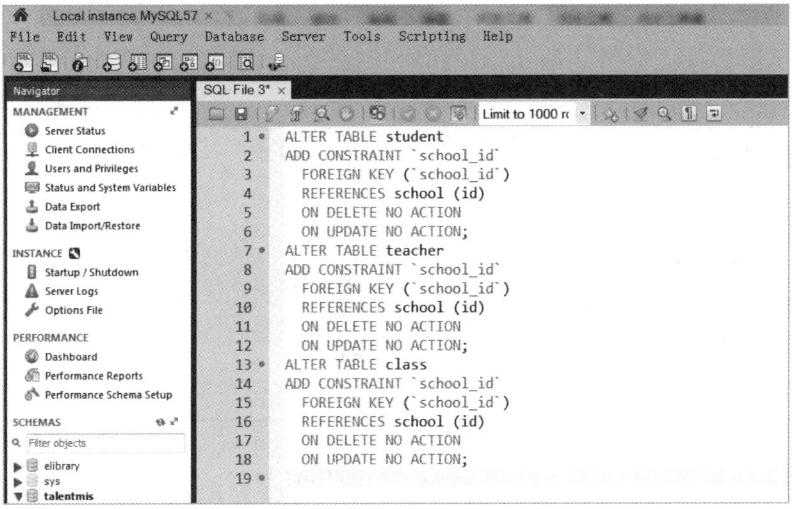

图9-16 利用SQL语句创建表

（3）在“SQL设计器”窗口，单击SQL设计器工具栏上的按钮，运行SQL语句，完成表（school）与表（class、teacher和student）的外键关联。

9.5 习题九

1.简答题

（1）简述DDL、DML、DCL的含义及包含的关键词，并讨论三者之间的关系和使用的场景。

（2）SQL语言中9个功能强大的动词分别是什么？请简述每个动词的功能。

2.选择题

（1）以下选项中不属于数据操纵动词的是（　　）。

A. SELECT　　B. CREATE

C. UPDATE　　D. INSERT

（2）以下选项中表述错误的是（　　）。

A. SQL语言风格统一

B. SQL 语言是一种高度非过程化的语言

C. 无论是什么查询操作，都面向行操作

D. SQL语言功能极强，只用6个动词即可完成数据库操作。

3.操作题

（1）利用SQL语言在数据库（my_workbench_db）中创建表（Student），表（Student）结构见表9-7。

表 9-7 表（Student）结构

字段名	字段别名	字段类型	字段长度	索引	备注
Student_id	学号	char	6	有（无重复）	主键
Student_name	姓名	char	6	—	—
Gender	性别	char	2	—	—
Birth	出生年月	datetime	默认值	—	—
Birthplace	籍贯	char	50	—	—
Class_id	班级编号	char	8	—	外键

（2）利用SQL语言将表9-8 中的数据输入到表（Student）。

表 9-8 表（Student）数据

学号	姓名	性别	出生年月	籍贯	班级编号
200101	郭菊霞	女	2002-04-10	上海	A1022004
200102	张灏羽	男	2002-12-23	四川	A1022004
200103	马包幗	女	2002-09-19	吉林	A1022004
200104	闫芳芳	女	2001-06-16	河南	A1022004
200105	罗旭翔	男	2003-05-28	黑龙江	A1022004
200106	李建国	男	2002-04-13	吉林	A1022004

（3）利用SQL语言在数据库（my_workbench_db）中创建成绩表（Score），其中，字段课程编号（Course_id）要关联课程表（Course），表（Score）结构见表9-9。

表 9-9 表（Score）结构

字段名	字段别名	字段类型	字段长度	索引	备注
Student_id	学号	char	6	有（无重复）	联合主键
Course_id	课程编号	char	5	有（无重复）	联合主键
Score	成绩	smallint	默认值	—	—

（4）利用SQL语言将表9-10 中的数据输入到表（Score）。

表 9-10 表（Score）数据

学号	课程编号	成绩
200101	01-01	84
200101	01-02	70
200101	01-03	66
200101	01-04	81
200102	01-01	70
200102	01-02	66

续表

学号	课程编号	成绩
200102	01-03	54
200102	01-04	68
200103	01-01	89
200103	01-02	90
200103	01-02	91
200103	01-04	86

第 10 章

SELECT 查询

学习目标

本章主要讲解 SELECT 语句、集合函数查询、简单查询、连接查询、多表嵌套查询、子查询，并通过案例演示 SQL 语句的实际应用。通过本章的学习，读者可以：

- 掌握 SELECT 查询语句的格式及使用方法
- 掌握集合函数查询语句的格式及使用方法
- 掌握单表查询语句的格式及使用方法
- 掌握多表查询语句的格式及使用方法
- 掌握嵌套查询语句的格式及使用方法
- 掌握子查询语句的格式及使用方法
- 掌握带 EXISTS 关键字的子查询语句的格式及使用方法
- 掌握“图书资源”案例数据库的信息查询方法
- 掌握“校园阅读”案例数据库的信息查询方法

内容浏览

10.1 SELECT查询语句

（视频10–1:SELECT语句概述）

扫一扫，看视频

SELECT查询语句是按指定的条件在一个数据库中进行查询的语句。

语句格式为：

```
SELECT [ALL|DISTINCT] <目标列表达式>
                [, <目标列表达式>] …
FROM <表名或视图名>[, <表名或视图名> ] …
[ WHERE <条件表达式> ]
[ GROUP BY <列名> [ HAVING <条件表达式> ] ]
[ ORDER BY <列名> [ ASC|DESC ] ];
```

功能：从指定的基本表或视图中，选择满足条件的行数据，并对它们进行分组、统计、排序或投影，形成查询结果集。

说明：

（1）ALL表示查询结果是表的全部记录。

（2）DISTINCT表示查询结果是不包含重复行的记录集。

（3）FROM <表名或视图名>表示查询的数据来源。

（4）WHERE <条件表达式>表示查询结果是表中满足<条件表达式>的记录集。

（5）GROUP BY <列名>表示查询结果是表按<列名>分组的记录集。

（6）HAVING <条件表达式>表示查询结果是满足<条件表达式>，并且按<列名>进行计算的结果组成的记录集。

（7）ORDER BY <列名>表示查询结果是按<列名>值排序。

（8）ASC表示查询结果按某一列值升序排列。

（9）DESC表示查询结果按某一列值降序排列。

10.2 集合函数查询

（视频10–2：集合函数查询）

扫一扫，看视频

MySQL常用的集合函数及功能见表10-1。

表 10-1　常用的集合函数及功能

函数名称	功能
COUNT（[DISTINCT|ALL] *）	计数（统计元组个数、计算一列中值的个数）
COUNT（[DISTINCT|ALL] < 列名 >）	
MIN（[DISTINCT|ALL] < 列名 >）	求最小值（求一列值中的最小值）
MAX（[DISTINCT|ALL] < 列名 >）	求最大值（求一列值中的最大值）
AVG（[DISTINCT|ALL] < 列名 >）	计算平均值（计算数值型列值的平均值）
SUM（[DISTINCT|ALL] < 列名 >）	计算总和（计算数值型列值的总和）

【例10-1】已知表（student）信息，统计全体学生的人数

操作步骤如下：

（1）打开Workbench工具，连接目标数据库服务器，展开目标数据库的下拉菜单。

（2）在SCHEMAS区域，选择Tables中的表（student）为操作对象，右击后选择Select Rows – Limit 1000选项，如图10-1所示。

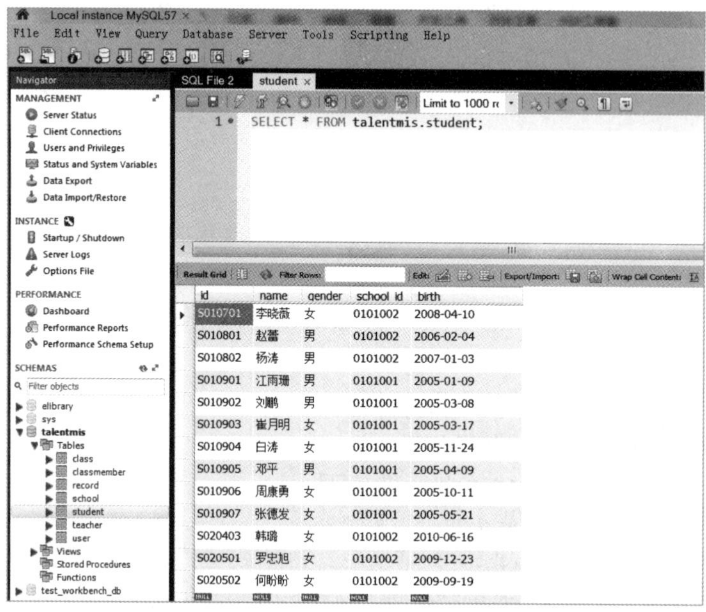

图10-1　表（student）查询

（3）在“SQL设计器”窗口，输入如下SQL语句，效果如图10-2所示。

```
SELECT  count(*) FROM student;
```

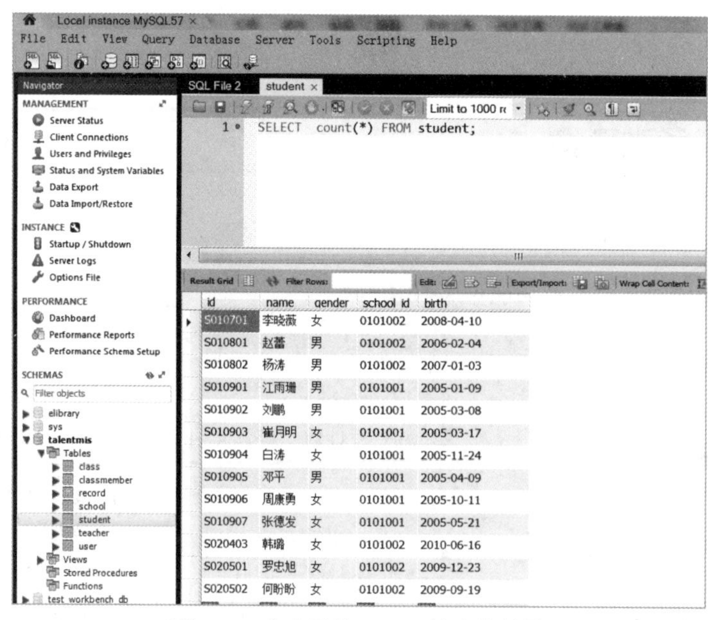

图10-2　集合函数count()的查询结果

(4) 在“SQL设计器”窗口，单击SQL设计器工具栏上的 按钮，运行SQL语句，完成查询，如图10-3所示。

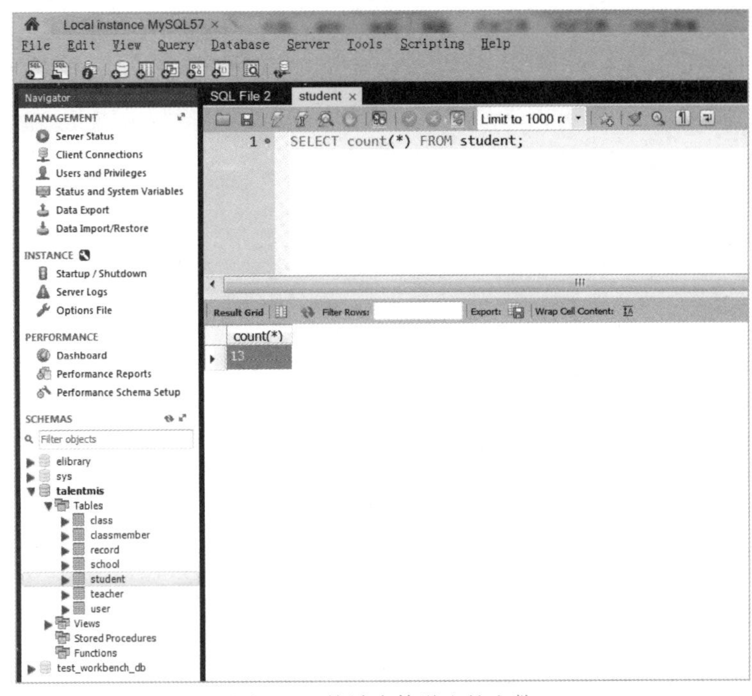

图10-3　统计全体学生的人数

【例10-2】已知表(record)信息，查询最长的学生阅读时长

操作步骤如下：

(1) 打开Workbench工具，连接目标数据库服务器，展开目标数据库的下拉菜单。

(2) 在SCHEMAS区域，选择Tables中的表(record)为操作对象，右击后选择Select Rows – Limit 1000选项，如图10-4所示。

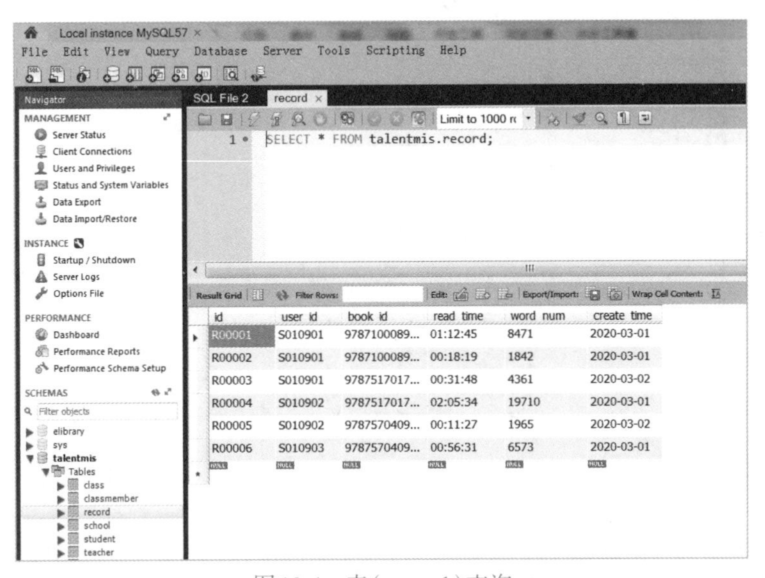

id	user_id	book_id	read_time	word_num	create_time
R00001	S010901	9787100089...	01:12:45	8471	2020-03-01
R00002	S010901	9787100089...	00:18:19	1842	2020-03-01
R00003	S010901	9787517017...	00:31:48	4361	2020-03-02
R00004	S010902	9787517017...	02:05:34	19710	2020-03-01
R00005	S010902	9787570409...	00:11:27	1965	2020-03-02
R00006	S010903	9787570409...	00:56:31	6573	2020-03-01
NULL	NULL	NULL	NULL	NULL	NULL

图10-4　表(record)查询

（3）在“SQL设计器”窗口，输入如下SQL语句，效果如图10-5所示。

```
SELECT MAX(read_time) FROM record;
```

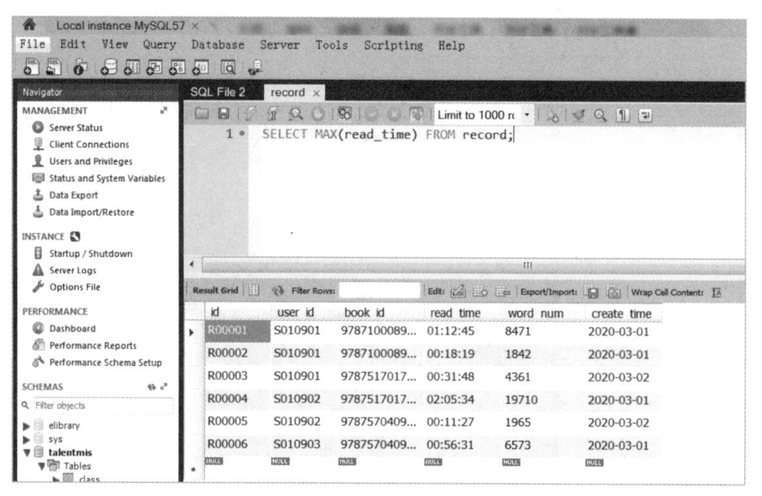

图10-5　集合函数MAX()查询

（4）在“SQL设计器”窗口，单击SQL设计器工具栏上的⚡按钮，运行SQL语句，完成查询，如图10-6所示。

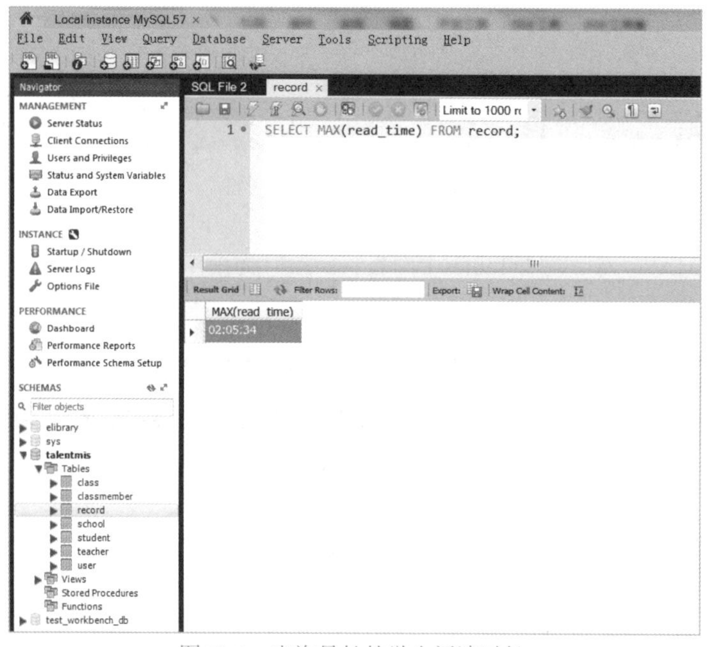

图10-6　查询最长的学生阅读时长

10.3 简单查询

简单查询是指数据来源是一个表或一个视图的查询操作，它是最简单的查询方式。例如，选择某表中的某些行，或某表中的某些列等。

10.3.1 所有列查询

语句格式为：

SELECT [ALL|DISTINCT]

FROM <表名或视图名>

或

SELECT *

FROM <表名或视图名>

【例 10-3】已知表（student）的信息，查询表中所有的信息

操作步骤如下：

（1）打开Workbench工具，连接目标数据库服务器，展开目标数据库的下拉菜单。

（2）在工具栏上单击 按钮，打开“SQL设计器”窗口，如图10-7所示。

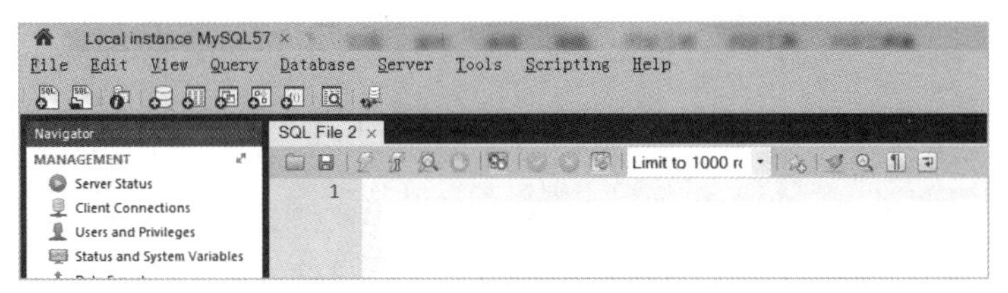

图10-7 “SQL设计器”窗口

（3）在“SQL设计器”窗口，输入如下SQL语句，效果如图10-8所示。

```
SELECT * FROM student;
```

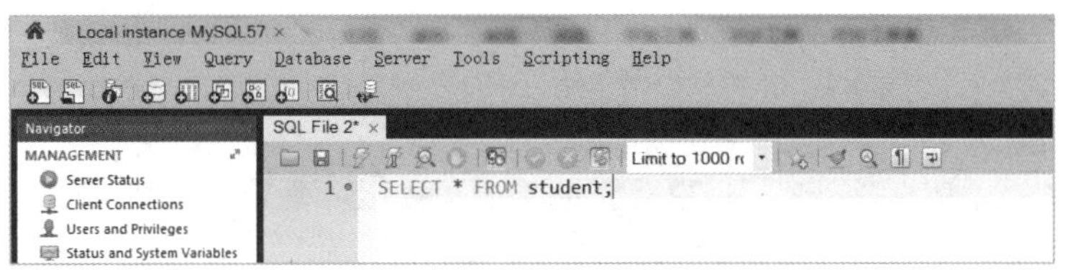

图10-8 所有列查询

（4）在“SQL设计器”窗口，单击SQL设计器工具栏上的 按钮，运行SQL语句，完成查询，结果如图10-1所示。

10.3.2 指定列查询

（视频10–3：列查询）

语句格式为：

SELECT <目标列表达式>[，<目标列表达式>]...

FROM <表名或视图名>

【例 10-4 】已知表（record）的信息，查询表中部分列的信息

操作步骤如下：

（1）打开Workbench工具，连接目标数据库服务器，展开目标数据库的下拉菜单。

（2）在SCHEMAS区域，选择Tables中的表（record）为操作对象，右击后选择Select Rows – Limit 1000选项，如图10-4所示。

（3）在“SQL设计器”窗口，输入如下SQL语句，效果如图10-9所示。

```
SELECT book_id,read_time,word_num FROM record;
```

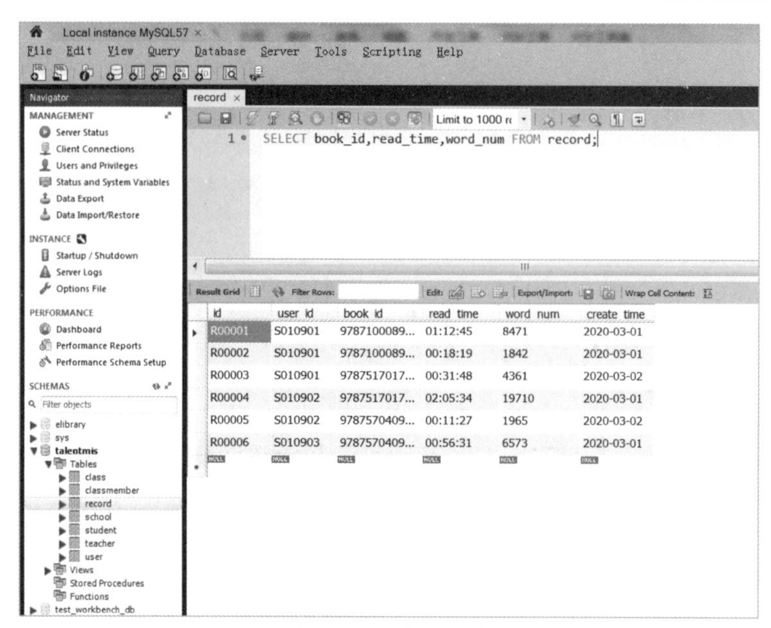

图10-9　指定列查询

（4）在“SQL设计器”窗口，单击SQL设计器工具栏上的 按钮，运行SQL语句，完成查询，结果如图10-10所示。

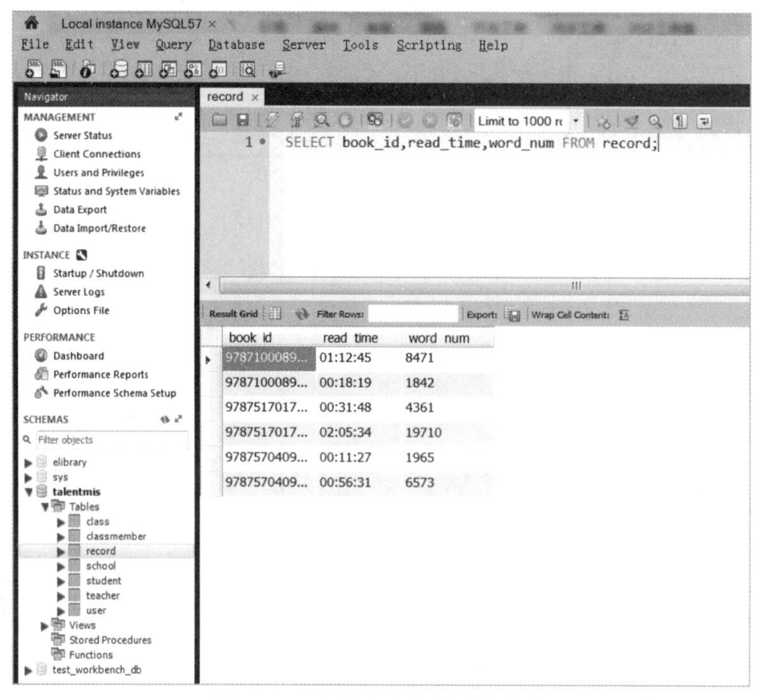

图10-10　查询表中部分列的信息

10.3.3 指定行查询

语句格式为：

SELECT [ALL|DISTINCT]

FROM <表名或视图名>

[WHERE <条件表达式>]

【例10-5】已知表(record)的信息，查询表中部分行的信息

操作步骤如下：

(1)打开Workbench工具，连接目标数据库服务器，展开目标数据库的下拉菜单。

(2)在SCHEMAS区域，选择Tables中的表(record)为操作对象，右击后选择Select Rows – Limit 1000选项，如图10-4所示。

(3)在“SQL设计器”窗口，输入如下SQL语句，效果如图10-11所示。

```
SELECT * FROM record WHERE word_num>8000;
```

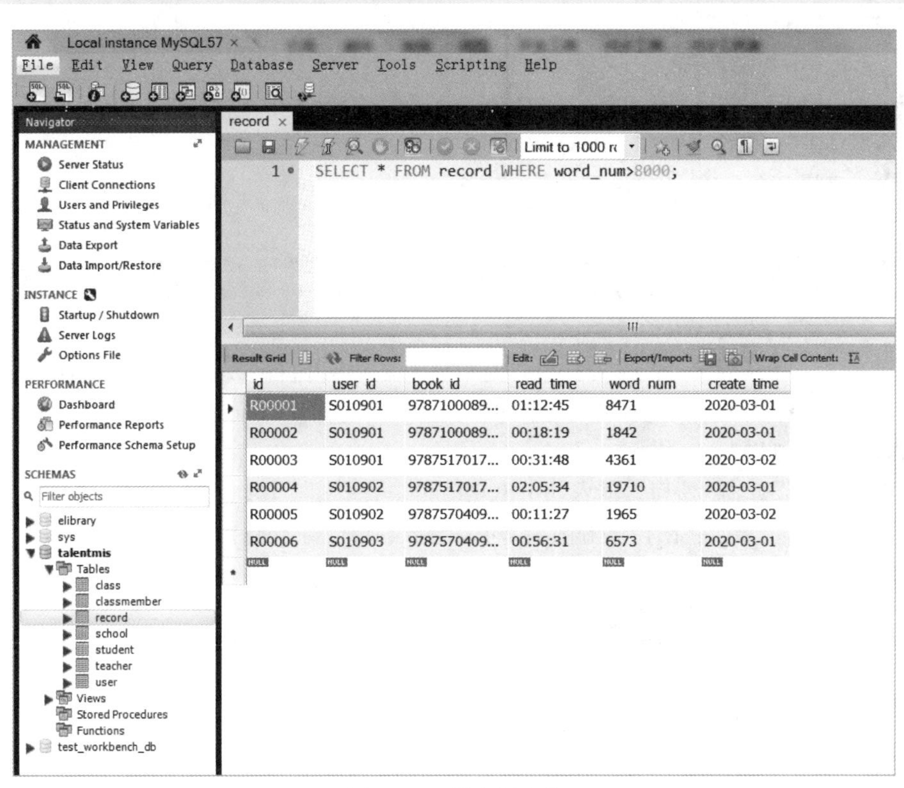

图10-11 指定行查询

(4)在“SQL设计器”窗口，单击SQL设计器工具栏上的 按钮，运行SQL语句，完成查询，结果如图10-12所示。

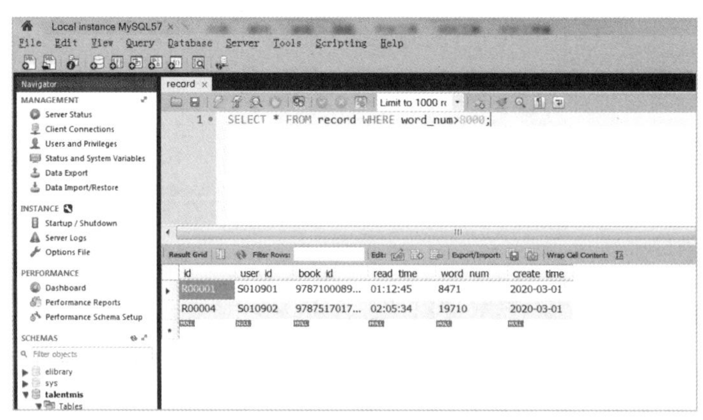

图10-12　查询表中部分行的信息

10.3.4　指定行和列查询

（视频10-4：行、列查询）

语句格式为：

SELECT [ALL|DISTINCT] <目标列表达式>
　　[，<目标列表达式>] …
FROM <表名或视图名>
[WHERE <条件表达式>]

【例10-6】已知表（record）的信息，查询表中部分行的信息

操作步骤如下：

（1）打开Workbench工具，连接目标数据库服务器，展开目标数据库的下拉菜单。

（2）在SCHEMAS区域，选择Tables中的表（record）为操作对象，右击后选择Select Rows – Limit 1000选项，如图10-10所示。

（3）在“SQL设计器”窗口，输入如下SQL语句，效果如图10-13所示。

```
SELECT id,user_id,book_id FROM record WHERE word_num<6000;
```

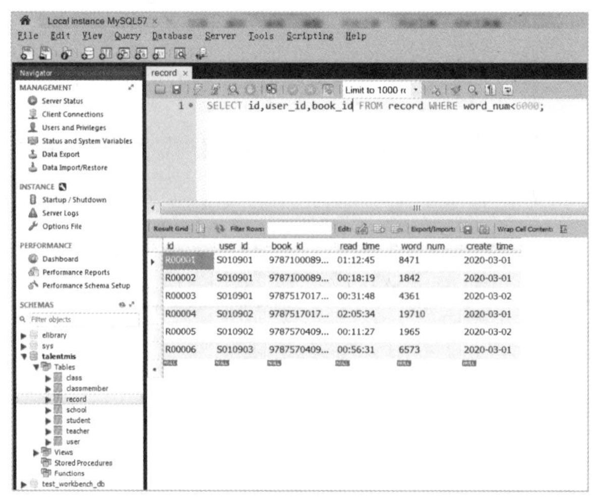

图10-13　指定行和列的查询

（4）在“SQL设计器”窗口，单击SQL设计器工具栏上的 按钮，运行SQL语句，完成查询，结果如图10-14所示。

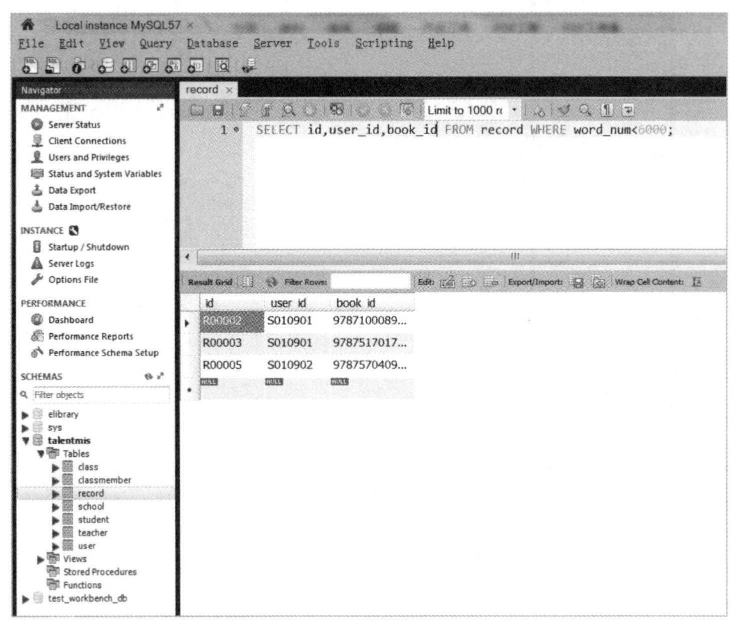

图10-14　查询表中部分行和列的信息

10.4 连接查询

把多个表的信息集中在一起，就要用到“连接”操作，SQL的连接操作是通过关联表间行的匹配而产生的结果。

10.4.1　两表所有列查询

（视频10-5：两表所有列查询）

语句格式为：

SELECT [ALL|DISTINCT]
FROM <表名或视图名>，<表名或视图名>
[WHERE <条件表达式>]

【例10-7】已知表（student和record）信息，查询全体学生阅读的情况

操作步骤如下：

（1）打开Workbench工具，连接目标数据库服务器，展开目标数据库的下拉菜单。

（2）在SCHEMAS区域，选择Tables中的表（student）为操作对象，右击后选择Select Rows – Limit 1000选项，如图10-11所示。

（3）在SCHEMAS区域，选择Tables中的表（record）为操作对象，右击后选择Select Rows – Limit 1000选项，如图10-14所示。

（4）在“SQL设计器”窗口，输入如下SQL语句，效果如图10-15所示。

```
SELECT * FROM student S,record R WHERE S.id = R.user_id;
```

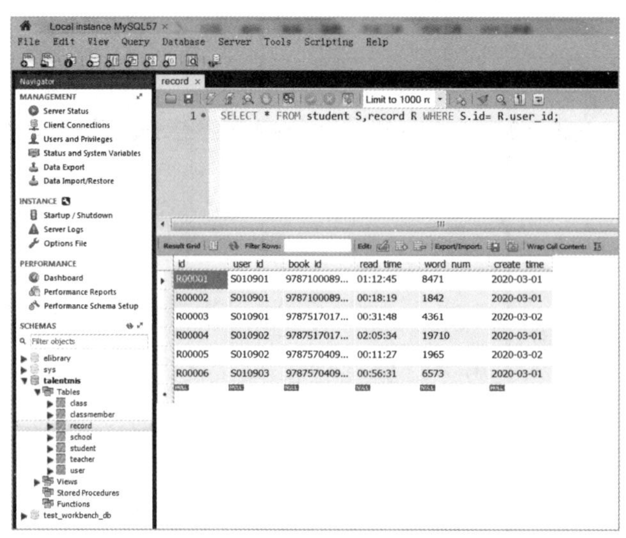

图10-15　两表所有列查询

（5）在“SQL设计器”窗口，单击SQL设计器工具栏上的按钮，运行SQL语句，完成查询，结果如图10-16所示。

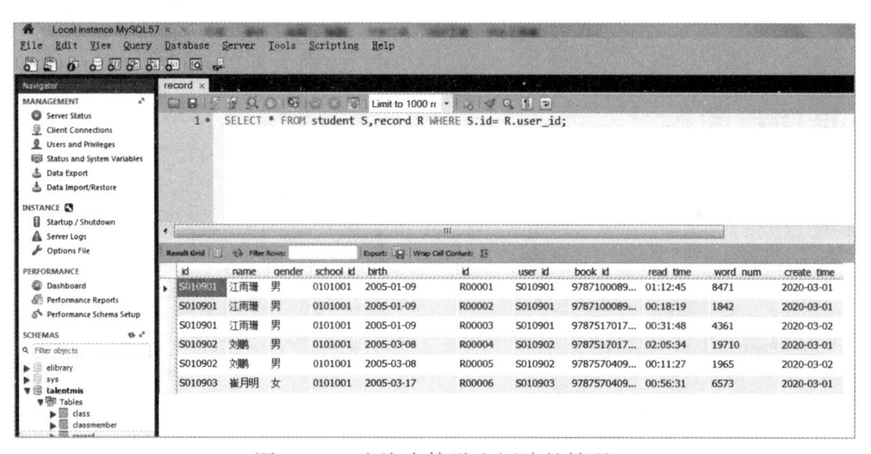

图10-16　查询全体学生阅读的情况

10.4.2　两表指定列查询

语句格式为：

SELECT <目标列表达式> [，<目标列表达式>] ...
FROM <表名或视图名>，<表名或视图名>
[WHERE <条件表达式>]

【例10-8】已知表（student和record）信息，查询全体学生的阅读时长和阅读字数

操作步骤如下：

（1）打开Workbench工具，连接目标数据库服务器，展开目标数据库的下拉菜单。

（2）在SCHEMAS区域，选择Tables中的表（student）为操作对象，右击后选择Select Rows –

Limit 1000选项，如图10-11所示。

（3）在SCHEMAS区域，选择Tables中的表（record）为操作对象，右击后选择Select Rows – Limit 1000选项，如图10-14所示。

（4）在“SQL设计器”窗口，输入如下SQL语句，效果如图10-17所示。

```
SELECT S.id,S.name,R.id,R.book_id,R.read_time,R.word_num
FROM student S,record R
WHERE S.id= R.user_id;
```

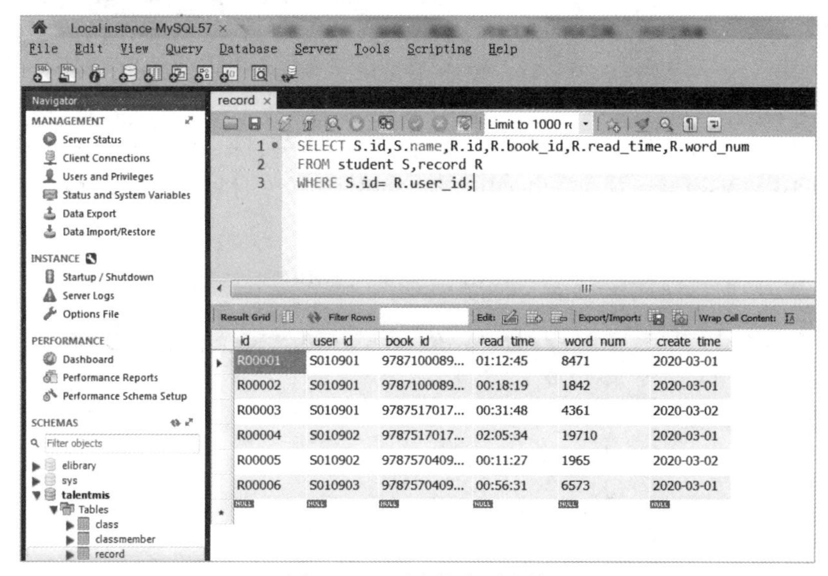

图10-17　两表指定列查询

（5）在“SQL设计器”窗口，单击SQL设计器工具栏上的 按钮，运行SQL语句，完成查询，结果如图10-18所示。

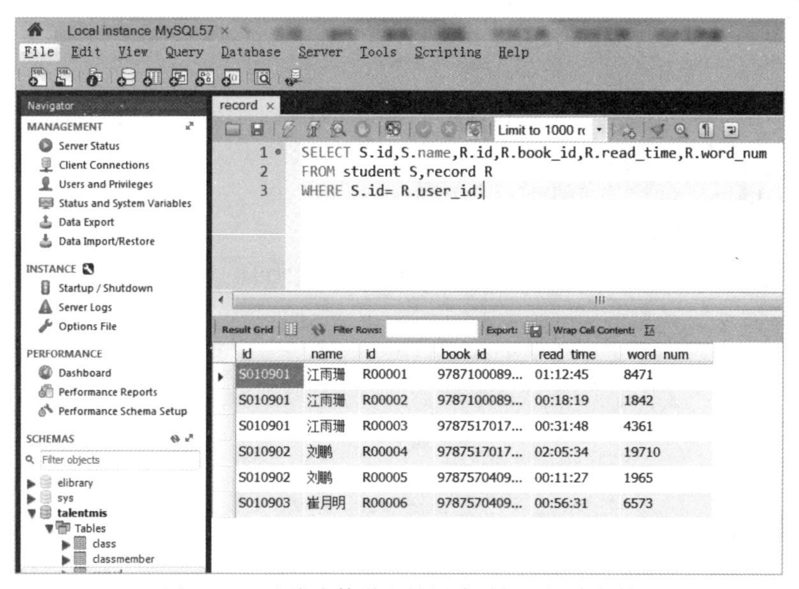

图10-18　查询全体学生的阅读时长和阅读字数

10.4.3 多表指定列查询

语句格式为：

SELECT <目标列表达式> [, <目标列表达式>] ...

FROM <表名或视图名>[, <表名或视图名>] ...

[WHERE <条件表达式>]

【例 10-9】已知表（book、student和record）信息，查询全体学生的阅读记录中的学生信息和图书信息（指定列为学生编号、学生姓名、书名、阅读时长和阅读字数）

操作步骤如下：

（1）打开Workbench工具，连接目标数据库服务器，展开目标数据库的下拉菜单。

（2）在SCHEMAS区域，选择Tables中的表（book）为操作对象，右击后选择Select Rows – Limit 1000选项，如图 10-19 所示。

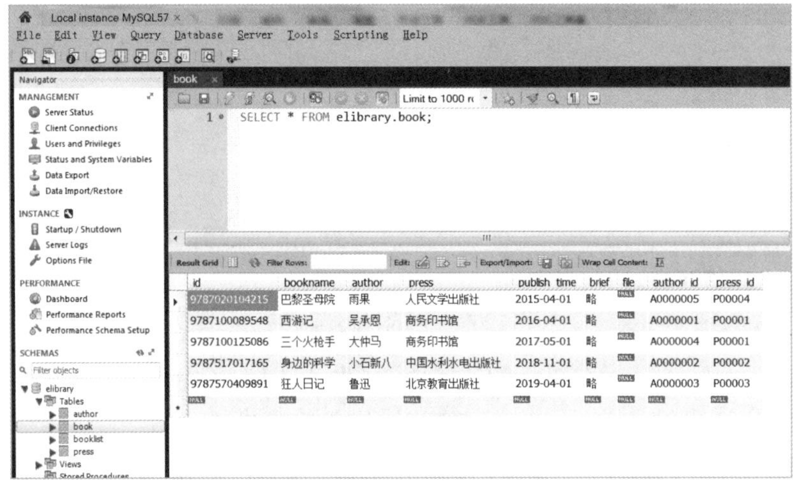

图 10-19 表（book）查询

（3）在SCHEMAS区域，选择Tables中的表（student）为操作对象，右击后选择Select Rows – Limit 1000选项，如图 10-1 所示。

（4）在SCHEMAS区域，选择Tables中的表（record）为操作对象，右击后选择Select Rows – Limit 1000选项，如图 10-14 所示。

（5）在“SQL设计器”窗口，输入如下SQL语句，效果如图 10-20 所示。

```
SELECT S.id,S.name,B.bookname,R.read_time,R.word_num
FROM student S,record R ,elibrary.book B
WHERE S.id= R.user_id AND R.book_id= B.id;
```

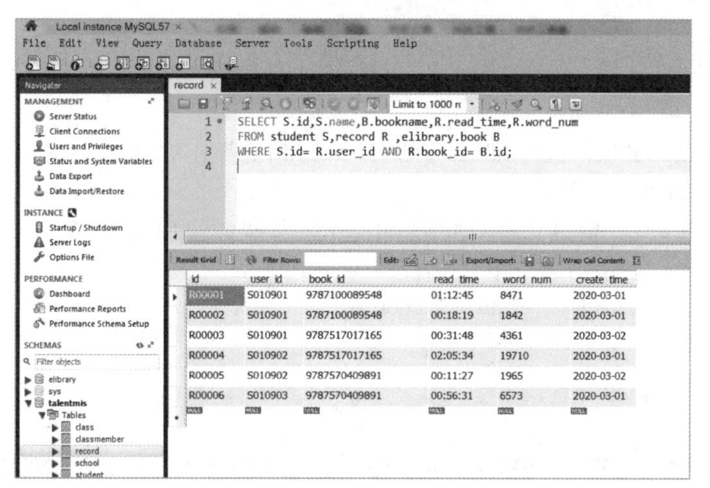

图10-20　多表指定列查询

(6)在“SQL设计器”窗口，单击SQL设计器工具栏上的⚡按钮，运行SQL语句，完成查询，结果如图10-21所示。

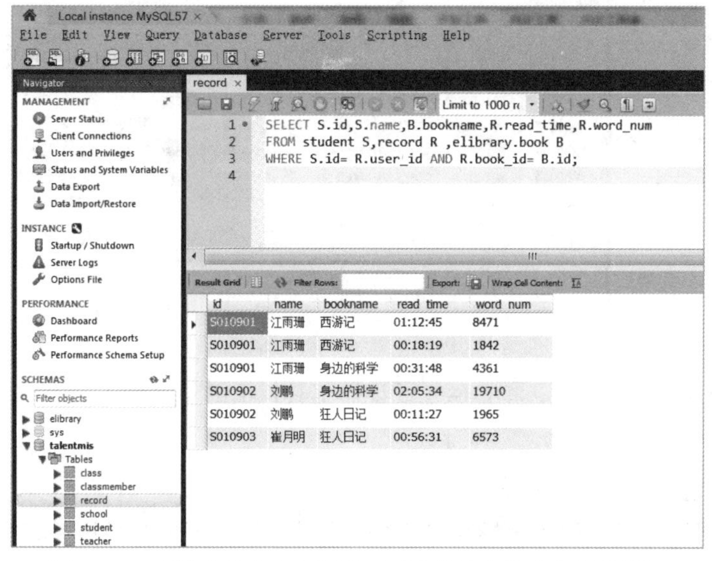

图10-21　查询全体学生的阅读记录中的学生信息和图书信息

10.4.4　多表指定行查询

语句格式为：

SELECT [ALL|DISTINCT]

FROM <表名或视图名>[, <表名或视图名>] ...

[WHERE <条件表达式>]

【例10-10】已知表(book、student和record)信息，查询学生江雨珊的全部阅读情况

操作步骤如下：

(1)打开Workbench工具，连接目标数据库服务器，展开目标数据库的下拉菜单。

(2)在SCHEMAS区域，选择Tables中的表(book)为操作对象，右击后选择Select Rows –

Limit 1000选项，如图10-19所示。

(3)在SCHEMAS区域，选择Tables中的表(student)为操作对象，右击后选择Select Rows – Limit 1000选项，如图10-1所示。

(4)在SCHEMAS区域，选择Tables中的表(record)为操作对象，右击后选择Select Rows – Limit 1000选项，如图10-14所示。

(5)在“SQL设计器”窗口，输入如下SQL语句，效果如图10-22所示。

```
SELECT *
FROM student S,record R ,elibrary.book B
WHERE S.id= R.user_id AND R.book_id= B.id AND S.name= ‘江雨珊’ ;
```

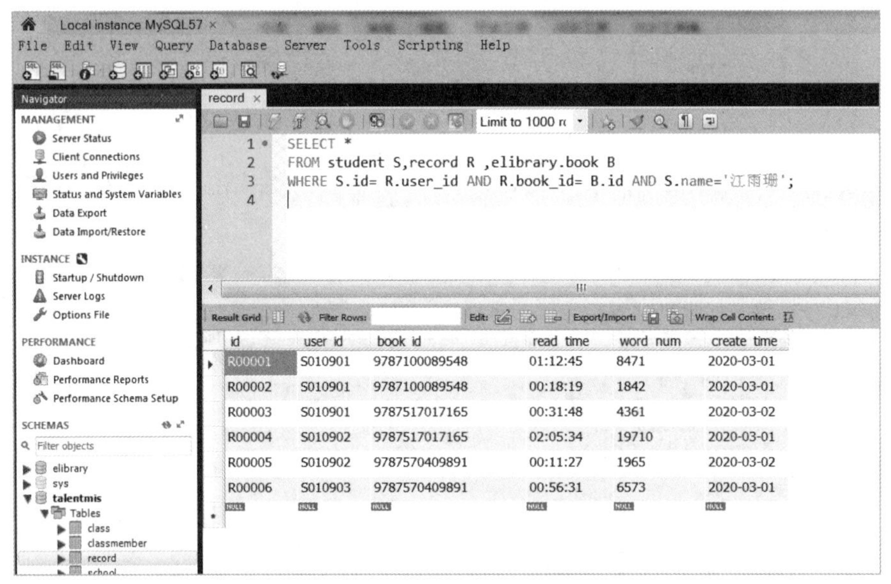

图10-22　多表指定列查询

(6)在“SQL设计器”窗口，单击SQL设计器工具栏上的按钮，运行SQL语句，完成查询，结果如图10-23所示。

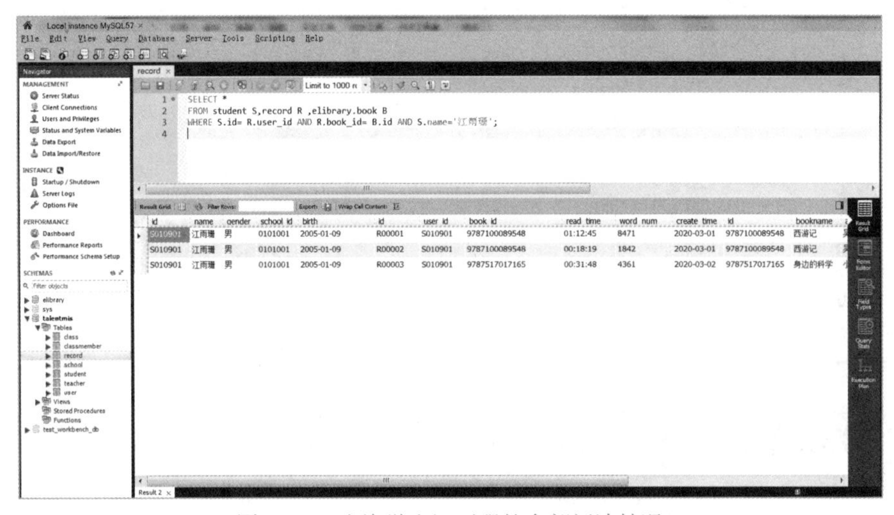

图10-23　查询学生江雨珊的全部阅读情况

10.4.5　多表指定行、列查询

（视频10–6：多表行、列查询）

语句格式为：

SELECT <目标列表达式> [，<目标列表达式>] …
FROM <表名或视图名>[，<表名或视图名>] …
[WHERE <条件表达式>]

【例10-11】已知表（book、student和record）信息，查询学生江雨珊的阅读情况（指定列为学生编号、学生姓名、书名、阅读时长和阅读字数）

操作步骤如下：

（1）打开Workbench工具，连接目标数据库服务器，展开目标数据库的下拉菜单。

（2）在SCHEMAS区域，选择Tables中的表（book）为操作对象，右击后选择Select Rows – Limit 1000选项，如图10-19所示。

（3）在SCHEMAS区域，选择Tables中的表（student）为操作对象，右击后选择Select Rows – Limit 1000选项，如图10-1所示。

（4）在SCHEMAS区域，选择Tables中的表（record）为操作对象，右击后选择Select Rows – Limit 1000选项，如图10-14所示。

（5）在“SQL设计器”窗口，输入如下SQL语句，效果如图10-24所示。

```
SELECT S.id,S.name,B.bookname,R.read_time,R.word_num
FROM student S,record R ,elibrary.book B
WHERE S.id= R.user_id AND R.book_id= B.id AND S.name= ‘江雨珊’ ;
```

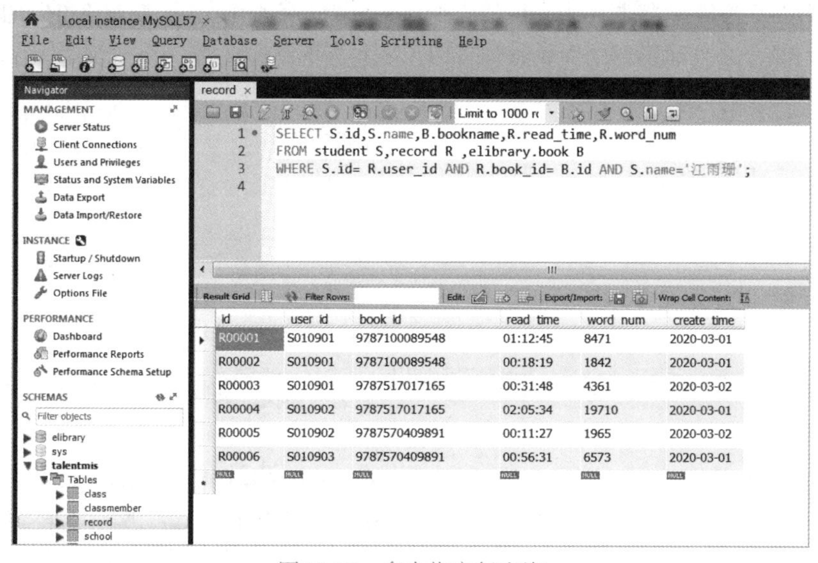

图10-24　多表指定行查询

（6）在“SQL设计器”窗口，单击SQL设计器工具栏上的 按钮，运行SQL语句，完成查询，结果如图10-25所示。

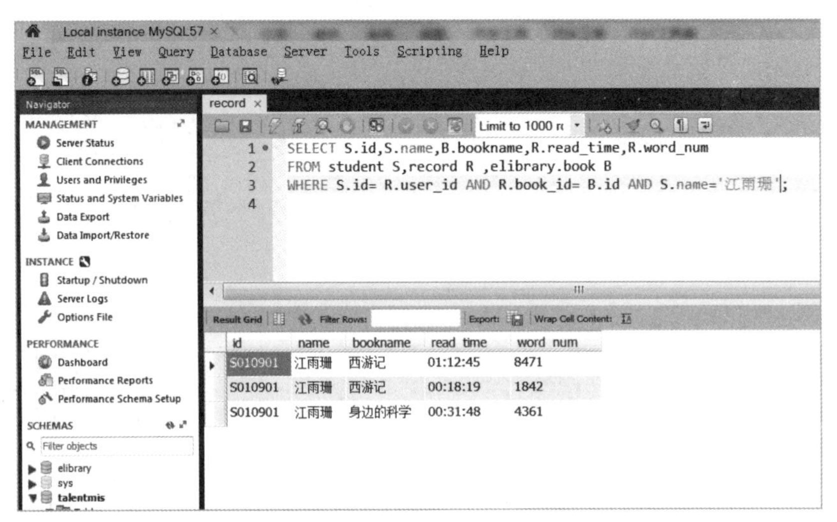

图10-25　查询学生江雨珊的部分阅读情况

10.5 多表嵌套查询

（视频10-7：多表嵌套查询）

扫一扫，看视频

在SQL语言中，一个SELECT...FROM...WHERE语句会产生一个新的数据集。将一个查询语句完全嵌套到另一个查询语句中的WHERE或HAVING的条件表达式中，这种查询称为嵌套查询。通常把内部的、被另一个查询语句调用的查询称为“子查询”，将调用子查询的查询语句称为“父查询”，子查询还可以调用子查询。SQL语言允许由一系列简单查询构成嵌套结构，从而实现嵌套查询，极大地增强了SQL的查询能力，使得用户视图的多样性大大提升。

语句格式为：

```
SELECT [ALL|DISTINCT] <目标列表达式>
        [, <目标列表达式>] ...
FROM <表名或视图名>, <表名或视图名>
[ WHERE <条件表达式> ]
[ GROUP BY <列名> [ HAVING <条件表达式> ] ]
```

【例10-12】已知表（book、student和record）信息，查询在2016年之后出版的图书阅读情况

操作步骤如下：

（1）打开Workbench工具，连接目标数据库服务器，展开目标数据库的下拉菜单。

（2）在SCHEMAS区域，选择Tables中的表（book）为操作对象，右击后选择Select Rows – Limit 1000选项，如图10-19所示。

（3）在SCHEMAS区域，选择Tables中的表（student）为操作对象，右击后选择Select Rows – Limit 1000选项，如图10-1所示。

（4）在SCHEMAS区域，选择Tables中的表（record）为操作对象，右击后选择Select Rows – Limit 1000选项，如图10-14所示。

（5）在“SQL设计器”窗口，输入如下SQL语句，效果如图10-26所示。

```
SELECT S.id,S.name,R.read_time,R.word_num
FROM student S,record R
WHERE S.id= R.user_id AND R.book_id IN
(SELECT id FROM elibrary.book WHERE publish_time>'2016-01-01');
```

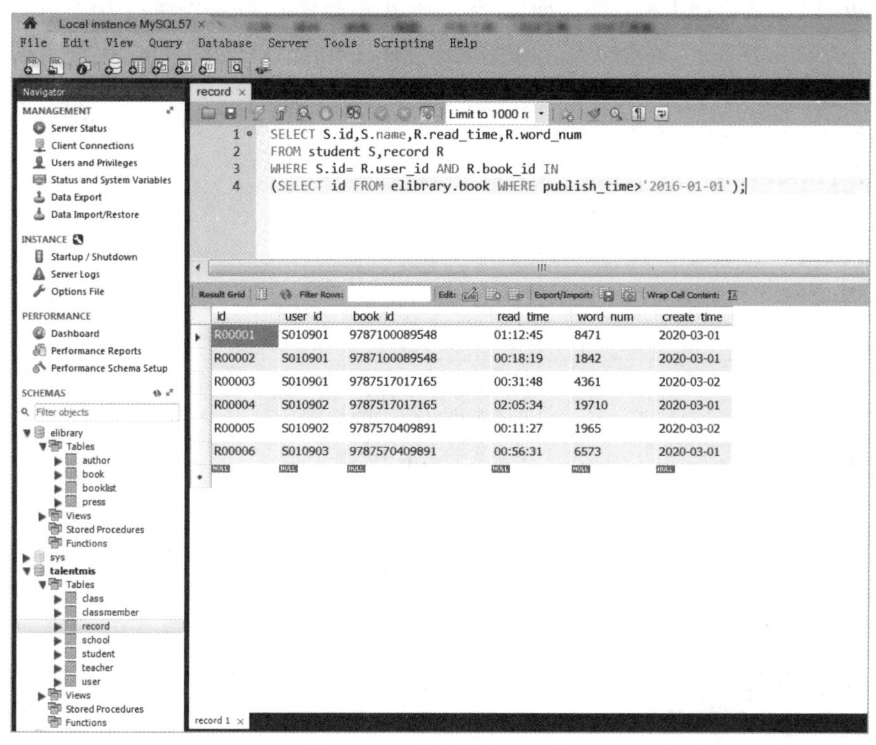

图10-26　多表指定行查询

（6）在“SQL设计器”窗口，单击SQL设计器工具栏上的按钮，运行SQL语句，完成查询，结果如图10-27所示。

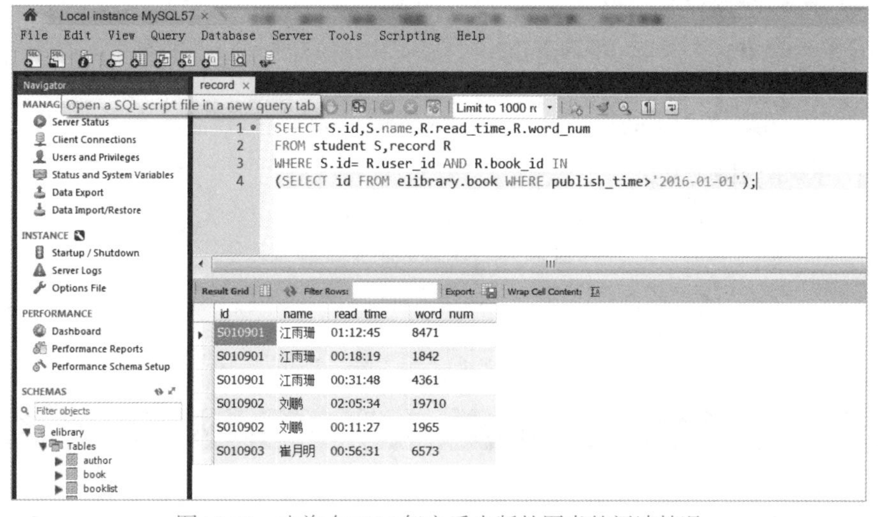

图10-27　查询在2016年之后出版的图书的阅读情况

10.6 子查询

子查询就是特殊“条件”查询，它完成的是关系运算，这样子查询可以出现在允许表达式出现的地方。嵌套查询的求解是由内到外进行的，先执行最内层的子查询，依次由内到外完成计算。每个子查询在其上一级查询未处理之前已完成计算，其结果将作为父查询的查询条件。

引出子查询的关键字：

（1）带有IN关键字的子查询。

（2）带有比较运算符的子查询。

（3）带有EXISTS关键字的子查询。

（4）带有ANY或ALL关键字的子查询。

表10-2是ANY、ALL与比较运算符结合的功能说明。

表 10-2　ANY、ALL 与比较运算符结合的功能说明

运算符	功能
> ANY	大于子查询结果中的某个值
> ALL	大于子查询结果中的所有值
< ANY	小于子查询结果中的某个值
< ALL	小于子查询结果中的所有值
>= ANY	大于等于子查询结果中的某个值
>= ALL	大于等于子查询结果中的所有值
<= ANY	小于等于子查询结果中的某个值
<= ALL	小于等于子查询结果中的所有值
= ANY	等于子查询结果中的某个值
=ALL	等于子查询结果中的所有值
!= （或 <> ） ANY	不等于子查询结果中的某个值
!= （或 <> ） ALL	不等于子查询结果中的任何一个值

10.6.1　带 IN 关键字的子查询

（视频10–8：带IN关键字的查询）

扫一扫，看视频

语句格式为：

```
SELECT [ALL|DISTINCT] <目标列表达式>
                [, <目标列表达式>] …
FROM <表名或视图名>, <表名或视图名>
[ WHERE  <条件表达式> ]
[ GROUP BY <列名> [ HAVING  <条件表达式> ] ]
```

【例 10-13】已知表（student和record）信息，查询图书编号为9787517017165的阅读信息

操作步骤如下：

（1）打开Workbench工具，连接目标数据库服务器，展开目标数据库的下拉菜单。

（2）在SCHEMAS区域，选择Tables中的表（student）为操作对象，右击后选择Select Rows –

Limit 1000选项，如图10-1所示。

（3）在SCHEMAS区域，选择Tables中的表（record）为操作对象，右击后选择Select Rows – Limit 1000选项，如图10-4所示。

（4）在“SQL设计器”窗口，输入如下SQL语句，效果如图10-28所示。

```
SELECT S.id,S.name,R.read_time,R.word_sum
FROM student AS S,record AS R
WHERE T.user_id=S.id AND S.id IN
(SELECT user_id FROM record WHERE book_id= '9787517017165');
```

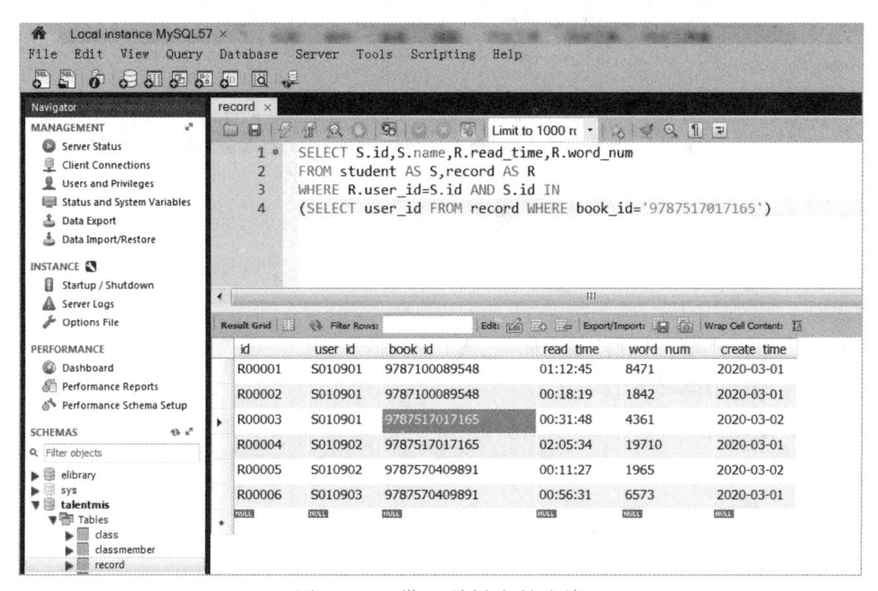

图10-28　带IN关键字的查询

（5）在“SQL设计器”窗口，单击SQL设计器工具栏上的⚡按钮，运行SQL语句，完成查询，结果如图10-29所示。

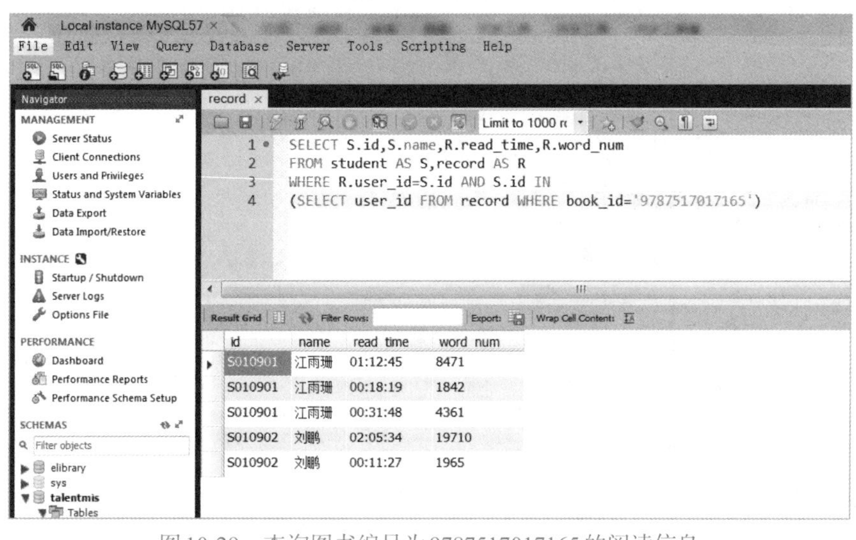

图10-29　查询图书编号为9787517017165的阅读信息

10.6.2 带比较运算符的子查询

（视频10–9：带比较运算符的查询）

扫一扫，看视频

语句格式为：

SELECT [ALL|DISTINCT] <目标列表达式>
                [，<目标列表达式>] ...
FROM <表名或视图名>[，<表名或视图名>] ...
[WHERE <条件表达式>]
[GROUP BY <列名> [HAVING <条件表达式>]]

【例 10-14】已知表（student和record）信息，查询阅读总字数超过 10000 的学生信息

操作步骤如下：

（1）打开Workbench工具，连接目标数据库服务器，展开目标数据库的下拉菜单。

（2）在SCHEMAS区域，选择Tables中的表（student）为操作对象，右击后选择Select Rows – Limit 1000选项，如图10-1所示。

（3）在SCHEMAS区域，选择Tables中的表（record）为操作对象，右击后选择Select Rows – Limit 1000选项，如图10-4所示。

（4）在“SQL设计器”窗口，输入如下SQL语句，效果如图10-30所示。

```
SELECT S.id,S.name,T.word_sum
FROM student AS S,
(SELECT user_id,SUM(word_num) AS word_sum
FROM record group by user_id
HAVING SUM(word_num)>10000) AS T
WHERE T.user_id=S.id;
```

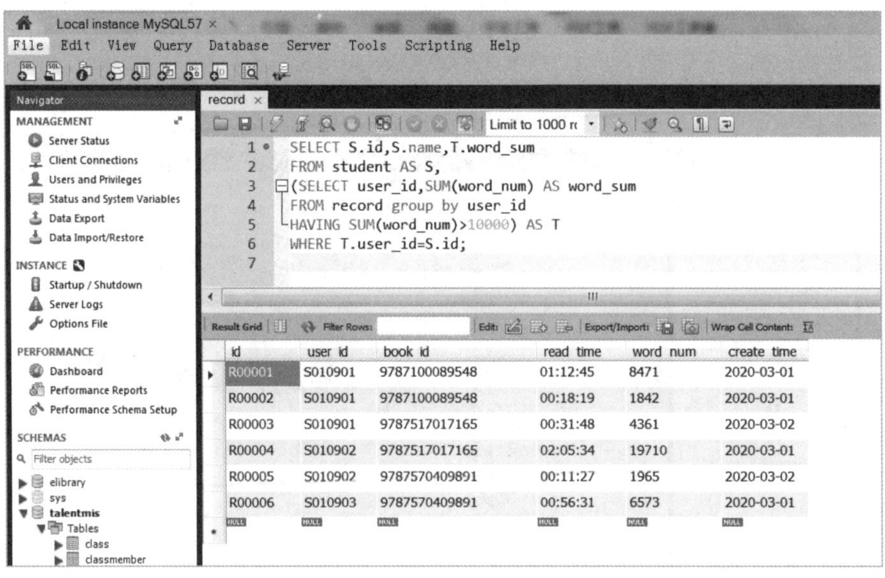

图 10-30　带比较运算符的查询

（5）在“SQL设计器”窗口，单击SQL设计器工具栏上的按钮，运行SQL语句，完成查询，结果如图10-31所示。

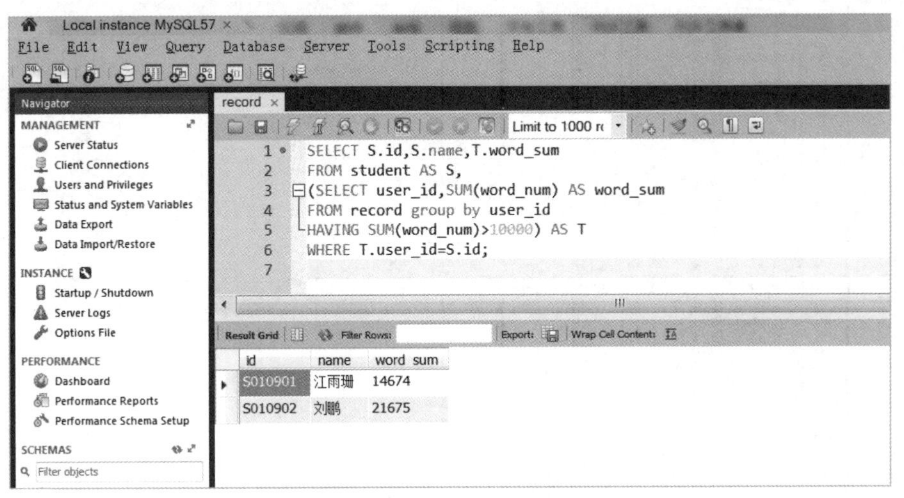

图 10-31　查询阅读总字数超过 10000 字的学生信息

10.6.3　带 ANY 关键字的子查询

（视频 10-10：带ANY关键字的子查询）

语句格式为：

SELECT [ALL|DISTINCT] <目标列表达式>

[，<目标列表达式>] ...

FROM <表名或视图名>[, <表名或视图名>] ...

[WHERE ANY <条件表达式>]

[GROUP BY <列名> [HAVING ANY <条件表达式>]]

【例 10-15】已知表（student）信息，查询比任意女同学年龄大的男同学列表

操作步骤如下：

（1）打开Workbench工具，连接目标数据库服务器，展开目标数据库的下拉菜单。

（2）在SCHEMAS区域，选择Tables中的表（student）为操作对象，右击后选择Select Rows – Limit 1000选项，如图 10-1 所示。

（3）在“SQL设计器”窗口，输入如下SQL语句，效果如图 10-32 所示。

```
SELECT * FROM student
WHERE gender='男'
AND birth < ANY
(SELECT birth FROM student
WHERE gender='女');
```

（4）在“SQL设计器”窗口，单击SQL设计器工具栏上的 按钮，运行SQL语句，完成查询，结果如图 10-33 所示。

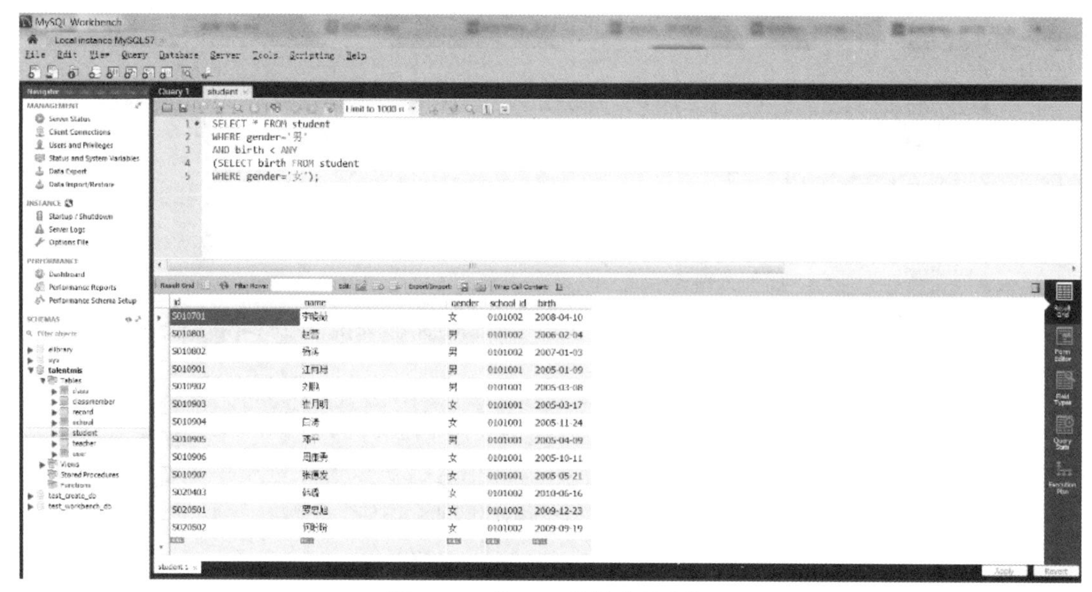

图10-32　带ANY关键字的查询

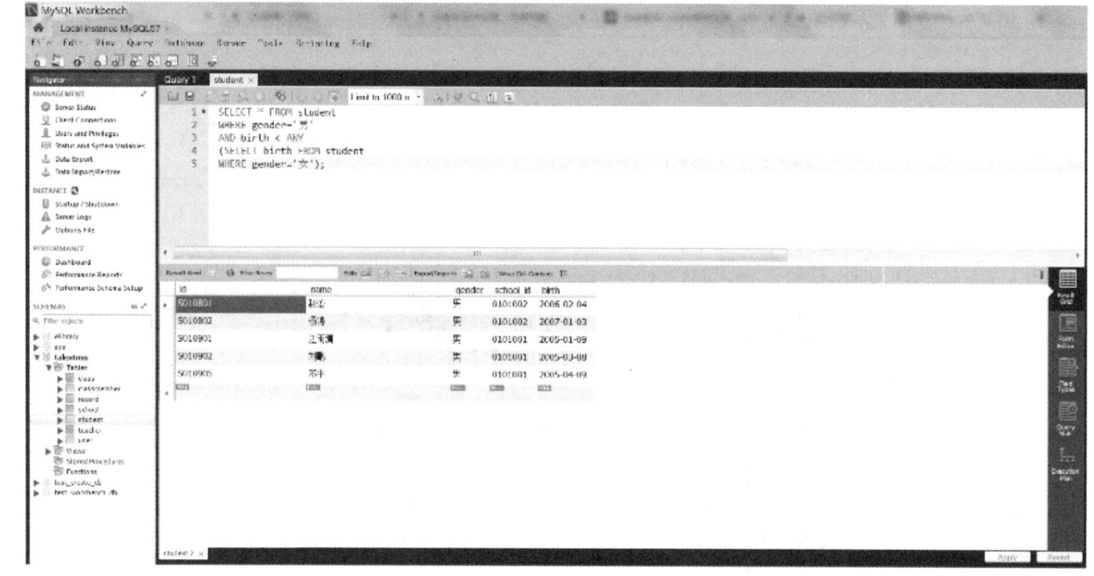

图10-33　查询比任意女同学年龄大的男同学列表

10.6.4　带 ALL 关键字的子查询

（视频10–11：带ALL关键字的子查询）

扫一扫，看视频

语句格式为：

SELECT [ALL|DISTINCT] <目标列表达式>

　　[，<目标列表达式>] ...

FROM <表名或视图名>[, <表名或视图名>] ...

[WHERE ALL <条件表达式>]

[GROUP BY <列名> [HAVING ALL <条件表达式>]]

【例10-16】已知表（student）信息，查询比所有女同学年龄大的男同学列表

操作步骤如下：

（1）打开Workbench工具，连接目标数据库服务器，展开目标数据库的下拉菜单。

（2）在SCHEMAS区域，选择Tables中的表（student）为操作对象，右击后选择Select Rows – Limit 1000选项，如图10-1所示。

（3）在“SQL设计器”窗口，输入如下SQL语句，效果如图10-34所示。

```
SELECT * FROM student
WHERE gender='男'
AND birth < ALL
(SELECT birth FROM student
WHERE gender='女');
```

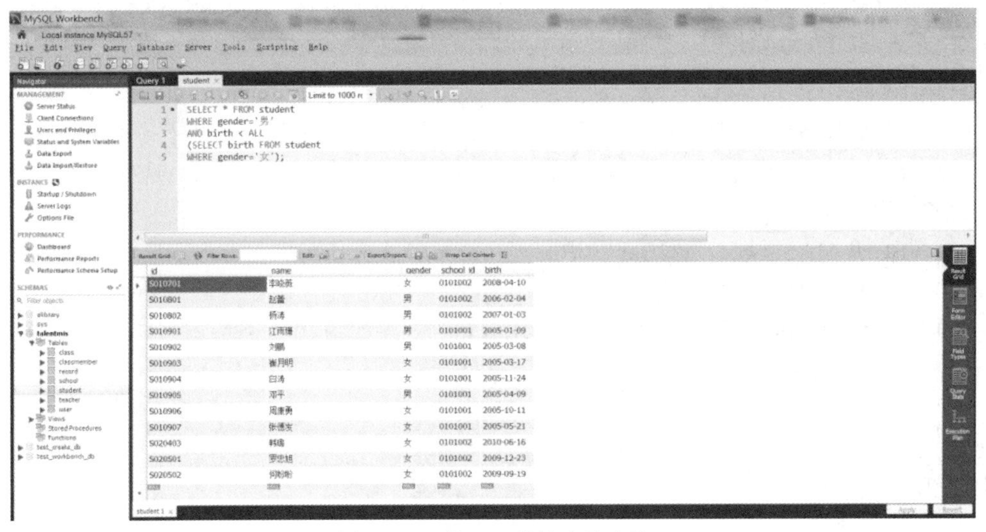

图10-34　带ALL关键字的查询

（4）在“SQL设计器”窗口，单击SQL设计器工具栏上的 按钮，运行SQL语句，完成查询，结果如图10-35所示。

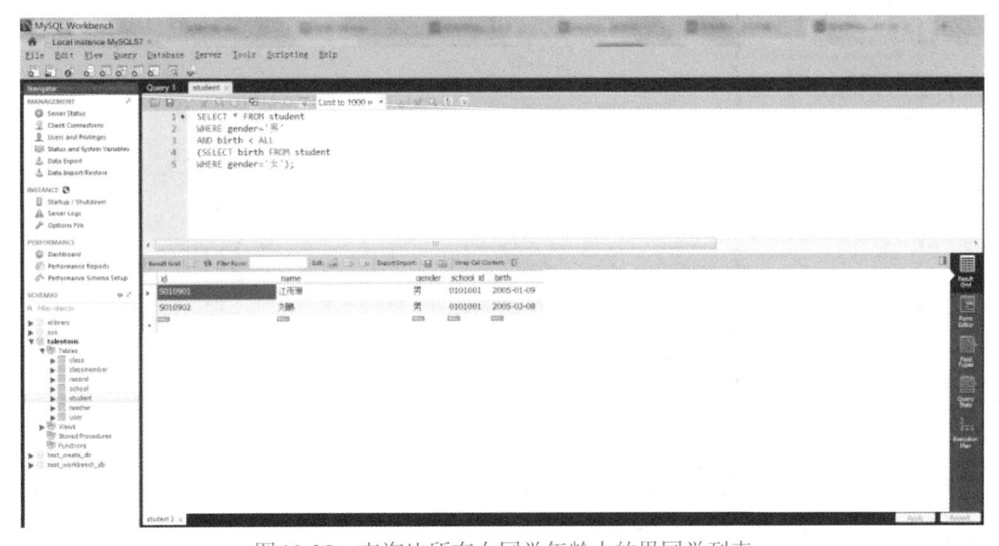

图10-35　查询比所有女同学年龄大的男同学列表

10.6.5 带EXISTS关键字的子查询

（视频10-12：带EXISTS关键字的子查询）

扫一扫，看视频

语句格式为：

SELECT [ALL|DISTINCT] <目标列表达式>

[, <目标列表达式>] ...

FROM <表名或视图名>[, <表名或视图名>] ...

[WHERE EXISTS <条件表达式>]

[GROUP BY <列名> [HAVING EXISTS <条件表达式>]]

【例10-17】已知表（student和record）信息，查询阅读过图书编号为9787517017165的图书的学生列表

操作步骤如下：

（1）打开Workbench工具，连接目标数据库服务器，展开目标数据库的下拉菜单。

（2）在SCHEMAS区域，选择Tables中的表（student）为操作对象，右击后选择Select Rows – Limit 1000选项，如图10-1所示。

（3）在SCHEMAS区域，选择Tables中的表（record）为操作对象，右击后选择Select Rows – Limit 1000选项，如图10-4所示。

（4）在“SQL设计器”窗口，输入如下SQL语句，效果如图10-36所示。

```
SELECT * FROM student S
WHERE EXISTS
(SELECT * FROM record
WHERE user_id=S.id
AND book_id='9787517017165');
```

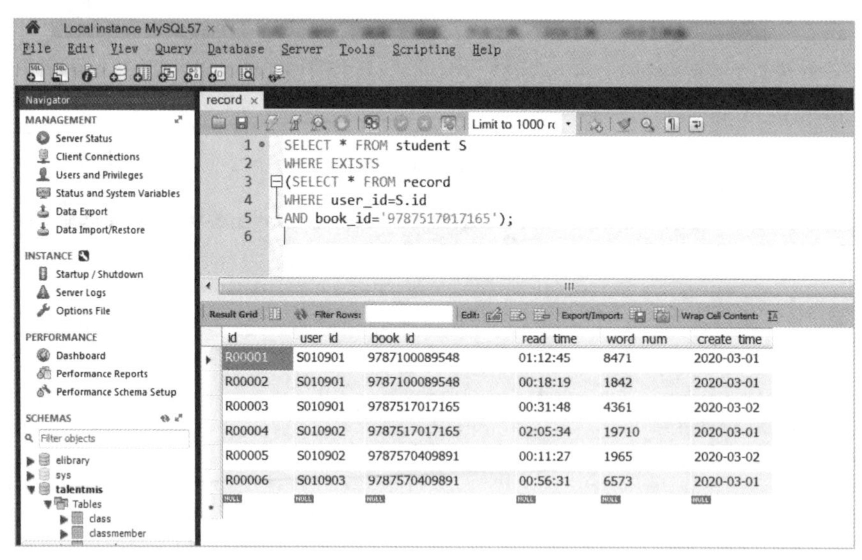

图10-36 带EXISTS关键字的查询

（5）在“SQL设计器”窗口，单击SQL设计器工具栏上的⚡按钮，运行SQL语句，完成查询，结果如图10-37所示。

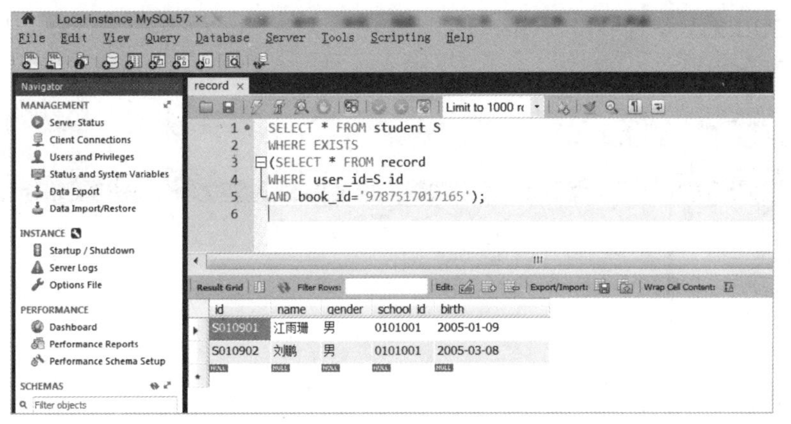

图 10-37　查询阅读过图书编号为9787517017165的图书的学生列表

10.7 案例：查询"图书资源"数据库的信息

本节将结合"图书资源"数据库内容，介绍查询"图书资源"数据库的信息案例。

(视频10–13：查询图书信息)

10.7.1　查找指定年份出版的图书信息

操作步骤如下：

(1) 打开Workbench工具，连接目标数据库服务器，展开目标数据库的下拉菜单。

(2) 在SCHEMAS区域，选择Tables中的表(book)为操作对象，右击后选择Select Rows – Limit 1000选项，如图10-19所示。

(3) 在"SQL设计器"窗口，输入如下SQL语句，效果如图10-38所示。

```
SELECT * FROM book
WHERE publish_time>'2018-01-01';
```

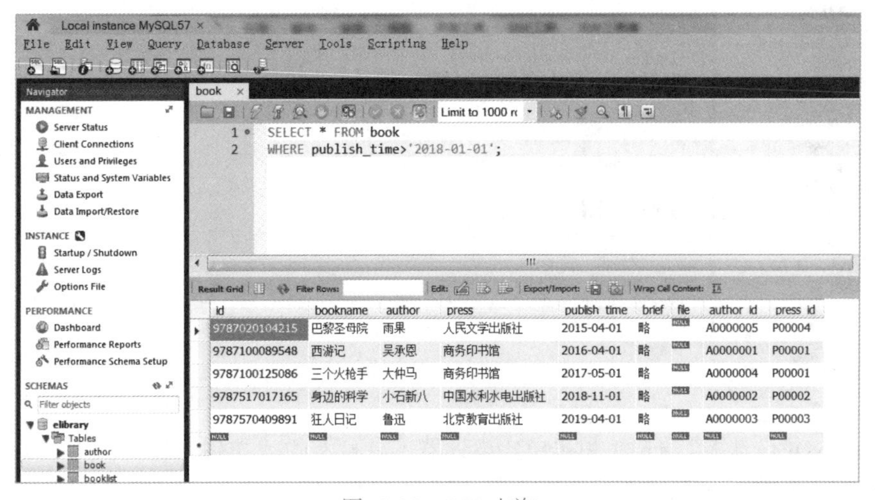

图 10-38　SQL查询

（4）在“SQL设计器”窗口，单击SQL设计器工具栏上的⚡按钮，运行SQL语句，完成查询，结果如图10-39所示。

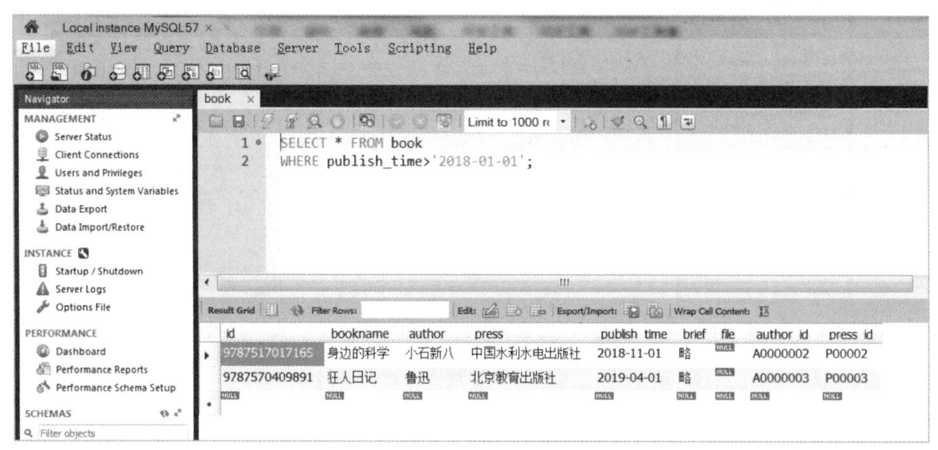

图10-39　查询指定年份出版的图书信息

10.7.2　查找指定书名、指定出版社的图书信息

操作步骤如下：

（1）打开Workbench工具，连接目标数据库服务器，展开目标数据库的下拉菜单。

（2）在SCHEMAS区域，选择Tables中的表（book）为操作对象，右击后选择Select Rows – Limit 1000选项，如图10-19所示。

（3）在“SQL设计器”窗口，输入如下SQL语句，效果如图10-40所示。

```
SELECT * FROM book
WHERE bookname='狂人日记' AND press='北京教育出版社';
```

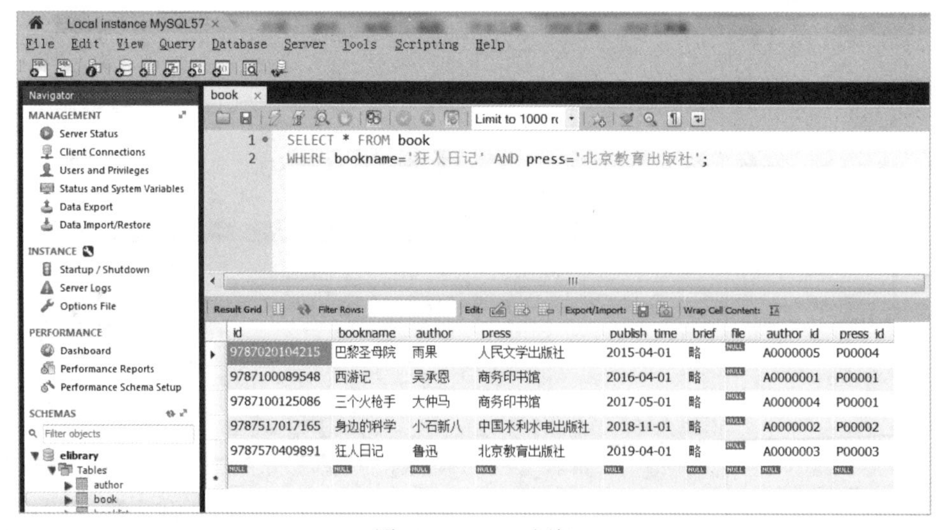

图10-40　SQL查询

（4）在“SQL设计器”窗口，单击SQL设计器工具栏上的⚡按钮，运行SQL语句，完成查询，结果如图10-41所示。

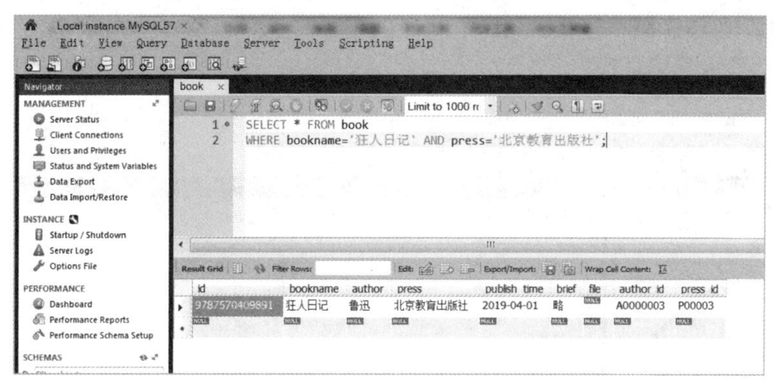

图10-41　查询指定书名、指定出版社的图书信息

10.8 案例：查询“校园阅读”数据库的信息

本节将结合“校园阅读”数据库内容，介绍查询“校园阅读”数据库的信息案例。（视频10–14：查询阅读信息）

10.8.1　查询阅读总字数最多的班级信息

操作步骤如下：

（1）打开Workbench工具，连接目标数据库服务器，展开目标数据库的下拉菜单。

（2）在SCHEMAS区域，选择Tables中的表（student）为操作对象，右击后选择Select Rows – Limit 1000选项，如图10-1所示。

（3）在SCHEMAS区域，选择Tables中的表（record）为操作对象，右击后选择Select Rows – Limit 1000选项，如图10-4所示。

（4）在SCHEMAS区域，选择Tables中的表（classmember）为操作对象，右击后选择Select Rows–Limit 1000选项，如图10-42所示。

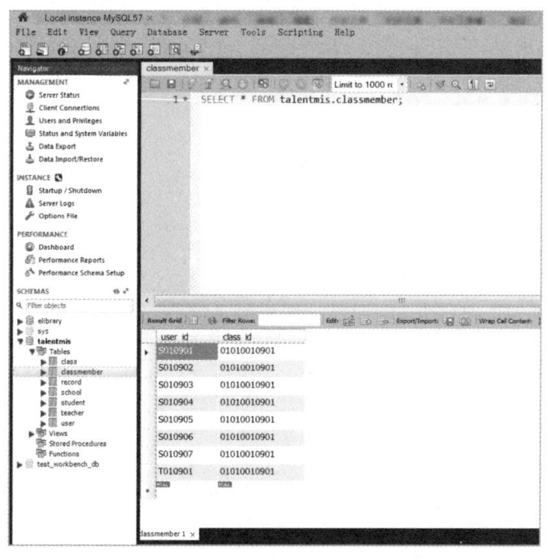

图10-42　表（classmember）中的数据

（5）在SCHEMAS区域，选择Tables中的表（class）为操作对象，右击后选择Select Rows – Limit 1000选项，如图10-43所示。

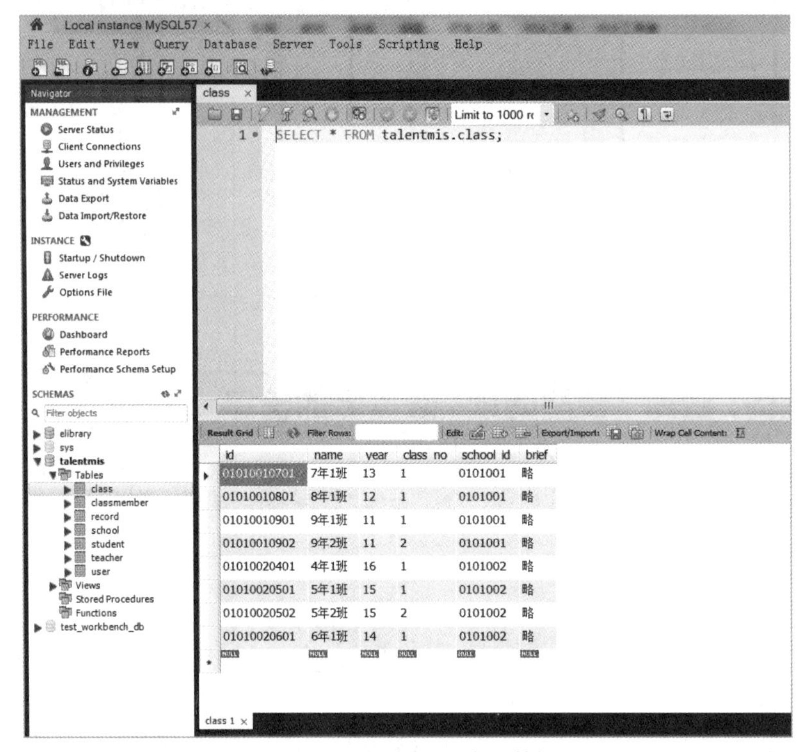

图10-43　表（class）中的数据

（6）在“SQL设计器”窗口，输入如下SQL语句，效果如图10-44所示。

```
SELECT *
FROM class C,
(SELECT CM.class_id,SUM(SR.word_sum)
FROM
classmember AS CM ,
(SELECT S.id,S.name,SUM(word_num) AS word_sum
FROM student S, record R
WHERE S.id=R.user_id
group by R.user_id) AS SR
WHERE CM.user_id=SR.id
group by CM.class_id
order by SR.word_sum DESC
LIMIT 1) AS CMSR
WHERE C.id=CMSR.class_id
```

（7）在“SQL设计器”窗口，单击SQL设计器工具栏上的按钮，运行SQL语句，完成查询，结果如图10-45所示。

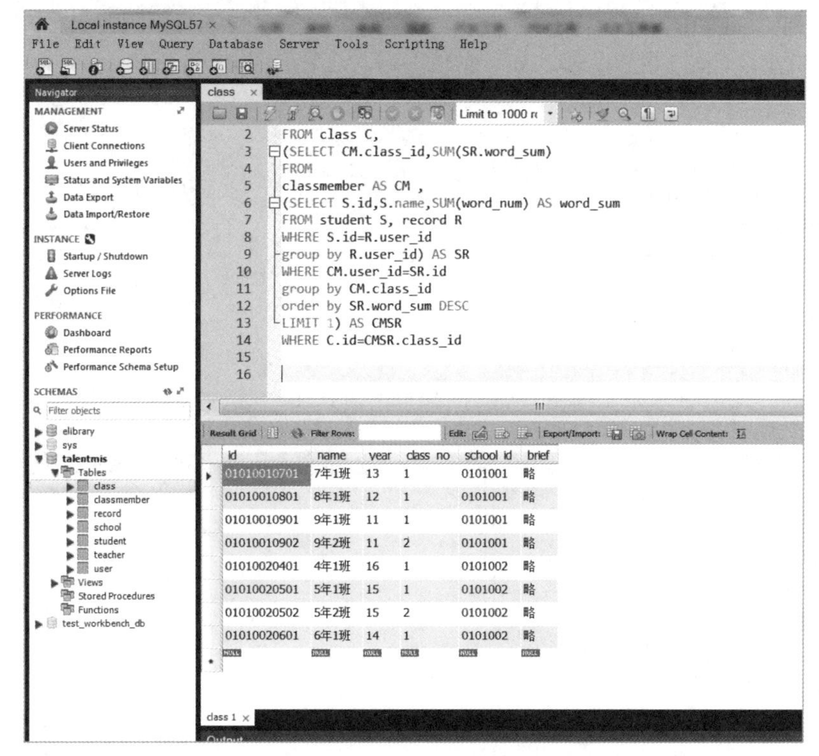

图10-44 SQL查询

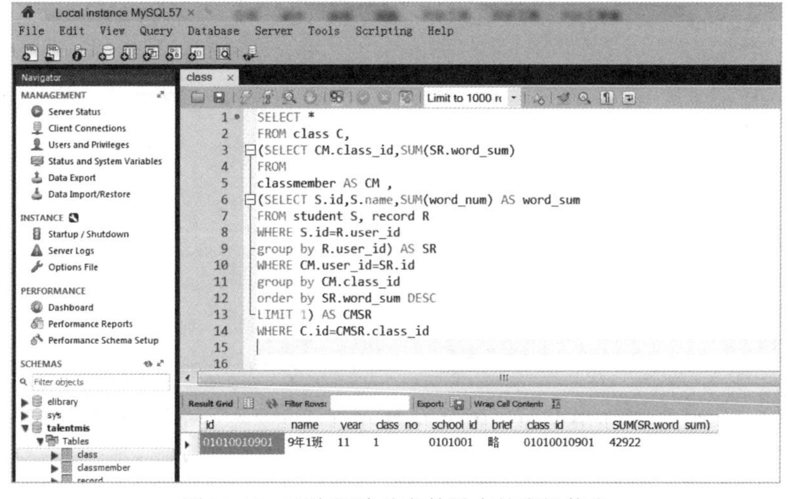

图10-45 查询阅读总字数最多的班级信息

10.8.2 查询阅读总时长排名前3的学生信息

操作步骤如下：

(1)打开Workbench工具，连接目标数据库服务器，展开目标数据库的下拉菜单。

(2)在SCHEMAS区域，选择Tables中的表(student)为操作对象，右击后选择Select Rows – Limit 1000选项，如图10-1所示。

(3)在SCHEMAS区域，选择Tables中的表(record)为操作对象，右击后选择Select Rows –

Limit 1000选项，如图10-19所示。

（4）在“SQL设计器”窗口，输入如下SQL语句，效果如图10-46所示。

```
SELECT *
FROM student S,
(SELECT *,SUM(read_time) AS time_sum
FROM talentmis.record
GROUP BY user_id
ORDER BY time_sum DESC
LIMIT 3
) AS RS
WHERE S.id=RS.user_id
```

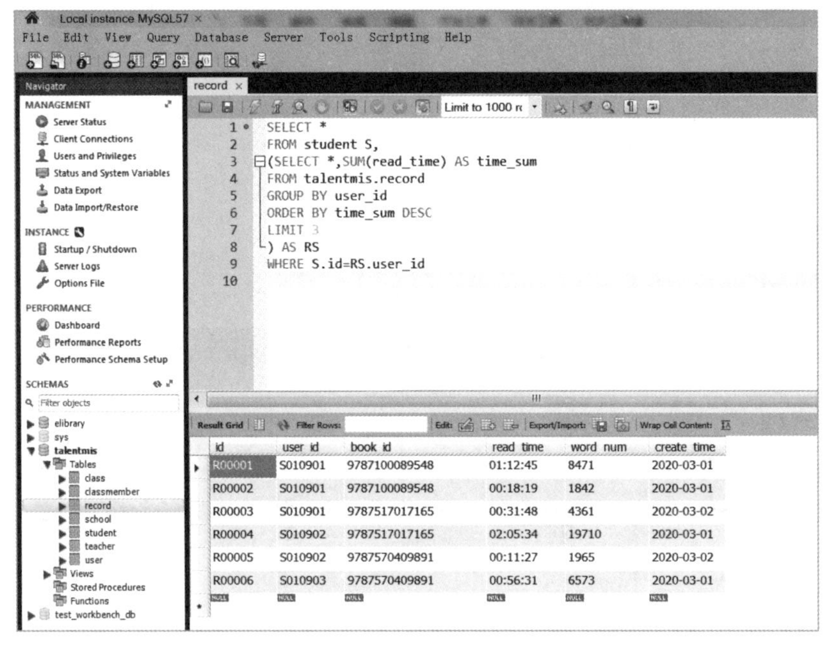

图10-46 SQL查询

（5）在“SQL设计器”窗口，单击SQL设计器工具栏上的 按钮，运行SQL语句，完成查询，结果如图10-47所示。

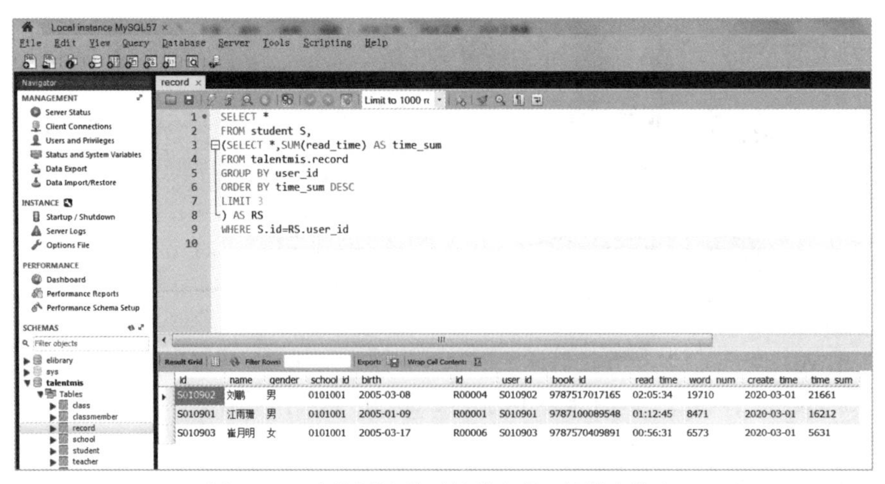

图10-47 查询阅读总时长排名前3的学生信息

10.9 习题十

1.简答题

(1)简述MySQL中关键字IN和EXISTS的区别。

(2)简述什么是子查询，以及子查询经常在什么场合使用。

2.选择题

(1)在SQL语句中修改表结构时，用于添加字段属性的关键字是(　　)。

A. ALTER　　B. ADD　　C. DROP　　D. MODIFY

(2)以下选项中不可以用DROP关键词进行删除的是(　　)。

A. 数据库　　B. 数据　　C. 表结构　　D. 视图

3.操作题

(1)已知数据库(elibrary)的图书表(book)和书库表(booklist)，设计SQL语句，查询出每本书有多少个书库进行了收录。

(2)已知数据库(my_workbench_db)的学生表(Student)、课程表(Course)和成绩表(Score)，设计SQL语句，查询出学生"马包幅"的学习情况，包括学号、学生姓名、性别、出生年月、课程名称、学分、成绩。

(3)已知数据库(my_workbench_db)的学生表(Student)、课程表(Course)和成绩表(Score)，设计SQL语句，查询出指定列数据，包括学号、学生姓名、课程名称、学分、成绩。

(4)已知数据库(my_workbench_db)的学生表(Student)、课程表(Course)和成绩表(Score)，设计SQL语句，结合集合函数查询出哪个学生的平均成绩最高。

(5)已知数据库(my_workbench_db)的学生表(Student)、课程表(Course)和成绩表(Score)，设计SQL语句，结合集合函数查询出哪个课程的学生成绩总和最高。

(6)已知数据库(my_workbench_db)的学生表(Student)、课程表(Course)和成绩表(Score)，设计SQL语句，查询出的2002年出生的学生的学习情况，包括学号、学生姓名、性别、出生年月、课程名称、学分、成绩。

第 11 章

存储过程操作

学习目标

本章主要讲解 MySQL 存储过程，包括存储过程概述、创建存储过程、查看和调用存储过程，以及维护存储过程，并以“校园阅读”数据库为例进行实际操作演示。通过本章的学习，读者可以：

- 熟悉存储过程的创建
- 掌握存储过程的调用
- 熟悉维护和使用存储过程的方法
- 掌握创建“校园阅读”数据库案例存储过程的方法

内容浏览

11.1 存储过程概述

（视频11-1：存储过程介绍）

存储过程是一种在数据库中存储复杂程序，以便外部程序调用的一种数据库对象。

存储过程思想上很简单，就是数据库SQL语言层面代码的封装与重用，使用存储过程能够提高数据库管理及操作的性能和工作效率，同时可以提高数据库使用的安全性。

11.1.1 存储过程的定义

存储过程（Stored Procedure）是一组在大型数据库系统中为了完成特定功能的SQL语句集，其经编译后存储在数据库中，通过调用存储过程的名称并给定参数来执行。存储过程的实质就是部署在数据库端的一组定义代码以及SQL语句，可以用来转换数据、迁移数据、制作报表。

存储过程在创建时就被编译和优化，调用一次以后，相关信息就保存在内存中，下次调用时可以直接执行。

存储过程的分类如下。

（1）系统存储过程：通常以sp_开头，用来进行系统的各项设定。

（2）本地存储过程：指由用户创建并完成某一特定功能的存储过程，一般的存储过程指本地存储过程。

（3）临时存储过程：一是本地临时存储过程，名称以“#”开头，该存储过程存放在tempdb数据库中，且只有创建它的用户才能执行它；二是全局临时存储过程，名称以“##”开头，该存储过程存储在tempdb数据库中，连接到服务器的任意用户都可以执行它。

（4）远程存储过程：是指位于远程服务器上的存储过程，通常可以使用分布式查询和CALL命令执行。

（5）扩展存储过程：是指用户可以使用外部程序语言编写的存储过程，其名称通常以“xp_”开头。

11.1.2 存储过程的优缺点

凡事都有两面性，在使用存储过程时，也要注意其优点和缺点。

1. 存储过程的优点

（1）存储过程可以用控制语句编写，存储过程可以封装，隐藏其复杂的处理逻辑。

（2）存储过程有很强的灵活性，数据处理功能较为强大，可以完成比较复杂的判断及比较复杂的运算。

（3）存储过程可以回传值，也可以接受参数。存储过程可以进行数据检验，强制实行处理。若没有存储过程，如果要把对数据进行处理的控制和运算代码写在应用程序中，在进行数据处理时，首先要将这些代码传递至数据库管理系统，执行完后再返回，这会产生大量的通信工作。如果有了存储过程，可以先将这些代码写在数据库端，与应用程序交互时只传递参数信息，数据库与程序的通信时间就会大大减少。

（4）存储过程可以使没有权限的用户在语句控制下间接地存取数据库，从而保证数据的安全性；由于与存储过程相关的动作可以在一起发生，有效地维护了数据库的完整性。

2. 存储过程的缺点

（1）存储过程是数据库端代码，代码的编辑和调试环境不能与高级语言环境相比。大量地使用存储过程，如果用户的需求出现变化，则会导致数据结构也发生变化，这会使用户很难维护该系统。

（2）数据库端代码与数据库相关，若改变数据库环境，则存储过程的代码较难统一，这会使已有的存储过程不能直接移植。由于后端代码是运行前编译的，如果带有引用关系的对象发生改变，则受影响的存储过程将需要重新编译。

（3）存储过程中无法使用SELECT查询语句，因为它是子程序，与查看数据表或定义函数不同。

11.2 创建存储过程

（视频11–2：创建存储过程）

扫一扫，看视频

创建MySQL存储过程的语句格式为：

CREATE PROCEDURE <sp_name> ([parameter [,…]]) <procedure body>

功能：创建一个用户存储过程，并保存在数据库中。

说明：

（1）<sp_name>：存储过程的名称，默认在当前数据库中创建。若需要在特定数据库中创建存储过程，则要在名称前面加上数据库的名称，即 db_name.sp_name。

（2）[parameter [,…]]：是存储过程的参数列表。其中，MySQL 存储过程支持三种类型的参数，即输入参数、输出参数和输入/输出参数。语法格式为：

[IN | OUT | INOUT] <参数名> <类型>

输入参数可以传递给一个存储过程，输出参数用于需要返回一个操作结果的情形，输入/输出参数既可以充当输入参数也可以充当输出参数。

①<参数名>：为参数名。

②<类型>：参数的类型（可以是任何有效的 MySQL 的数据类型）。

当有多个参数时，参数列表彼此间用逗号分隔。存储过程可以没有参数（此时存储过程的名称后仍需加上一对括号）。

（3）<procedure body>：存储过程的主体部分，也称为存储过程体，包含在过程调用时必须执行的 SQL 语句。这部分以关键字 BEGIN 开始，以关键字 END 结束。若存储过程体中只有一条 SQL 语句，则可以省略 BEGIN、END 标志。

【例 11-1】创建一个用户存储过程（add_procedure）

要求：创建一个用户存储过程（add_procedure），输入参数n。存储过程的作用是通过输入的数字n输出n+1的值。操作步骤如下：

（1）打开Workbench工具，连接目标数据库服务器，展开目标数据库（test_workbench_db）的下拉菜单。

（2）在SCHEMAS区域，选择Stored Procedures为操作对象，右击后选择Create Stored

Procedure命令，如图11-1所示。

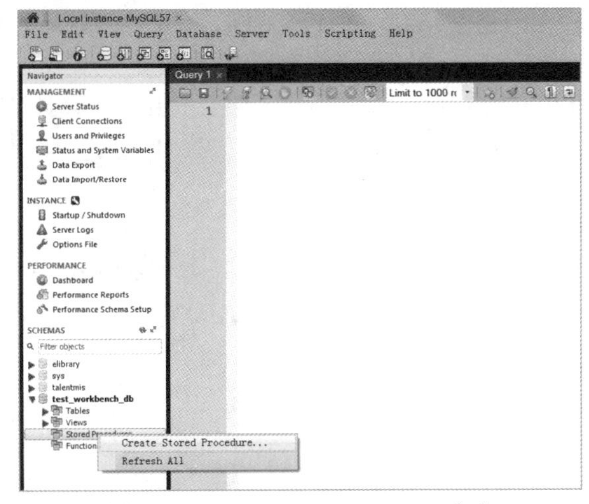

图11-1　Create Stored Procedure命令

（3）打开“存储过程设计器”窗口，如图11-2所示。

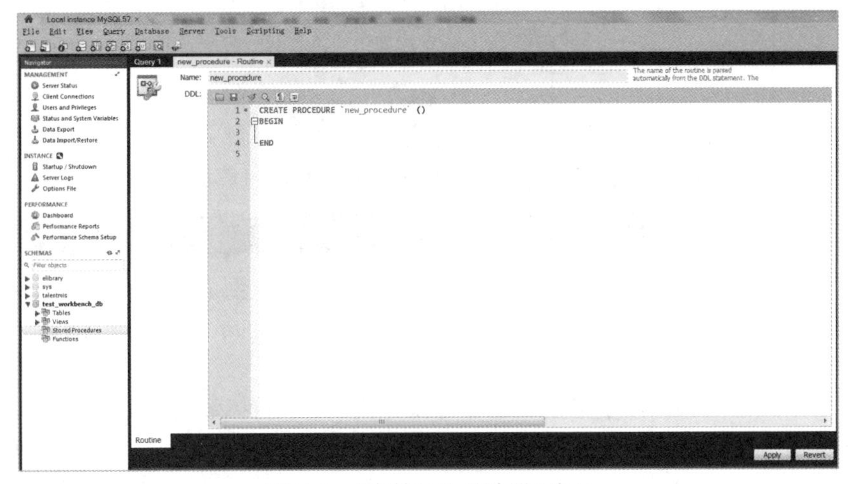

图11-2　“存储过程设计器”窗口

（4）在“存储过程设计器”窗口，修改SQL语句如下，效果如图11-3所示。

```
CREATE PROCEDURE 'add_procedure' (IN num INT)
BEGIN
  SET num = num + 1;
  SELECT num;
END
```

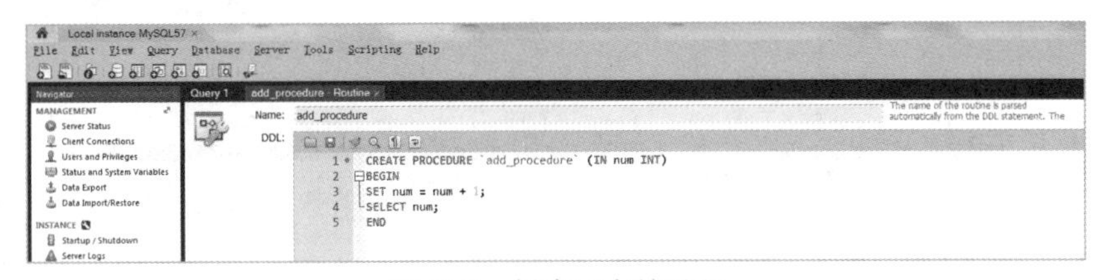

图11-3　创建IN存储过程

（5）在“存储过程设计器”窗口，单击Apply按钮完成存储过程的创建。

【例11-2】创建一个用户存储过程（add_out_procedure）

要求：创建一个用户存储过程（add_out_procedure），输出参数sum。存储过程的作用是计算num+1，将值赋给sum，输出sum的值。操作步骤如下：

（1）打开Workbench工具，连接目标数据库服务器，展开目标数据库的下拉菜单。

（2）在SCHEMAS区域，选择Stored Procedures为操作对象，右击后选择Create Stored Procedure选项，如图11-1所示。

（3）打开“存储过程设计器”窗口，如图11-2所示。

（4）在“存储过程设计器”窗口，修改SQL语句如下，效果如图11-4所示。

```
CREATE PROCEDURE 'add_out_procedure' (OUT sum INT)
BEGIN
   DECLARE num INT DEFAULT 0;
   SET sum  = num + 1;
   SELECT sum;
END
```

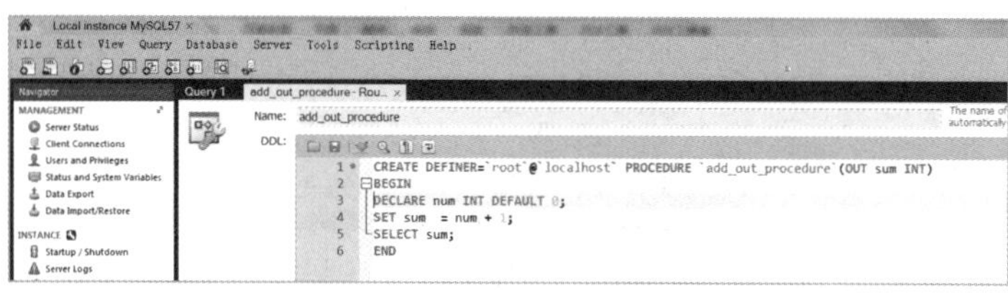

图11-4　创建OUT存储过程

（5）在“存储过程设计器”窗口，单击Apply按钮完成存储过程的创建。

【例11-3】创建一个用户存储过程（add_inout_procedure）

要求：创建一个用户存储过程（add_inout_procedure），参数sum既可以作为输入参数，也可以作为输出参数。存储过程的作用是计算num+1，将值赋给sum，输出sum的值。

操作步骤如下：

（1）打开Workbench工具，连接目标数据库服务器，展开目标数据库的下拉菜单。

（2）在SCHEMAS区域，选择Stored Procedures为操作对象，右击后选择Create Stored Procedure选项，如图11-1所示。

（3）打开“存储过程设计器”窗口，如图11-2所示。

（4）在“存储过程设计器”窗口，修改SQL语句如下，效果如图11-5所示。

```
CREATE PROCEDURE 'add_inout_procedure' (INOUT sum INT)
BEGIN
   DECLARE num INT DEFAULT 0;
   SET sum = num + 1;
   SELECT sum;
END
```

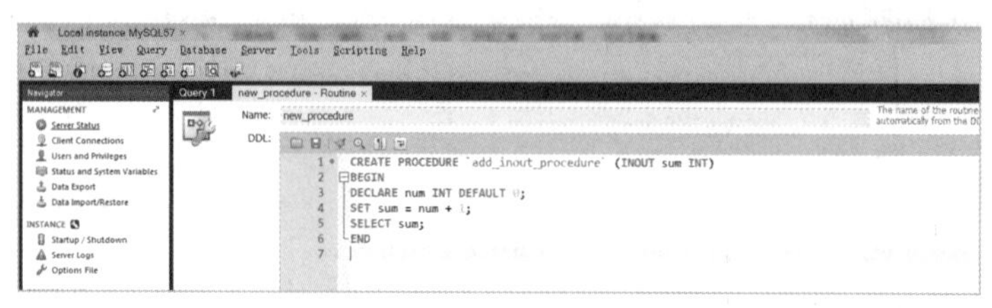

图11-5　创建INOUT存储过程

（5）在“存储过程设计器”窗口，单击Apply按钮完成存储过程的创建。

11.3 查看和调用存储过程

本节介绍MySQL存储过程的查看和调用。

11.3.1 查看存储过程

（视频11–3：查看存储过程）

查看MySQL存储过程的语句格式为：

SHOW PROCEDURE STATUS LIKE <procedure_name>;

功能：查看用户存储过程。

【例11-4】查看所有名称带有procedure的存储过程

操作步骤如下：

（1）打开Workbench工具，连接目标数据库服务器，展开目标数据库的下拉菜单。

（2）单击工具栏上的SQL按钮，打开SQL设计器，输入如下SQL语句，效果如图11-6所示。

```
SHOW PROCEDURE STATUS LIKE ‘%procedure’;
```

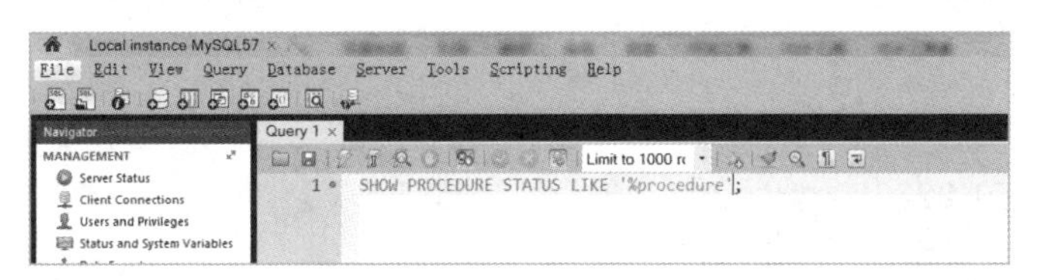

图11-6 查看带有procedure的存储过程

（3）单击SQL设计器工具栏上的按钮运行语句，查询结果如图11-7所示。

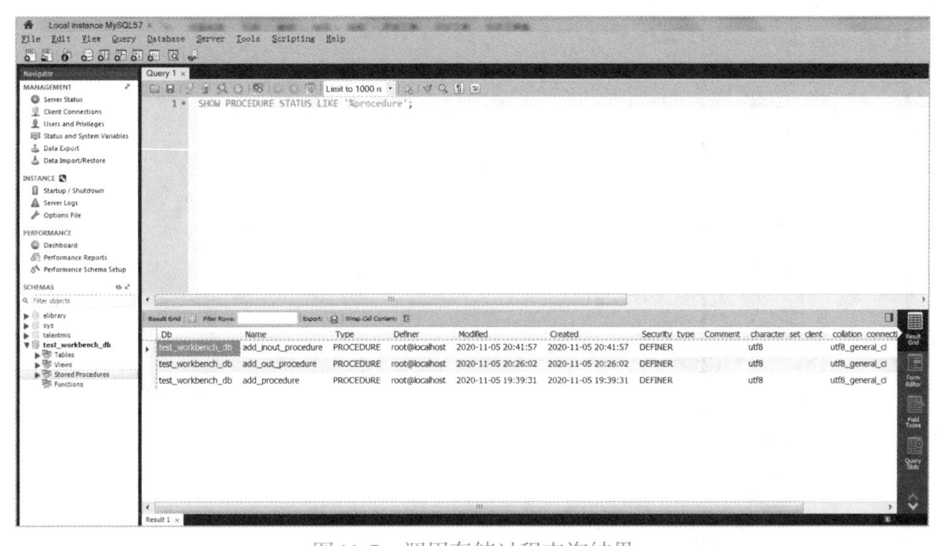

图11-7 调用存储过程查询结果

11.3.2 调用存储过程

（视频11–4：调用存储过程）

扫一扫，看视频

调用MySQL存储过程的语句格式为：

```
CALL sp_name([parameter[...]]);
```

功能：调用用户存储过程。

【例11-5】调用存储过程add_procedure，输入数值10，输出计算结果

操作步骤如下：

（1）打开Workbench工具，连接目标数据库服务器，展开目标数据库的下拉菜单。

（2）单击工具栏上的按钮，打开SQL设计器，输入如下SQL语句，效果如图11-8所示。

```
CALL add_procedure(10);
```

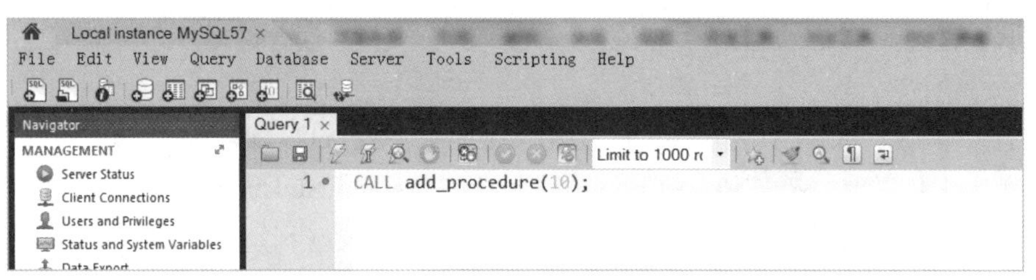

图11-8　调用存储过程

（3）单击SQL设计器工具栏上的按钮运行语句，查询结果如图11-9所示。

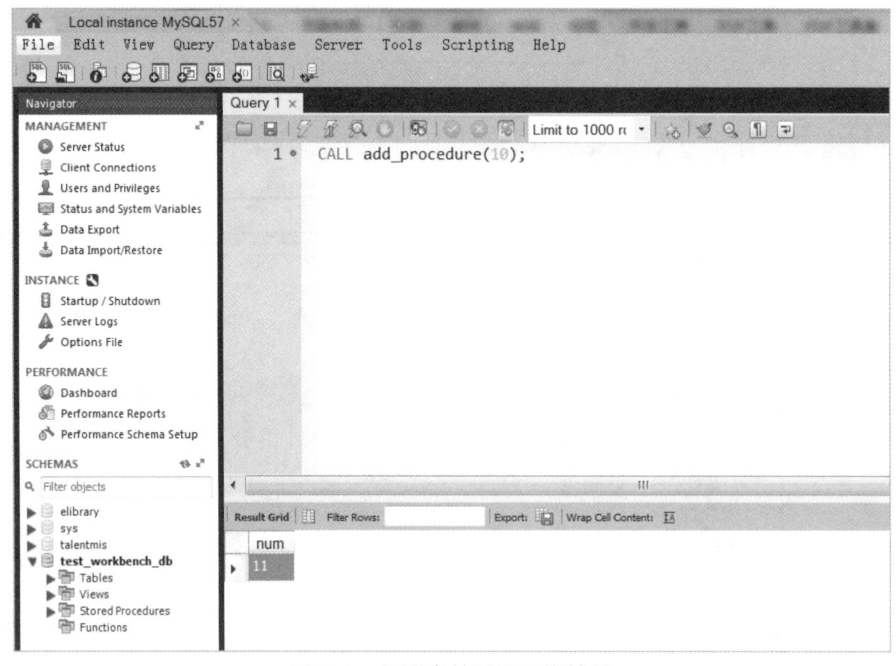

图11-9　调用存储过程查询结果

11.4 维护存储过程

本节介绍MySQL存储过程的修改及删除。

11.4.1 修改存储过程

（视频11–5：修改存储过程）

修改MySQL存储过程的语句格式为：

ALTER{PROCEDURE | FUNCTION} proc or fumc {characterustic...}

功能：修改用户存储过程。

【例11-6】将存储过程add_procedure的访问权限DEFINER修改为INVOKER

操作步骤如下：

（1）打开Workbench工具，连接目标数据库服务器，展开目标数据库的下拉菜单。

（2）单击工具栏上的按钮，打开SQL设计器，输入如下SQL语句，效果如图11-10所示。

```
SHOW PROCEDURE STATUS LIKE 'add_procedure';
```

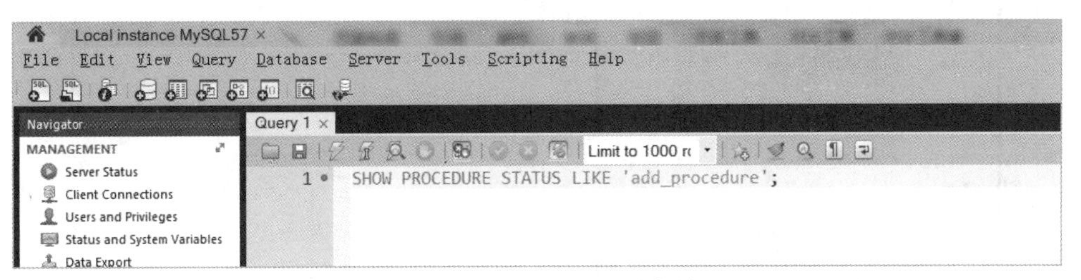

图11-10　利用SQL语句查看存储过程

（3）单击SQL设计器工具栏上的按钮运行语句，查询结果如图11-11所示。存储过程add_procedure的Security type为DEFINER。

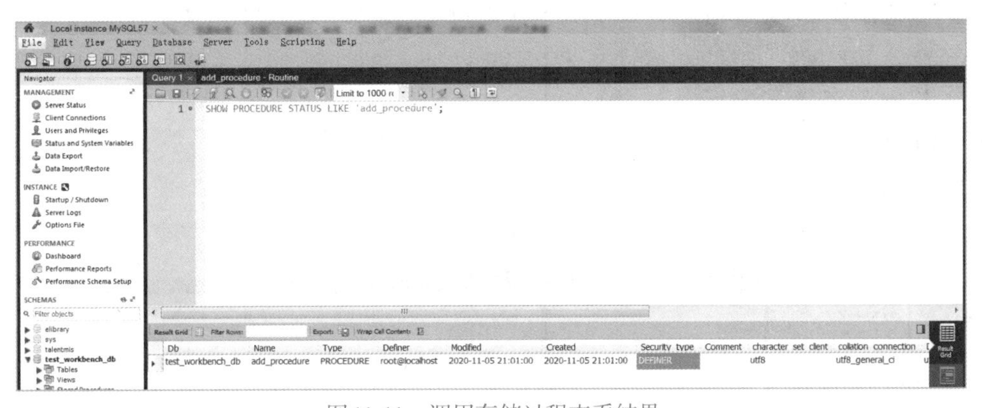

图11-11　调用存储过程查看结果

（4）单击工具栏上的按钮，打开SQL设计器，输入如下SQL语句，效果如图11-12所示。

```
ALTER PROCEDURE add_procedure
MODIFIES SQL DATA SQL SECURITY INVOKER;
```

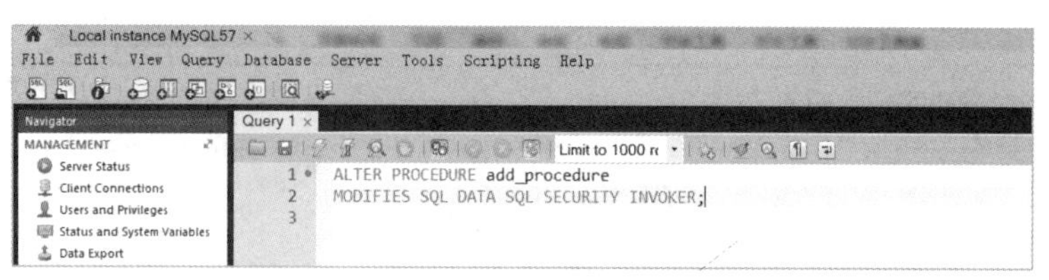

图 11-12　修改存储过程

（5）单击SQL设计器工具栏上的 按钮运行语句，完成存储过程add_procedure权限的修改。

【例 11-7】利用Workbench修改存储过程add_procedure的处理流程

操作步骤如下：

（1）打开Workbench工具，连接目标数据库服务器，展开目标数据库的下拉菜单。

（2）在SCHEMAS区域，选择Stored Procedures为操作对象，右击后选择Alter Stored Procedure选项，如图 11-13 所示。

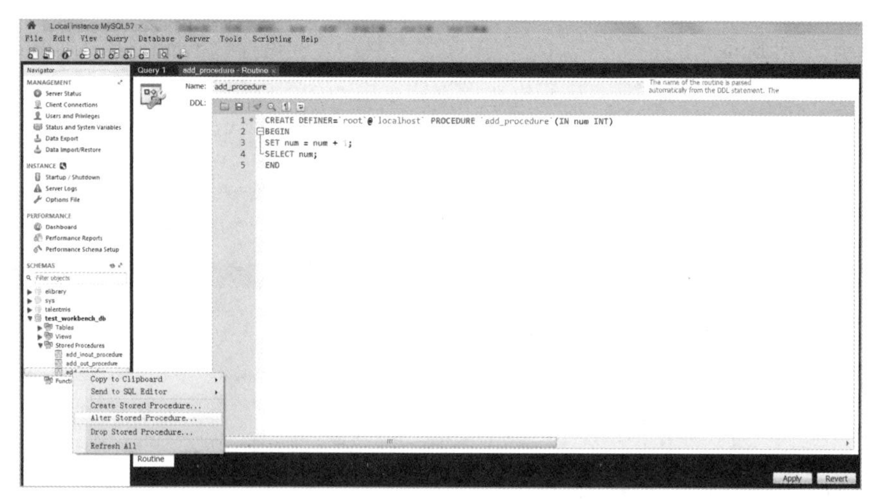

图 11-13　Alter Stored Procedure选项

（3）在“存储过程设计器”窗口，修改SQL语句如下，效果如图 11-14 所示。

```
CREATE  DEFINER=root@'localhost' PROCEDURE 'add_procedure' (IN num INT)
BEGIN
  SET num = num + 10;
  SELECT num;
END
```

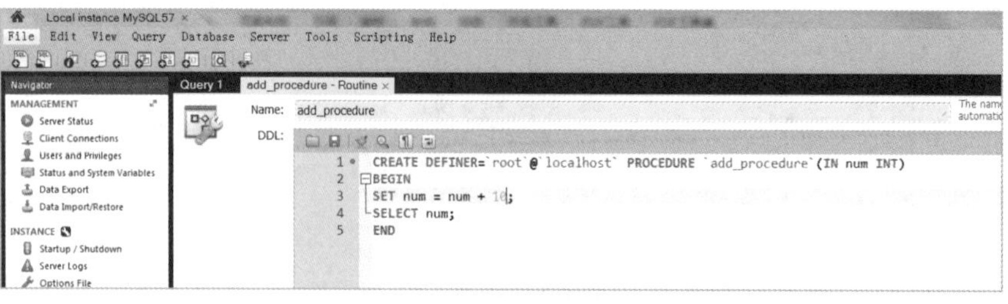

图 11-14　修改存储过程的处理流程

（4）在“存储过程设计器”窗口，单击Apply按钮完成存储过程的处理流程的修改。

11.4.2 删除存储过程

（视频11–6：删除存储过程）

删除MySQL存储过程的语句格式为：

DROP{PROCEDURE | FUNCTION}[IF EXISTS]proc name

功能：删除用户存储过程。

【例11-8】删除所有名称带有procedure的存储过程

操作步骤如下：

（1）打开Workbench工具，连接目标数据库服务器，展开目标数据库的下拉菜单。

（2）单击工具栏的按钮，打开SQL设计器，SQL语句如下，效果如图11-15所示。

```
DROP PROCEDURE add_procedure;
```

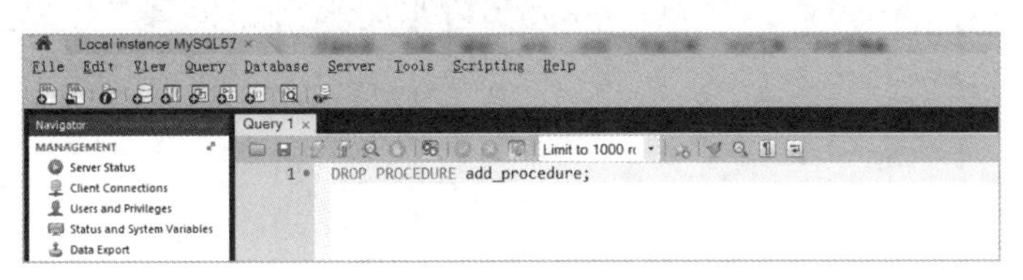

图11-15　删除存储过程

（3）单击SQL设计器工具栏上的按钮运行语句，完成删除存储过程add_procedure的操作。

11.5 案例：创建“校园阅读”数据库的部分存储过程

下面介绍基于“校园阅读”数据库创建存储过程的案例。

11.5.1 班级存储过程的创建和调用

（视频11–7：创建班级数据库存储过程）

创建名称为select_classmember_procedure的存储过程，存储过程的作用是根据已知表（student和classmember）查询出所有带有学生基本数据的班级成员信息。

操作步骤如下：

（1）打开Workbench工具，连接目标数据库服务器，展开目标数据库（talentmis）的下拉菜单。

（2）在SCHEMAS区域，选择Stored Procedures为操作对象，右击后选择Create Stored Procedure选项，打开“存储过程设计器”窗口。

（3）在“存储过程设计器”窗口，修改SQL语句如下，效果如图11-16所示。

```
CREATE PROCEDURE 'select_classmember_procedure' ()
BEGIN
  SELECT *
  FROM classmember CL,student S
  WHERE CL.user_id=S.id;
END
```

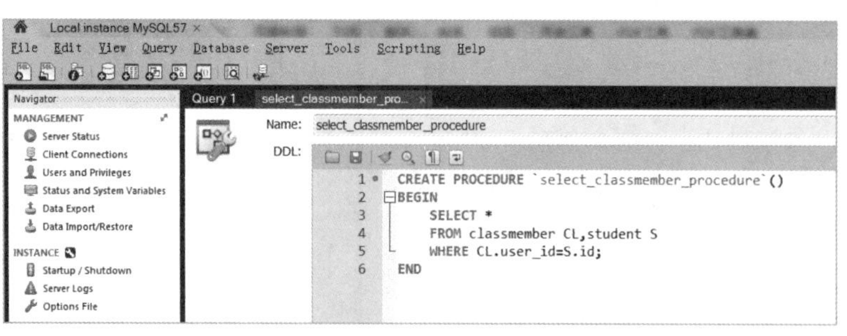

图 11-16　创建班级存储过程

（4）单击工具栏上的SQL按钮，打开SQL设计器，输入如下SQL语句，效果如图11-17所示。

```
CALL select_classmember_procedure ();
```

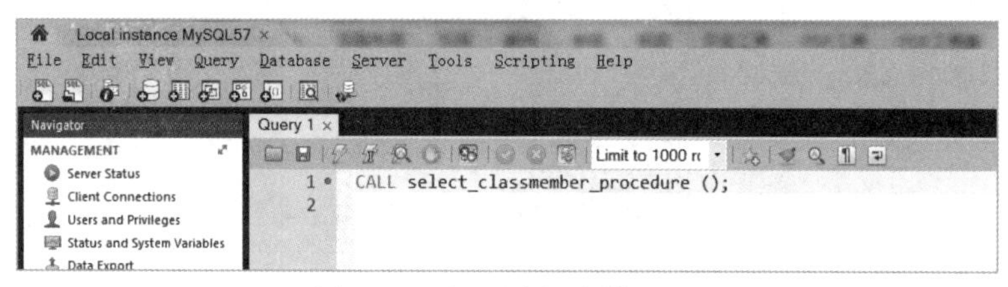

图 11-17　调用班级存储过程

（5）单击SQL设计器工具栏上的按钮运行语句，调用班级存储过程的结果如图11-18所示。

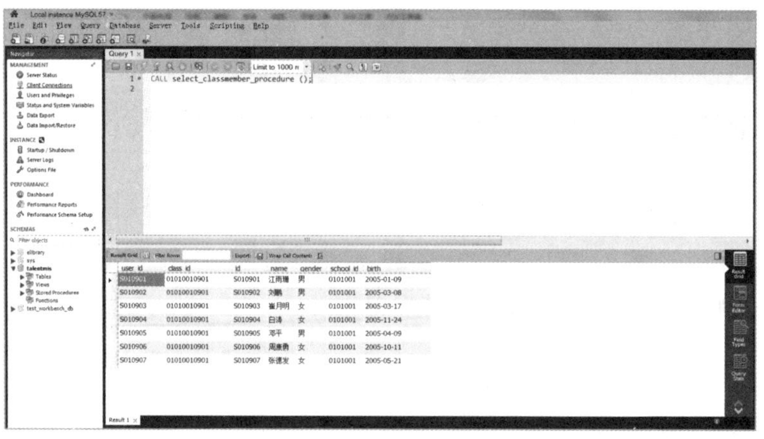

图 11-18　调用班级存储过程的结果

11.5.2　阅读记录信息存储过程的创建和调用

（视频11–8：创建阅读记录数据库存储过程）

创建名称为select_record_procedure的存储过程，存储过程的作用是根据已知表（student和record）查询学生的阅读记录数据，包括字段阅读时长（read_time）和阅读字数（word_num）的统计数据。

操作步骤如下：

（1）打开Workbench工具，连接目标数据库服务器，展开目标数据库（talentmis）的下拉菜单。

（2）在SCHEMAS区域，选择Stored Procedures为操作对象，右击后选择Create Stored Procedure选项，打开“存储过程设计器”窗口。

（3）在“存储过程设计器”窗口，修改SQL语句如下，效果如图11-19所示。

```
CREATE PROCEDURE 'select_record_procedure' ()
BEGIN
        SELECT S.id,S.name,SUM(R.read_time),SUM(R.word_num)
        FROM record R,student S
        WHERE R.user_id=S.id
        GROUP BY R.user_id;
END
```

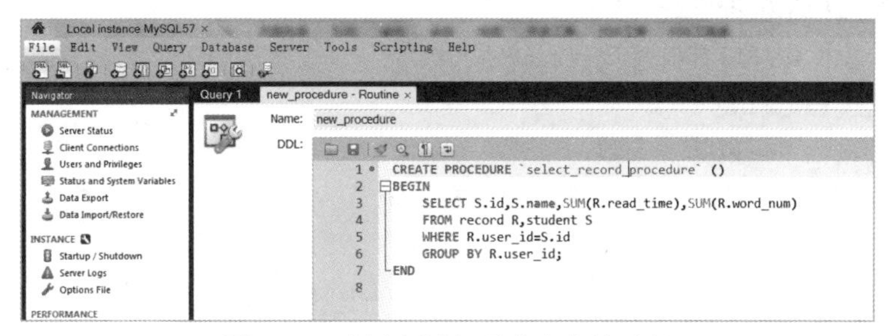

图11-19　创建阅读记录信息存储过程

（4）单击工具栏上的按钮，打开SQL设计器，输入如下SQL语句，效果如图11-20所示。

```
CALL select_record_procedure ();
```

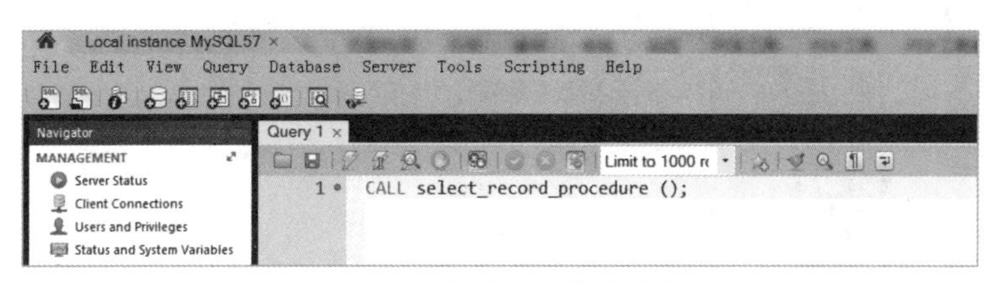

图11-20　调用阅读记录信息存储过程

（5）单击SQL设计器工具栏上的按钮运行语句，调用班级存储过程的查询结果如图11-21所示。

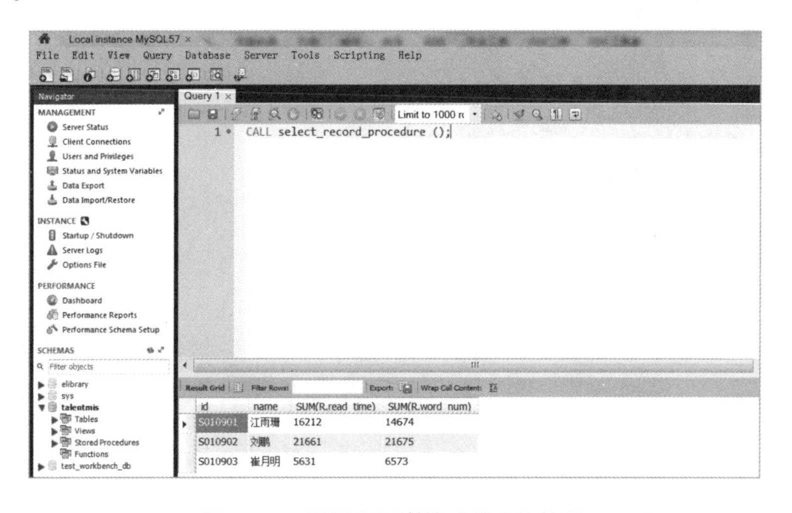

图11-21　调用班级存储过程查询结果

11.6 习题十一

1.简答题

（1）简述存储过程的定义。

（2）简述存储过程的分类及每种分类的用途。

2.选择题

（1）在下列选项中，不正确的选项是（　　）。

A. 存储过程是数据库端代码

B. 改变数据库环境存储过程代码较难与之统一

C. 存储过程可封装

D. 存储过程不可以接受参数

（2）在下列选项中，调用存储过程的SQL语句是（　　）。

A. CREATE sp_name　　B. CALL sp_name

C. DROP sp_name　　D. DELETE sp_name

3.操作题

（1）已知数据库（my_workbench_db）的学生表（Student）、课程表（Course）和成绩表（Score），创建存储过程（pro_select_score），实现输入学号就可以查询学生的学习情况，查询结果包括该学生的学号、姓名、性别、出生年月、课程名称、学分、成绩，若查询不到则提示“无效学号”。

（2）利用SQL语句调用该存储过程（pro_select_score）。

第 12 章

触发器操作

学习目标

本章主要讲解 MySQL 数据库的触发器，包括触发器概述、创建触发器、维护及使用触发器，并以“图书资源”数据库为例进行实际操作演示。通过本章的学习，读者可以：

- 熟悉触发器的特性及功能
- 掌握创建触发器的方法
- 掌握维护及使用触发器的方法
- 掌握“图书资源”案例数据库触发器的创建过程及方法

内容浏览

12.1 触发器概述

（视频12–1：触发器概述）

在对数据库中的数据进行插入或修改时，系统常常会有一些相关的提示，指导用户对数据库进行操作控制。这是因为这些操作触发了某个触发器，或执行了某个存储过程带来的效果。

12.1.1 触发器的定义

MySQL触发器（Trigger）是一种特殊的存储过程，触发器采用事件驱动机制，当某个触发事件发生时，定义在触发器中的功能将被DBMS自动执行。

触发器是一个功能强大的工具，它与数据表操纵紧密相连，在表中数据发生变化时自动强制执行，触发器可以用于MySQL约束、默认值和规则的完整性检查，还可以完成难以用普通约束实现的复杂功能。当一个触发器建立后，它作为一个数据库对象被存储。

触发器与数据表关系密切，主要用于保护表中的数据。特别是当多个表具有一定的联系时，触发器能够让不同的表保持数据的一致性。在 MySQL中，只有执行 INSERT、UPDATE和 DELETE 操作时才能激活触发器，其他的 SQL 语句则不会。

那么为什么要使用触发器呢?

在实际开发项目时经常会遇到以下情况：

（1）在学生表中添加一条关于学生的记录时，学生的总数就必须同时改变。

（2）增加一条学生记录时，需要检查年龄是否符合范围要求。

（3）删除一条学生信息时，需要删除其阅读记录表上的对应记录。

（4）删除一条数据时，需要在数据库存档表中保留一个备份副本。

以上数据库操作场景都需要在数据表发生更改时，自动进行一些相关处理。这时就可以使用触发器。

12.1.2 触发器的特性及功能

MySQL触发器在数据管理过程中有很大的作用，在数据库应用系统中使用触发器会使用户更有“体验感”，更容易满足用户的需求。下面从触发器支持的功能和其主要优点方面进一步介绍。

1. 触发器支持的功能

（1）触发器在被触发后才可完成事件本身的功能。

（2）触发器代码可以引用事件中对于行修改前后的值。

（3）UPDATE事件可以定义在对哪个表或表中的哪一列被修改时触发触发器。

（4）可以用WHERE子句来指定执行条件，当触发器被触发后，触发器功能代码只有在条件成立时才执行。

（5）触发器有语句级触发器和行级触发器。所谓语句级触发器是指当UPDATE语句执行完后触发一次（延迟触发）；而行级触发器是指UPDETE语句每修改完一行就触发一次（立即触发）。

(6)触发器可以完成一些复杂的数据检查，也可以实现某些操作的前后处理等。

2. 触发器的主要优点

(1)触发器能够实现比"外键约束""检查约束""规则"等对象更为复杂的数据完整性检验，可在写入数据表前强制检验或转换数据。

(2)和约束相比，触发器提供了更多的灵活性。约束将系统错误信息返回给用户，但这些错误并不是总能有帮助，而触发器则可以打印错误信息，调用其他存储过程，或根据需要纠正错误。触发器发生错误时，变动的结果会被撤销。

(3)无论对表中的数据进行何种修改，如增加、删除或更新，触发器都能被激活，对数据实施完整性检查。

(4)触发器可以通过数据库中的相关表实现级联更改。

(5)触发器可以强制使用比CHECK 定义的约束更为复杂的约束，与 CHECK 约束不同，触发器可以引用其他表中的列。

(6)触发器可以评估数据修改前后的表状态，并根据其差异采取对策。

(7)一个表中的多个同类触发器(如INSERT、UPDATE 或 DELETE)允许采取多个不同的对策以响应同一个修改语句。

12.1.3 MySQL 支持的触发器类型

在实际使用中，MySQL 支持的触发器有三种。

1. INSERT 触发器

INSERT 触发器是在 INSERT 语句执行之前或之后响应的触发器。

在 INSERT 触发器代码内，可引用一个名为 NEW (不区分大小写)的虚拟表来访问被插入的行。

在 BEFORE INSERT 触发器中，NEW 允许具有对应操作权限的用户更改数据，或插入新值。

对于 AUTO_INCREMENT 列，NEW 在 INSERT 执行之前包含的值是 0，在 INSERT 执行之后将包含新的自动生成的值。

2. UPDATE 触发器

在 UPDATE 语句执行之前或之后响应的触发器。

在 UPDATE 触发器代码内，可引用一个名为 NEW (不区分大小写)的虚拟表来访问更新的值。

在 UPDATE 触发器代码内，可引用一个名为 OLD (不区分大小写)的虚拟表来访问 UPDATE 语句执行前的值，OLD 中的值全部是只读的，不能被更新。

在 BEFORE UPDATE 触发器中，NEW 中的值可能也被更新，即允许具有对应操作权限的用户更改将要用于 UPDATE 语句中的值。

3. DELETE 触发器

在 DELETE 语句执行之前或之后响应的触发器。

在 DELETE 触发器内，可以引用一个名为 OLD (不区分大小写)的虚拟表来访问被删除的行，OLD 中的值全部是只读的，不能被更新。

12.2 创建触发器

(视频12-2:创建触发器)

扫一扫,看视频

利用MySQL创建触发器的语句格式为:

```
CREATE TRIGGER trigger_name
 trigger_time
       trigger_event ON tbl_name
       FOR EACH ROW
 trigger_stmt
```

功能:创建一个触发器。

说明:

trigger_name表示触发器的名称,用户自行指定。

trigger_time表示触发的时机,取值为BEFORE或AFTER。

trigger_event表示触发的事件,取值为INSERT、UPDATE或DELETE。

tbl_name表示建立触发器的表名,即在哪张表上建立触发器。

trigger_stmt表示触发器的程序体,可以是一句SQL语句,或者用BEGIN和END包含的多条语句。

【例12-1】创建INSERT触发器(tri_stuInsert)

创建INSERT触发器,实现在插入学生数据时,更新对应表(school)的字段(stu_sum)。操作步骤如下:

(1)打开Workbench工具,连接目标数据库服务器,展开目标数据库(test_workbench_db)的下拉菜单。

(2)在SCHEMAS区域,选择Tables为操作对象,右击表(school)后选择Alter Table选项,增加字段学生总数(stu_sum)和字段日志(logs),如图12-1所示。

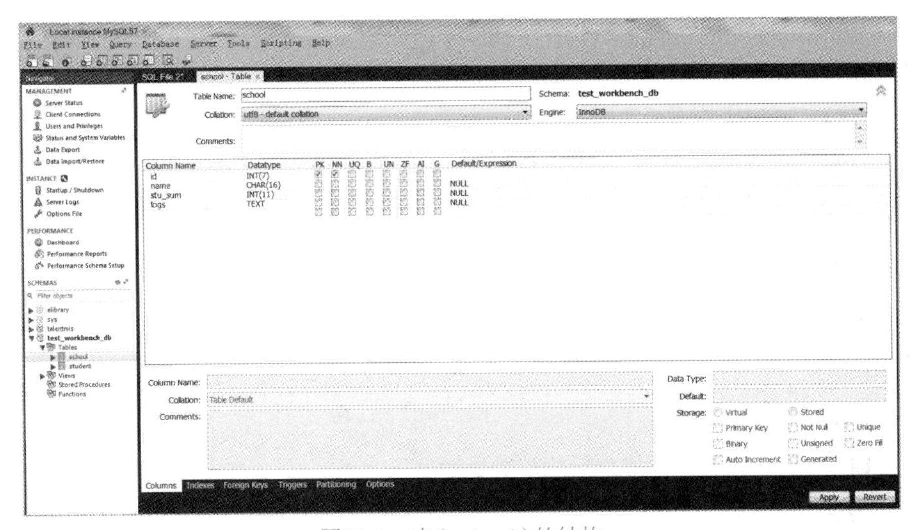

图12-1 表(school)的结构

（3）在“表设计视图”窗口，单击Apply按钮，保存表，结束表（school）的修改。

（4）在SCHEMAS 区域，选择Tables为操作对象，右击表（student）后选择Alter Table选项，表（student）的结构如图12-2所示。

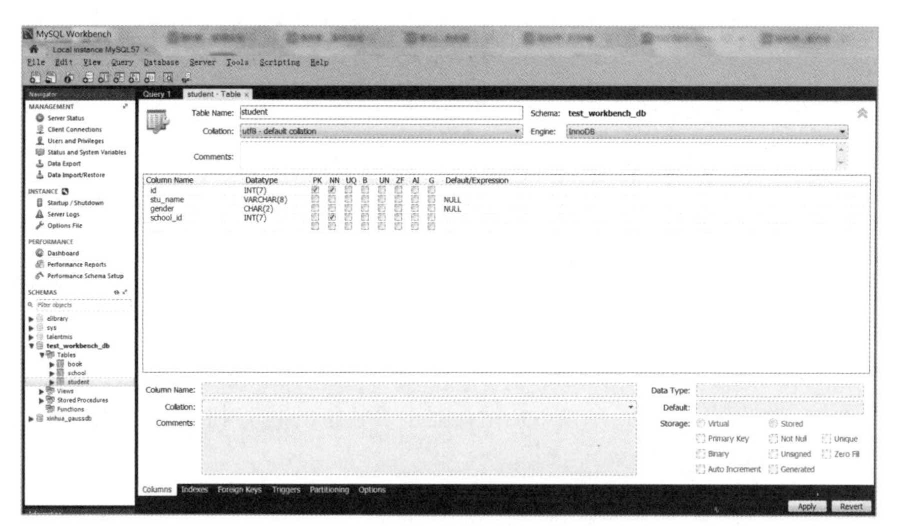

图12-2 表（student）的结构

（5）在工具栏单击SQL按钮，打开“SQL设计器”窗口，输入如下SQL语句：

```
DELIMITER $
CREATE trigger tri_stuInsert
AFTER INSERT
on student for each row
begin
    declare c int;
    set c = (select count(*) from student where school_id=new.school_id);
    update school set stu_sum= c + 1 where id = new.school_id;
end$
DELIMITER ;
```

（6）在“SQL设计器”窗口，单击SQL设计器工具栏上的⚡按钮，运行SQL语句，完成触发器的创建，结果如图12-3所示。

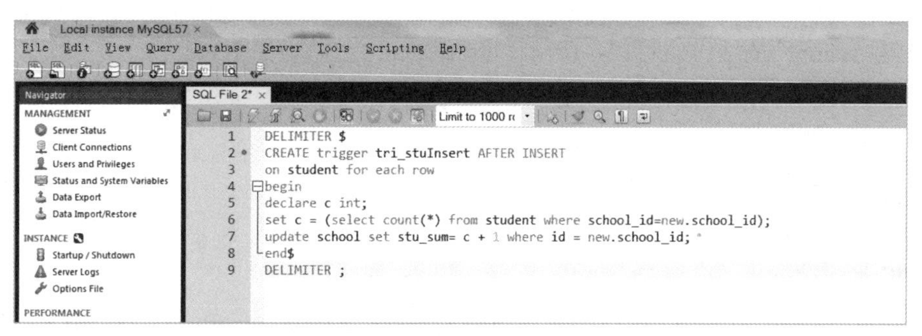

图12-3 创建INSERT触发器（tri_stuInsert）

【例12-2】创建UPDATE触发器（tri_stuUpdate ）

创建UPDATE触发器，实现当更新学生数据时，更新对应表（school）的字段（logs）。操作步骤如下：

（1）打开Workbench工具，连接目标数据库服务器，展开目标数据库（test_workbench_db）的下拉菜单。

（2）表（school）的结构如图12-1所示，表（student）的结构如图12-2所示。

（3）在工具栏上单击按钮，打开“SQL设计器”窗口，输入如下SQL语句：

```
DELIMITER $
CREATE trigger tri_stuUpdate
AFTER UPDATE
on student for each row
begin
    declare log TEXT;
    set log = (select logs from student where school_id=old.school_id);
    update school set logs= CONCAT(log,' student ',old.stu_name,' was updated;')
    where id = old.school_id;
end$
DELIMITER ;
```

（4）在“SQL设计器”窗口，单击SQL设计器工具栏上的按钮，运行SQL语句，完成触发器的创建，结果如图12-4所示。

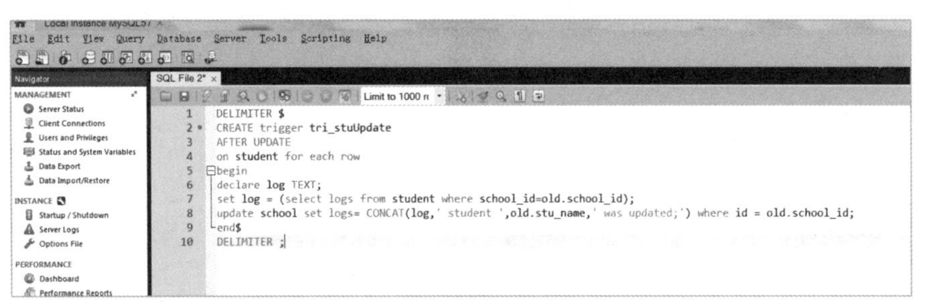

图12-4　创建UPDATE触发器（tri_stuUpdate）

【例12-3】创建DELETE触发器（trigger tri_stuDelete）

创建DELETE触发器，实现当删除学生数据时，更新对应表（school）的字段（stu_sum）。操作步骤如下：

（1）打开Workbench工具，连接目标数据库服务器，展开目标数据库（test_workbench_db）的下拉菜单。

（2）表（school）的结构如图12-1所示，表（student）的结构如图12-2所示。

（3）在工具栏上单击按钮，打开“SQL设计器”窗口，输入如下SQL语句：

```
DELIMITER $
CREATE trigger tri_stuDelete
AFTER DELETE
on student for each row
begin
    declare c int;
    set c = (select count(*) from student where school_id=old.school_id);
    update school set stu_sum= c - 1 where id = old.school_id;
end$
DELIMITER ;
```

（4）在“SQL设计器”窗口，单击SQL设计器工具栏上的按钮，运行SQL语句，完成触发器的创建，结果如图12-5所示。

```
DELIMITER $
CREATE trigger tri_stuDelete
AFTER DELETE
on student for each row
begin
declare c int;
set c = (select count(*) from student where school_id=old.school_id);
update school set stu_sum= c - 1 where id = old.school_id;
end$
DELIMITER ;
```

图12-5　创建DELETE触发器（tri_stuDelete）

12.3 维护及使用触发器

（视频12–3：查看触发器）

扫一扫，看视频

12.3.1　查看触发器

MySQL查看触发器的语句格式为：

SHOW TRIGGERS [FROM schema_name]

功能：查看用户触发器。

【例12-4】查看触发器

操作步骤如下：

（1）打开Workbench工具，连接目标数据库服务器，展开目标数据库（test_workbench_db）的下拉菜单。

（2）在工具栏上单击按钮，打开“SQL设计器”窗口，输入如下SQL语句：

```
SHOW TRIGGERS FROM test_workbench_db
```

（3）在“SQL设计器”窗口，单击SQL设计器工具栏上的按钮，运行SQL语句，完成触发器的查看，结果如图12-6所示。

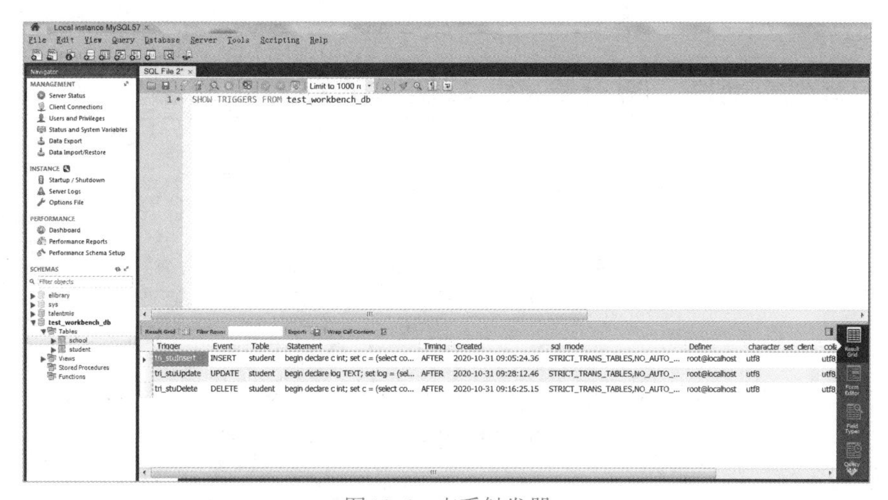

图12-6　查看触发器

12.3.2　删除触发器

（视频12-4：删除触发器）

扫一扫，看视频

MySQL删除触发器的语句格式为：

DROP TRIGGER [IF EXISTS] [schema_name.]trigger_name

功能：删除用户触发器。

【例12-5】删除触发器（tri_stuUpdate）

创建DELETE触发器，实现当删除学生数据时，更新对应表（school）中的字段（stu_sum）。

操作步骤如下：

（1）打开Workbench工具，连接目标数据库服务器，展开目标数据库（test_workbench_db）的下拉菜单。

（2）在工具栏单击按钮，打开“SQL设计器”窗口，输入如下SQL语句：

```
DROP TRIGGER tri_stuUpdate
```

（3）在“SQL设计器”窗口，单击SQL设计器工具栏上的按钮，运行SQL语句，完成触发器的删除，结果如图12-7所示。

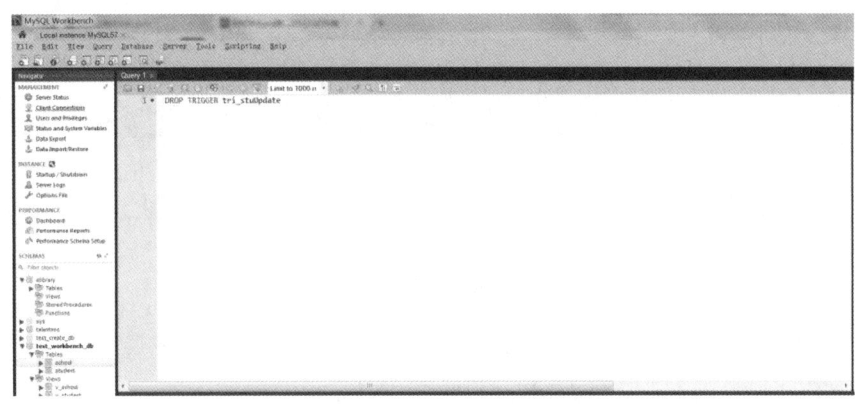

图12-7　删除触发器（tri_stuUpdate）

12.4　案例：创建“图书资源”数据库的部分触发器

下面介绍基于“图书资源”数据库创建触发器的案例。

12.4.1　创建图书基本信息表的INSERT触发器

（视频12-5：触发器应用——创建图书基本信息表的INSERT触发器）

扫一扫，看视频

创建INSERT触发器（trigger tri_bookInsert）实现当插入图书数据时，将图书信息中的作者信息插入表（author）中。

操作步骤如下：

（1）打开Workbench工具，连接目标数据库服务器，展开目标数据库（elibrary）

的下拉菜单。

(2)在SCHEMAS区域，选择Tables中的表(book)为操作对象，右击后选择Alter Table选项，表(book)的结构如图12-8所示。

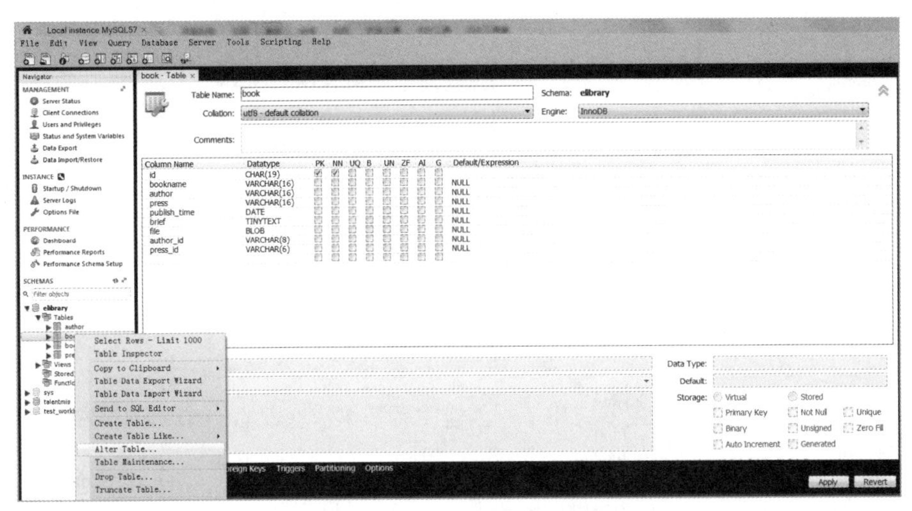

图12-8 表(book)的结构

(3)在SCHEMAS区域，选择Tables中的表(author)为操作对象，右击后选择Alter Table选项，表(author)的结构如图12-9所示。

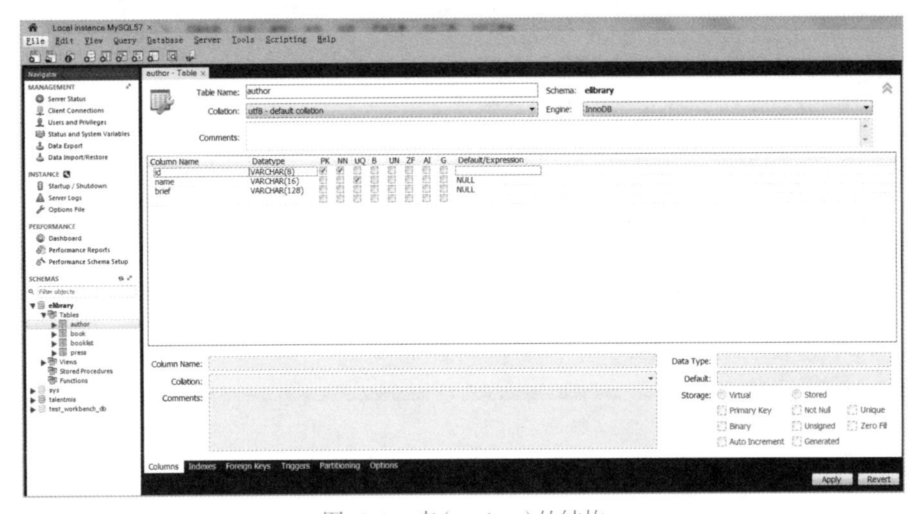

图12-9 表(author)的结构

(4)在工具栏上单击 按钮，打开“SQL设计器”窗口，输入如下SQL语句，效果如图12-10所示。

```
DELIMITER $
CREATE trigger tri_bookInsert
AFTER INSERT
on book for each row
begin
    INSERT INTO author(id,name,brief) VALUES(new.author_id,new.author,'略');
end$
DELIMITER ;
```

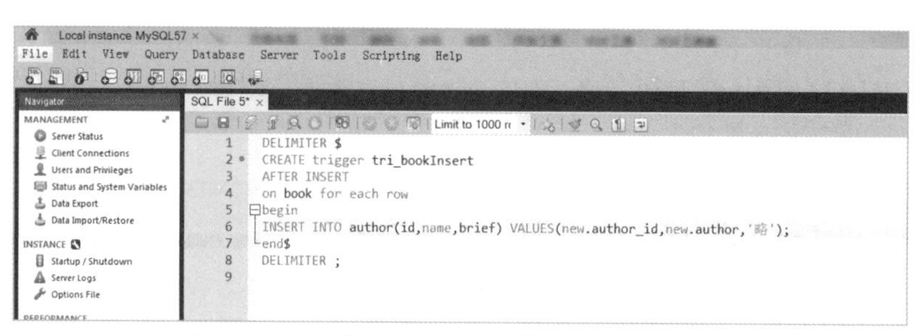

图12-10　创建INSERT触发器（tri_bookInsert）

（5）在“SQL设计器”窗口，单击SQL设计器工具栏上的按钮，运行SQL语句，完成触发器的创建。

12.4.2　创建作者基本信息表的UPDATE触发器

扫一扫，看视频

（视频12-6：触发器应用——创建作者基本信息表的UPDATE触发器）

创建UPDATE触发器（tri_authorUpdate），实现当修改表（author）中的字段（author）时，将表（book）中的字段（author）即时更新。

操作步骤如下：

（1）打开Workbench工具，连接目标数据库服务器，展开目标数据库（elibrary）的下拉菜单。

（2）表（book）的结构如图12-8所示，表（author）的结构如图12-9所示。

（3）在工具栏上单击按钮，打开“SQL设计器”窗口，输入如下SQL语句，效果如图12-11所示。

```
DELIMITER $
CREATE trigger tri_authorUpdate
AFTER UPDATE
on author for each row
begin
    UPDATE book SET author=new.name WHERE author_id=new.id;
end$
DELIMITER ;
```

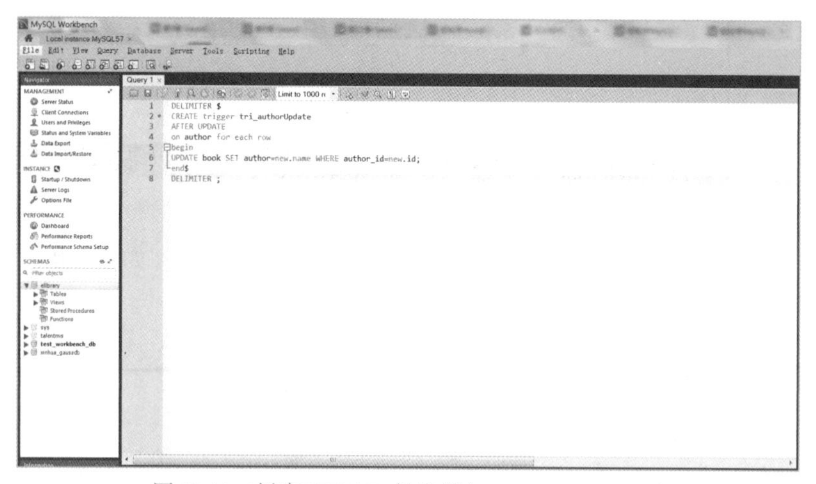

图12-11　创建UPDATE触发器（tri_authorUpdate）

（4）在“SQL设计器”窗口，单击SQL设计器工具栏上的按钮，运行SQL语句，完成触发器的创建。

12.4.3　查看数据库触发器

查看数据库（elibrary）触发器，操作步骤如下：

（1）打开Workbench工具，连接目标数据库服务器，展开目标数据库（elibrary）的下拉菜单。

（2）在工具栏上单击按钮，打开“SQL设计器”窗口，输入如下SQL语句：

```
SHOW TRIGGERS FROM elibrary;
```

（3）在“SQL设计器”窗口，单击SQL设计器工具栏上的按钮，运行SQL语句，完成触发器的查看，结果如图12-12所示。

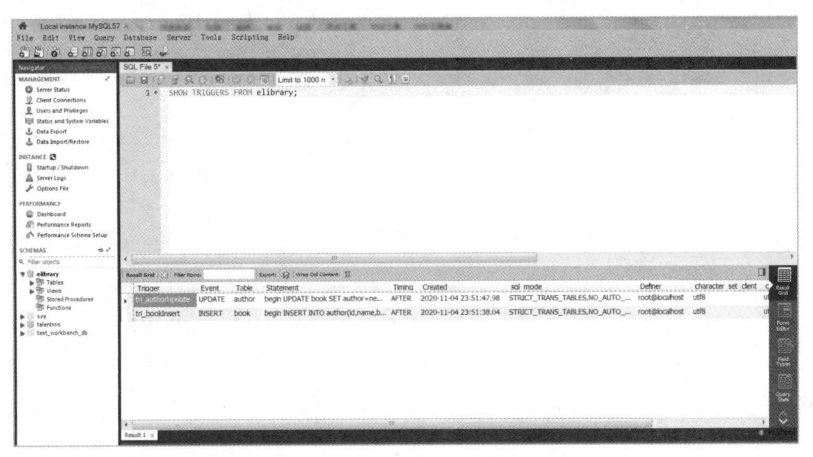

图12-12　查看数据库触发器

12.5 习题十二

1.简答题

（1）简述触发器的定义。

（2）对比触发器和存储过程，简述两者的区别和联系。

2.选择题

（1）在下列选项中，不正确的选项是（　　）。

A. MySQL触发器（Trigger）是一种特殊类型的存储过程

B. 当一个触发器建立后，它作为一个表被存储

C. 触发器可以完成一些复杂的数据检查

D. 触发器与数据表关系密切

（2）在下列选项中，不属于MySQL支持的触发器类型的是（　　）。

A. INSERT　　B. UPDATE　　C. DELETE　　D. SELECT

3.操作题

（1）已知数据库（elibrary）的表（book和press），创建UPDATE触发器（tri_pressUpdate），实现当一张表（press）中的字段（press）被修改后，另一张表（book）中的字段（press）也被修改为最新值。

（2）设计SQL语句删除触发器（tri_pressUpdate）。

第 13 章

数据库的备份与恢复

学习目标

本章主要讲解 MySQL 的数据库安全，包括数据库备份、数据库恢复、数据库表的导入和导出。通过本章的学习，读者可以：

- 学会利用 MySQLdump 工具备份
- 学会直接备份整个数据库目录
- 掌握利用 Workbench 工具备份的方法
- 掌握 MySQL 数据库恢复的方法
- 掌握 MySQL 数据库表导入和导出的方法

内容浏览

13.1 数据库备份

（视频13-1：MySQL数据备份）

数据库管理软件的系统控制功能（安全性、完整性、恢复技术和并发控制）是按照预防、保护及通过冗余、容错、纠错的方式，并从最坏的情况进行系统恢复的一种思维方法，控制着整个数据库系统的正常运转。虽然MySQL数据库可以采用Replication和Cluster的方式保证数据的安全，但备份与恢复仍然是一种常规的安全策略。

在数据库中，为了实现及时有效的数据恢复，通常采取对数据进行备份的方式，如完全备份、事务日志备份、差异备份等。就像在日常生活中经常使用的手机一样，手机系统会经常提示用户进行通讯录的备份，备份时会提示：备份全部联系人还是仅备份变化的联系人。目前还出现了云端通讯录，即使手机被丢失或损坏，也不用担心数据丢失，这就是一个很好地体现数据恢复作用的例子。

MySQL数据库备份主要分为逻辑备份和物理备份。本节将介绍这两种方式的备份和恢复方法。

13.1.1 利用 MySQLdump 工具备份

MySQLdump的特点如下：

（1）MySQLdump是MySQL内置的数据备份工具，允许用户将数据库备份到文件、服务器，甚至是压缩在gzip文件中。

（2）MySQLdump备份属于逻辑备份，备份时执行的是SQL语句。

（3）MySQLdump程序灵活、快速，可执行高级备份，并接受各种命令行参数，用户可通过命令参数来更改备份数据库的方式。

MySQLdump数据备份语句的语句格式为：

```
mysqldump ---user [user name] ---password= [password]  [database name] > [dump file]
```

功能：备份数据库。

说明：

（1）---user [user name]表示用户名。

（2）---password= [password][database name]表示密码及数据库名。

（3）[dump file]表示数据库备份名。

【例13-1】备份同一个库中的多个表

在Windows平台下，使用MySQLdump数据备份语句备份数据库（test_workbench_db）中的表（book和school），将备份文件保存到D盘。操作步骤如下：

（1）在“开始”菜单下，在搜索框中输入cmd，打开DOS窗口，如图13-1所示。

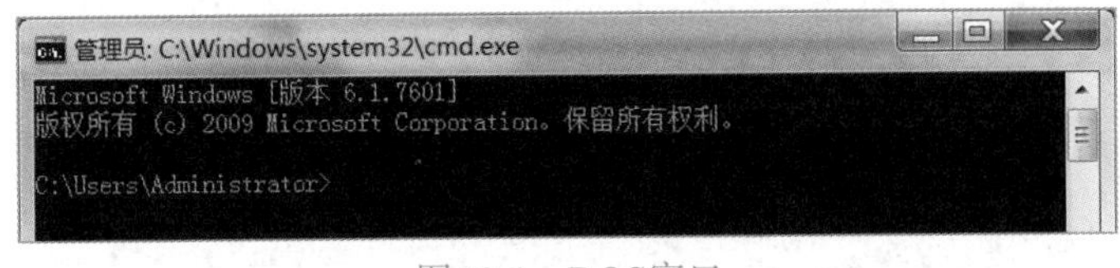

图13-1　DOS窗口

（2）在DOS窗口，输入备份数据库的命令。语句格式如下：

```
mysqldump -h127.0.0.1 -p3306 -uroot -p test_workbench_db book school > D:\db_
backup.sql
```

输入密码后，完成数据库备份，如图13-2所示。

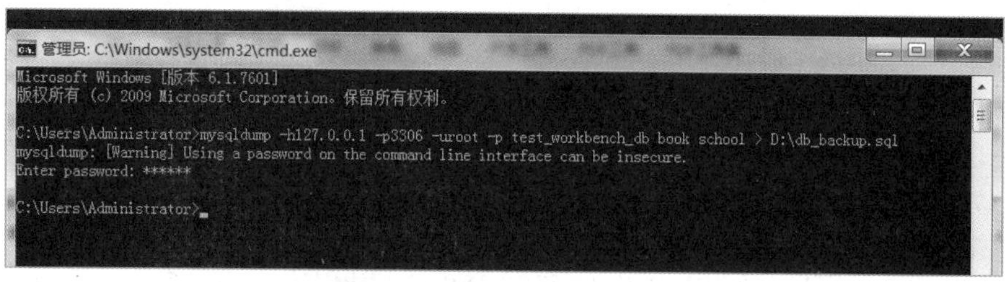

图13-2　备份数据库

（3）在DOS窗口，分别输入切换到D盘和显示D盘下的文件列表的命令，命令如下：

```
D:
Dir /od
```

操作结果如图13-3所示。

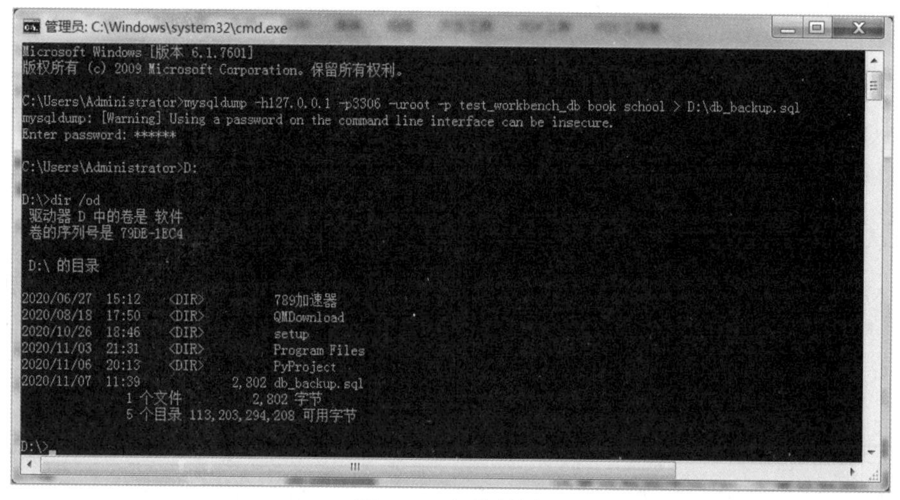

图13-3　备份结果

【例13-2】只备份数据库结构，不备份数据

在Windows平台下，使用MySQLdump数据备份语句备份数据库（test_workbench_db），将备份文件保存到D盘。操作步骤如下：

（1）在“开始”菜单下，在搜索框中输入cmd，打开DOS窗口。

（2）在DOS窗口，输入备份数据库的命令。语句格式如下：

```
mysqldump --no-data -h127.0.0.1 -p3306 -uroot -p test_workbench_db > D:\db_backup_
nodata.sql
```

输入密码后，完成数据库备份，如图13-4所示。

管理员: C:\Windows\system32\cmd.exe
Microsoft Windows [版本 6.1.7601]
版权所有 (c) 2009 Microsoft Corporation。保留所有权利。
C:\Users\Administrator>mysqldump --no-data -h127.0.0.1 -p3306 -uroot -p test_workbench_db > D:\db_backup_nodata.sql
mysqldump: [Warning] Using a password on the command line interface can be insecure.
Enter password: ******
C:\Users\Administrator>

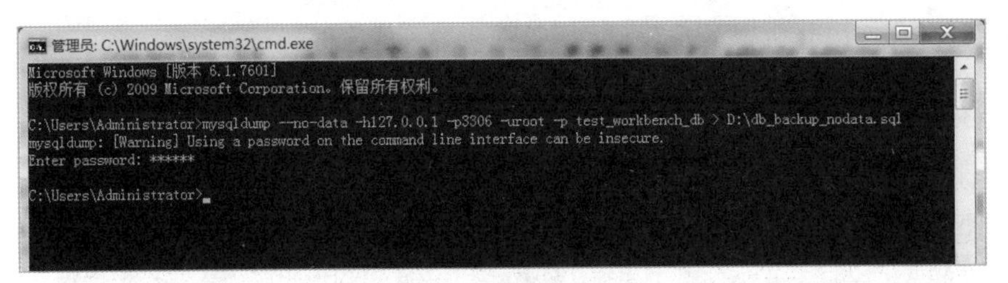

图 13-4　备份数据库结构

（3）在DOS窗口，分别输入切换到D盘和显示D盘下的文件列表的命令，命令如下：

```
D:
Dir /od
```

操作结果如图 13-5 所示。

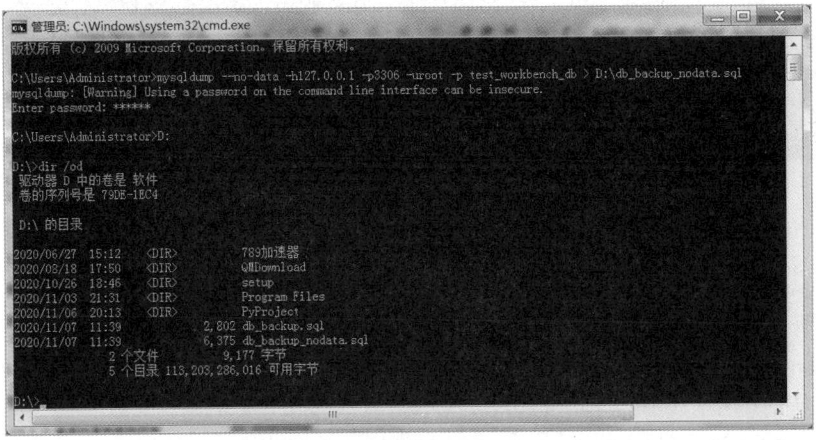

管理员: C:\Windows\system32\cmd.exe
版权所有 (c) 2009 Microsoft Corporation。保留所有权利。
C:\Users\Administrator>mysqldump --no-data -h127.0.0.1 -p3306 -uroot -p test_workbench_db > D:\db_backup_nodata.sql
mysqldump: [Warning] Using a password on the command line interface can be insecure.
Enter password: ******
C:\Users\Administrator>D:
D:\>dir /od
驱动器 D 中的卷是 软件
卷的序列号是 79DE-1EC4
D:\ 的目录
2020/06/27 15:12 <DIR> 789加速器
2020/08/18 17:50 <DIR> QMDownload
2020/10/26 18:46 <DIR> setup
2020/11/03 21:31 <DIR> Program Files
2020/11/06 20:13 <DIR> PyProject
2020/11/07 11:39 2,802 db_backup.sql
2020/11/07 11:39 6,375 db_backup_nodata.sql
2 个文件 9,177 字节
5 个目录 113,203,286,016 可用字节
D:\>

图 13-5　查看备份结果

【例 13-3】同时备份多个库

在Windows平台下，使用MySQLdump数据备份语句备份数据库（test_workbench_db和elibrary），将备份文件保存到D盘。操作步骤如下：

（1）在“开始”菜单下，在搜索框中输入cmd，打开DOS窗口。

（2）在DOS窗口，输入备份数据库的命令。

备份数据库的命令如下：

```
mysqldump -h127.0.0.1 -p3306 -uroot -p --databases test_workbench_db elibrary > D:\
dbs_backup.sql
```

输入密码后，完成数据库备份，如图 13-6 所示。

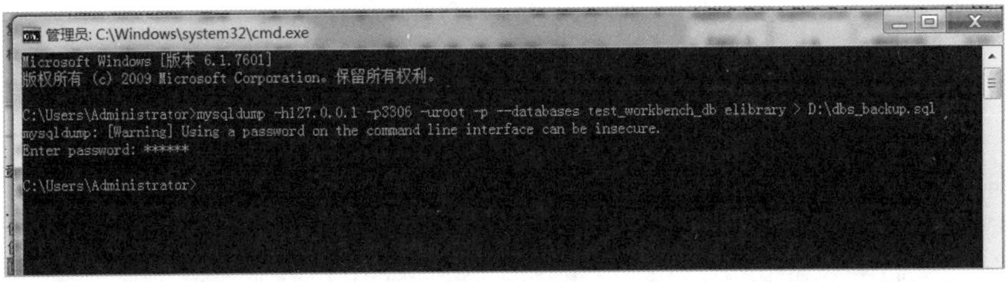

管理员: C:\Windows\system32\cmd.exe
Microsoft Windows [版本 6.1.7601]
版权所有 (c) 2009 Microsoft Corporation。保留所有权利。
C:\Users\Administrator>mysqldump -h127.0.0.1 -p3306 -uroot -p --databases test_workbench_db elibrary > D:\dbs_backup.sql
mysqldump: [Warning] Using a password on the command line interface can be insecure.
Enter password: ******
C:\Users\Administrator>

图 13-6　备份多个数据库

（3）在DOS窗口，分别输入切换到D盘和显示D盘下的文件列表的命令，命令如下：

```
D:
Dir /od
```

操作结果如图13-7所示。

```
管理员: C:\Windows\system32\cmd.exe
Microsoft Windows [版本 6.1.7601]
版权所有 (c) 2009 Microsoft Corporation。保留所有权利。

C:\Users\Administrator>mysqldump -h127.0.0.1 -p3306 -uroot -p --databases test_workbench_db elibrary > D:\dbs_backup.sql
mysqldump: [Warning] Using a password on the command line interface can be insecure.
Enter password: ******

C:\Users\Administrator>D:

D:\>dir /od
 驱动器 D 中的卷是 软件
 卷的序列号是 79DE-1EC4

 D:\ 的目录

2020/06/27  15:12    <DIR>          789加速器
2020/08/18  17:50    <DIR>          QMDownload
2020/10/26  18:40    <DIR>          setup
2020/11/03  21:31    <DIR>          Program Files
2020/11/06  20:18    <DIR>          PyProject
2020/11/07  11:39             2,802 db_backup.sql
2020/11/07  11:39             6,375 db_backup_nodata.sql
2020/11/07  11:40            19,634 dbs_backup.sql
               3 个文件         28,811 字节
               5 个目录 113,203,265,536 可用字节

D:\>
```

图13-7　查看备份结果

13.1.2　利用 Workbench 工具备份

Workbench是用来进行数据库快速备份的工具，利用Workbench工具备份也是备份数据库或单个表最快的途径，其属于物理备份。

【例13-4】利用Workbench工具备份数据库（test_workbench_db）

操作步骤如下：

（1）打开Workbench工具，连接目标数据库服务器。

（2）在MANAGEMENT区域，选择Data Export选项，打开“数据导出向导”窗口，如图13-8所示。

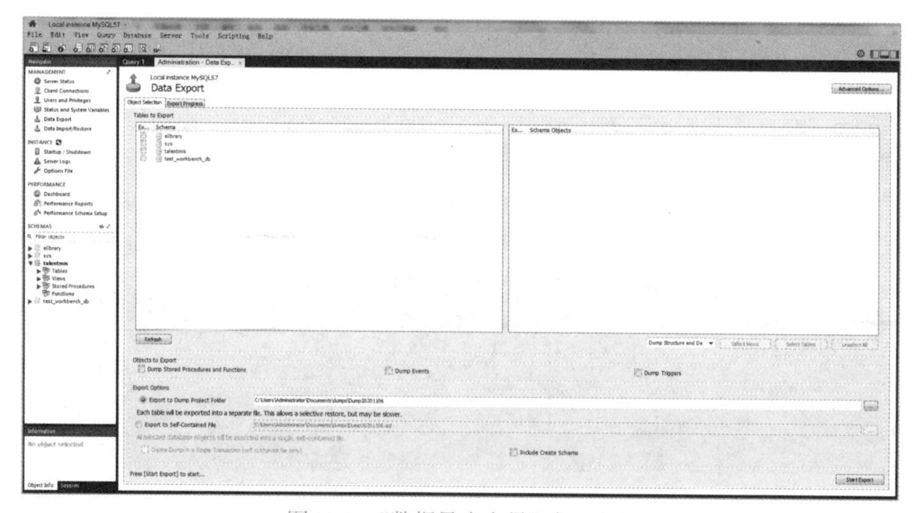

图13-8　“数据导出向导”窗口（1）

（3）在“数据导出向导”窗口，首先打开Object Selection选项卡，勾选需要备份的数据库（test_workbench_db）前面的复选框，然后单击数据库（test_workbench_db）可以查看导出的具体表或视图，如图13-9所示。

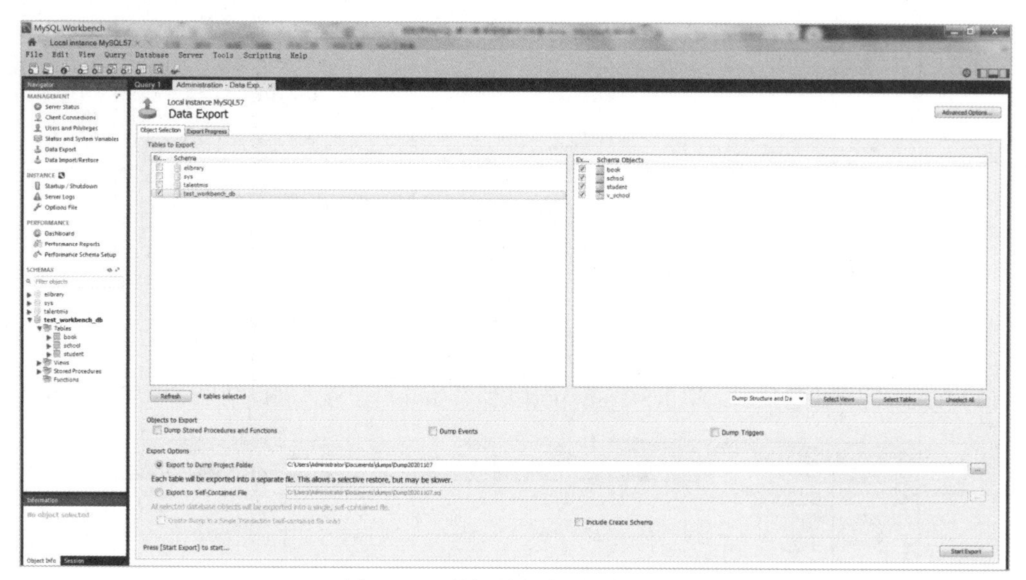

图13-9 “数据导出向导”窗口（2）

（4）可以在Select Views按钮左侧的下拉列表中根据需要选择导出内容，包括导出表结构和数据（Dump Structure and Data）、仅导出表结构（Dump Structure Only）或者仅导出数据（Dump Data Only），如图13-10所示。

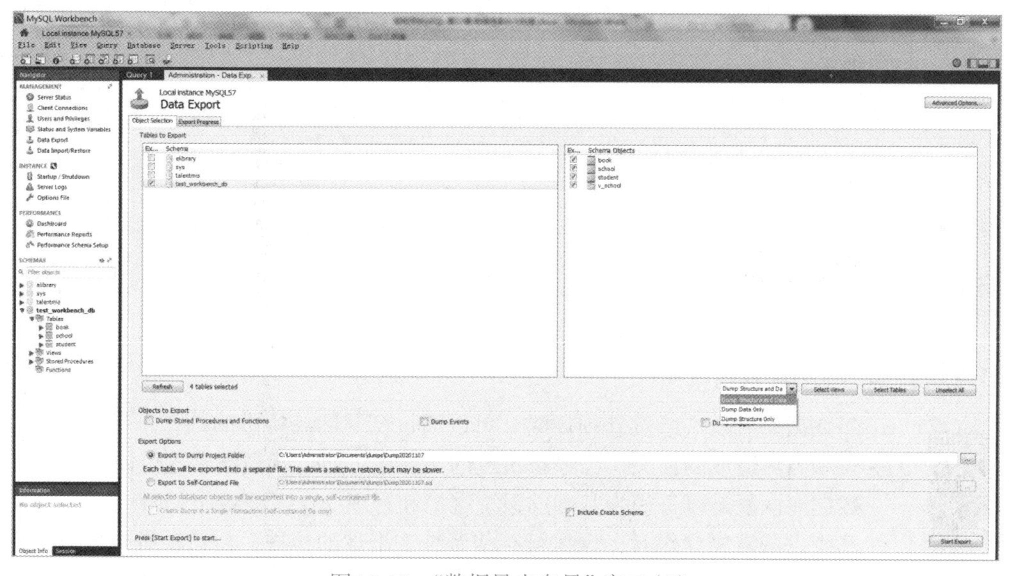

图13-10 “数据导出向导”窗口（3）

（5）在Export Options区域下方的Export to Dump Project Folder选项中选择导出文件的保存路径，如图13-11所示。

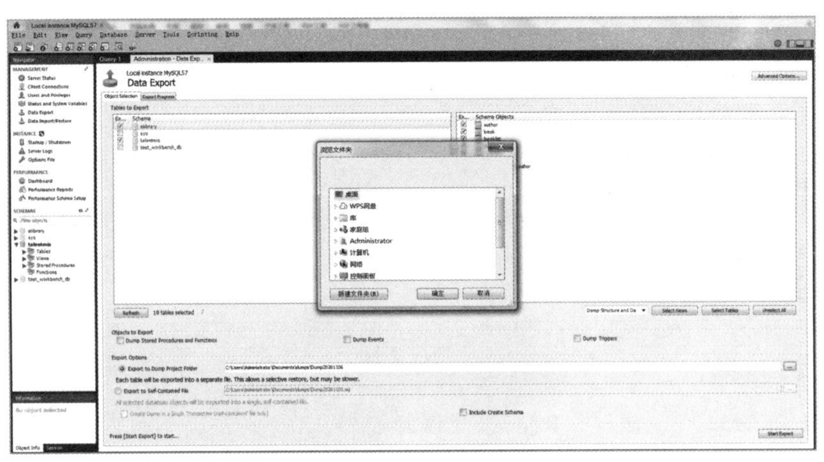

图13-11 “数据导出向导”窗口（4）

（6）在配置完导出选项后，单击Start Export按钮开始导出任务，完成结果如图13-12所示。

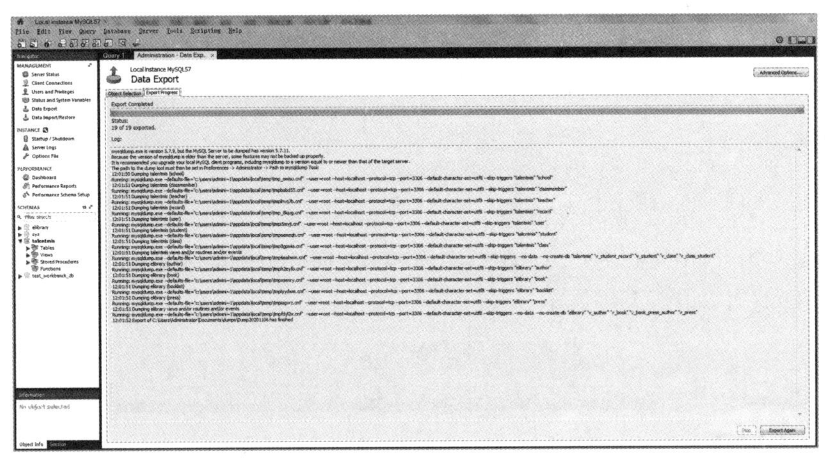

图13-12 “数据导出向导”窗口（5）

13.2 数据库恢复

（视频13–2：MySQL数据恢复）

扫一扫，看视频

当数据发生丢失或意外损坏时，可以通过恢复已经备份的数据来尽量减少数据的丢失和破坏造成的损失，已经备份过的文件也可通过恢复技术进行恢复。

数据库恢复是以备份为基础的系统维护和管理操作，与备份相对应。

系统进行恢复操作时，先执行一些系统安全性的检查，包括检查要恢复的数据库是否存在、数据库是否变化及数据库文件是否兼容等，然后根据所采用的数据库备份类型采取相应的恢复措施。

13.2.1 利用 SQL 命令恢复数据库文件

在 MySQL 中，可以利用 SQL命令来恢复备份的数据。

SQL 命令可以执行备份文件中的 CREATE 语句和 INSERT 语句，也就是说，SQL 命令可以通过 CREATE 语句来创建数据库和表。

MySQL数据库恢复的语句格式为：

mysql -uroot -p dbname < bakfile

功能：恢复数据库。

【例 13-5】恢复数据库test_workbench_db

在Windows平台下，使用MySQL数据库恢复语句将例13-1中的备份文件恢复到数据库（test_db）。操作步骤如下：

（1）在搜索框中输入cmd，打开DOS窗口。

（2）在DOS窗口，输入备份数据库的命令，命令如下：

```
mysql -uroot -p test_workbench_db < D:\db_backup.sql
```

输入密码后，完成数据库恢复，如图13-13所示。

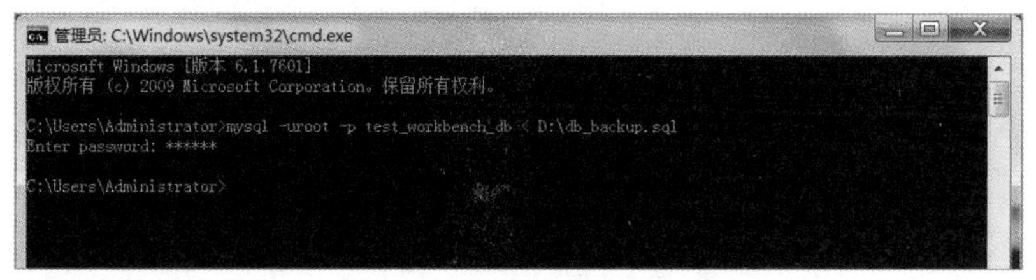

图13-13　恢复数据库命令

13.2.2　利用 Workbench 工具恢复

【例 13-6】利用Workbench工具恢复数据库（test_workbench_db）

操作步骤如下：

（1）打开Workbench工具，连接目标数据库服务器。

（2）在MANAGEMENT区域，选择Data Import/Restore选项，打开“数据导入向导”窗口，如图13-14所示。

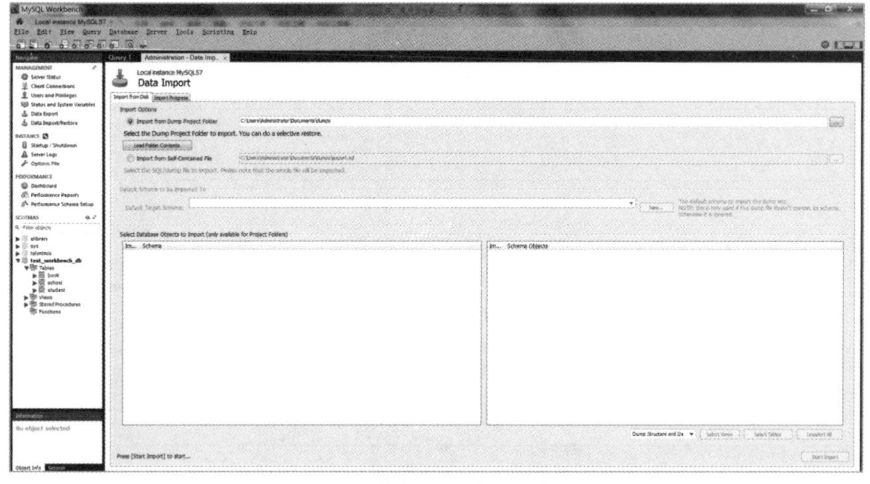

图13-14　“数据导入向导”窗口（1）

（3）在“数据导入向导”窗口的Import from Disk选项卡下，选中Import from Self-Contained File单选按钮，并选择备份文件，如图13-15所示。

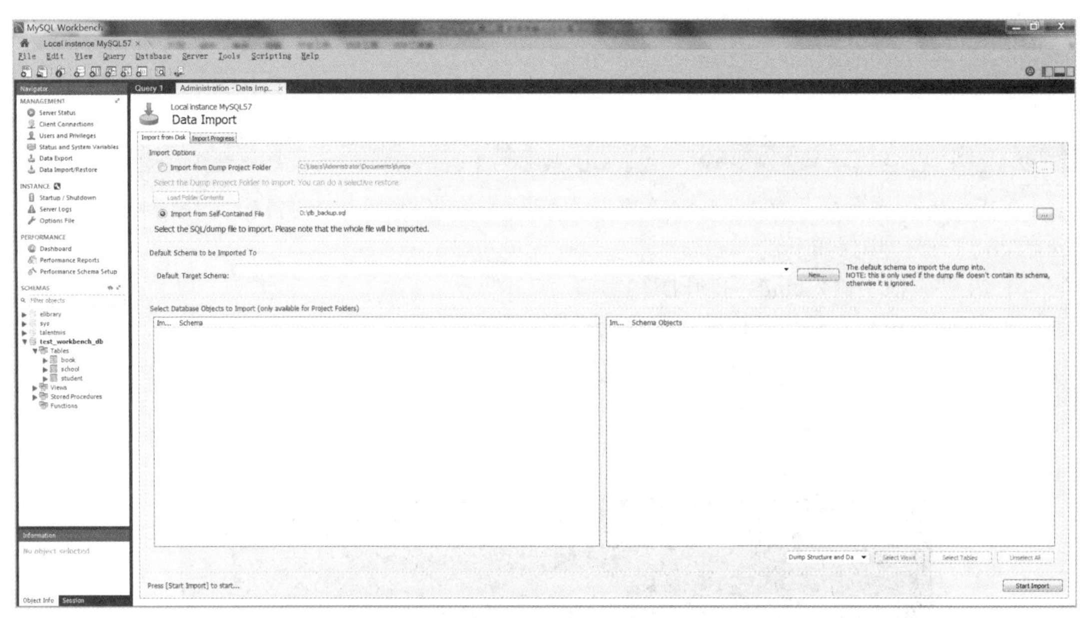

图13-15 “数据导入向导”窗口（2）

（4）可以在Select Views左侧的下拉菜单中根据需要选择导入内容，包括导入表结构和数据（Dump Structure and Data）、仅导入表结构（Dump Structure Only）或者仅导入数据（Dump Data Only），如图13-16所示。

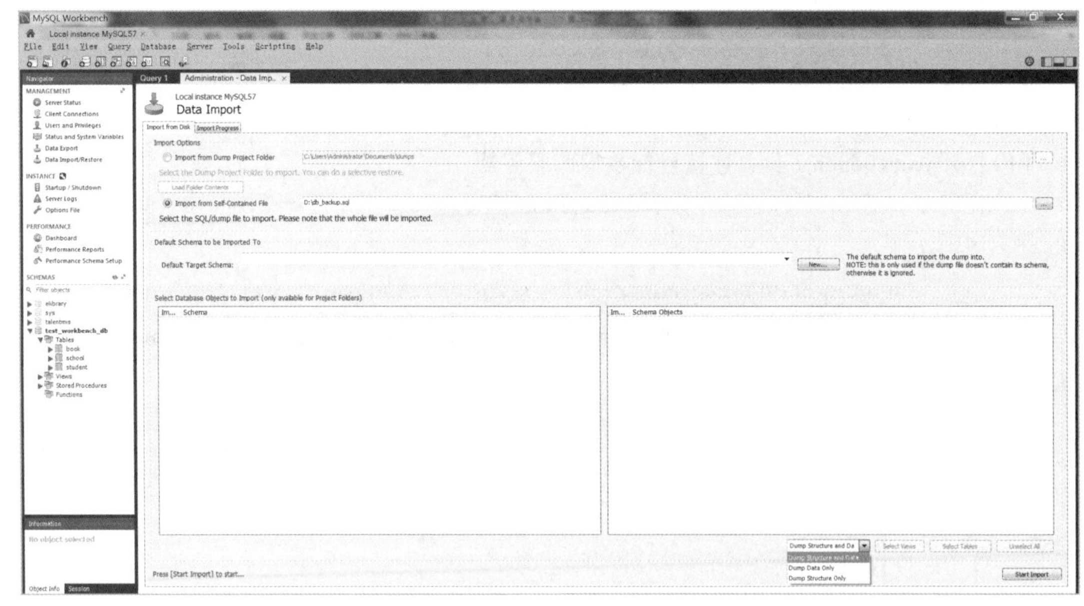

图13-16 “数据导入向导”窗口（3）

（5）导入完成结果如图13-17所示。

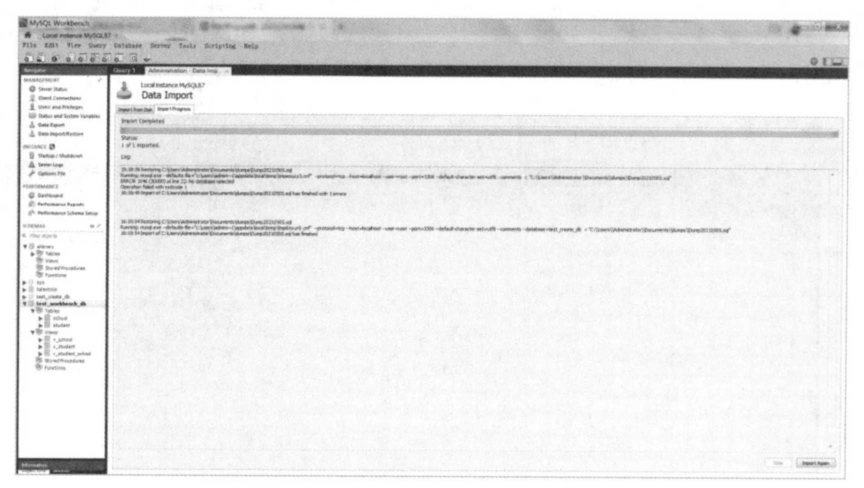

图13-17 “数据导入向导”窗口(4)

13.3 数据库表的导入和导出

在数据库的管理及维护过程中，数据表的导入和导出是很频繁的一种操作。本节将介绍MySQL中数据的导入和导出相关操作。

13.3.1 将数据库表导出到 Excel 文件

（视频13–3:MySQL数据导出）

扫一扫，看视频

【例13-7】利用Workbench工具导出表(student)数据

操作步骤如下：

(1)打开Workbench工具，连接目标数据库服务器，打开数据库(test_workbench_db)下拉菜单。

(2)在SCHEMAS区域，选择Tables中的表(student)为操作对象，右击后选择Select Rows–Limit 1000选项，如图13-18所示。

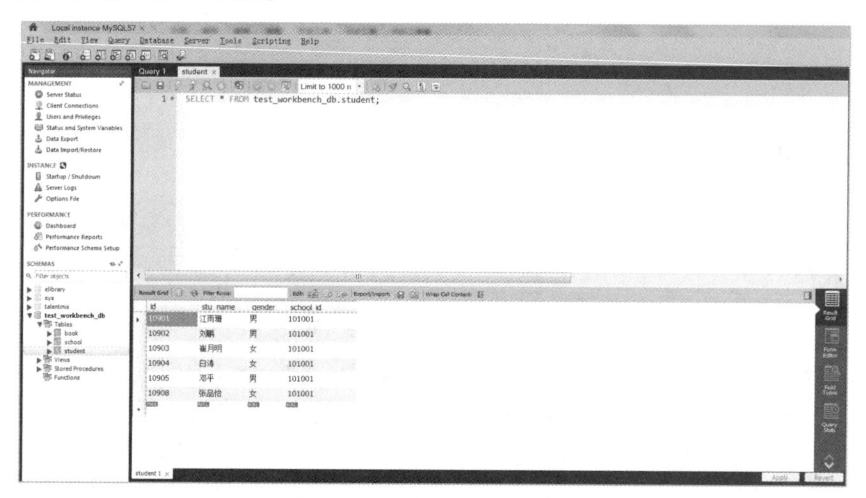

图13-18 表(student)的数据

（3）在SCHEMAS区域，选择Tables中的表（student）为操作对象，右击后选择Table Data Export Wizard选项，打开“表数据导出向导”窗口，如图13-19和图13-20所示。

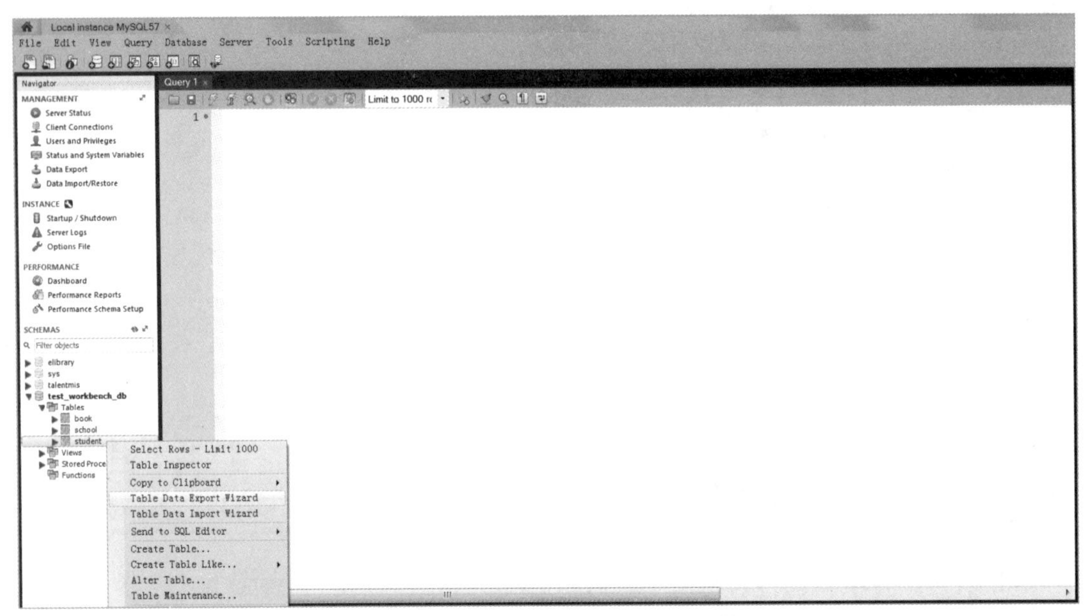

图13-19　选择Table Data Export Wizard选项

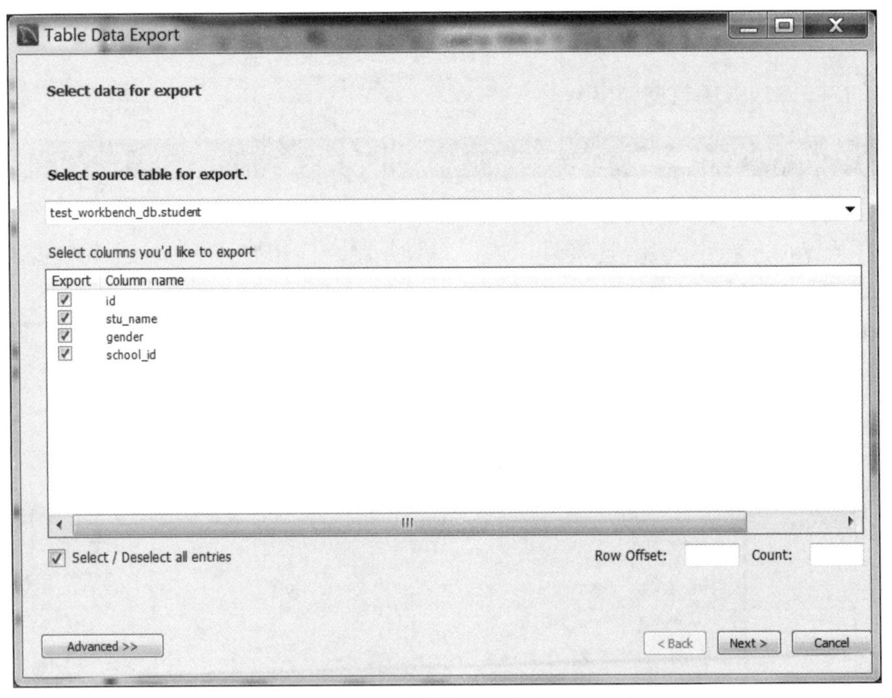

图13-20　“表数据导出向导”窗口（1）

（4）在“表数据导出向导”窗口，所有选项为默认，单击Next按钮。打开“表数据导出向导”的第2个窗口，选择数据文件的保存地址，选择csv单选按钮，其他选项为默认，如图13-21所示。

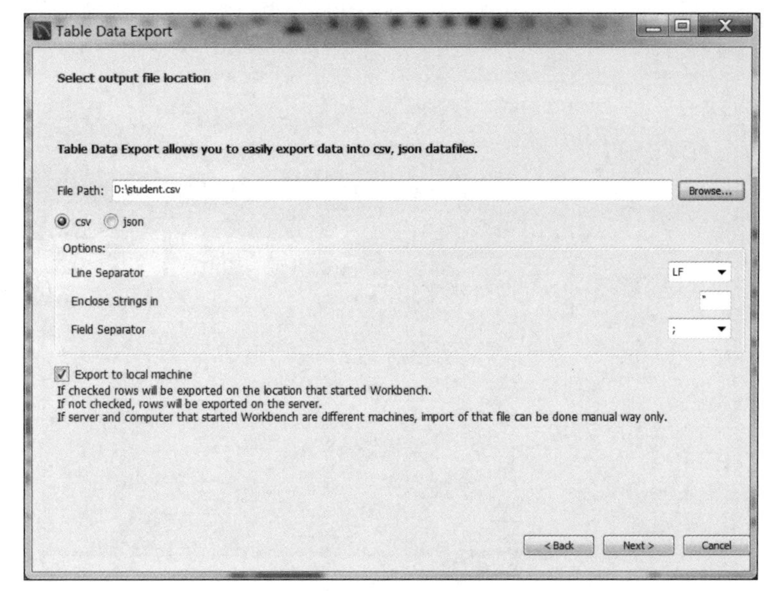

图13-21 “表数据导出向导”窗口（2）

（5）在“表数据导出向导”的第2个窗口，单击Next按钮，打开“表数据导出向导”的第3个窗口，如图13-22所示。

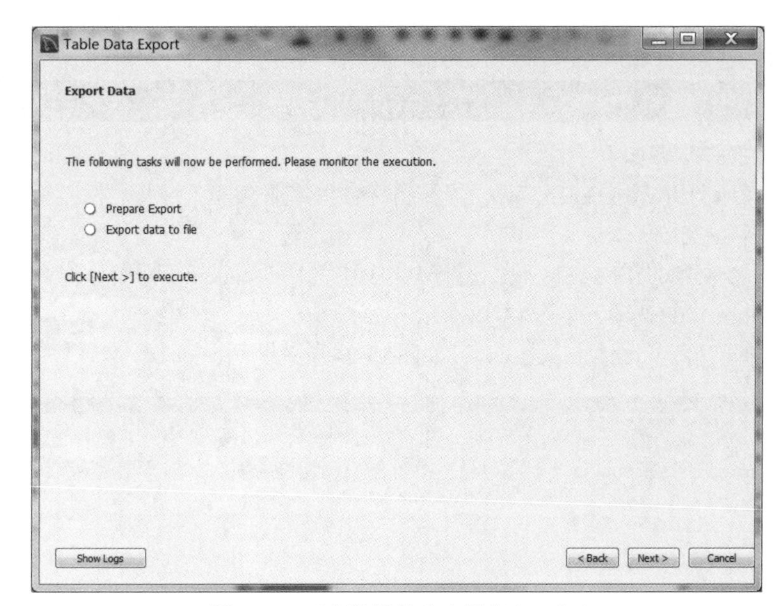

图13-22 “表数据导出向导”窗口（3）

（6）在“表数据导出向导”的第3个窗口，单击Next按钮，执行导出程序，完成数据导出操作，如图13-23所示。

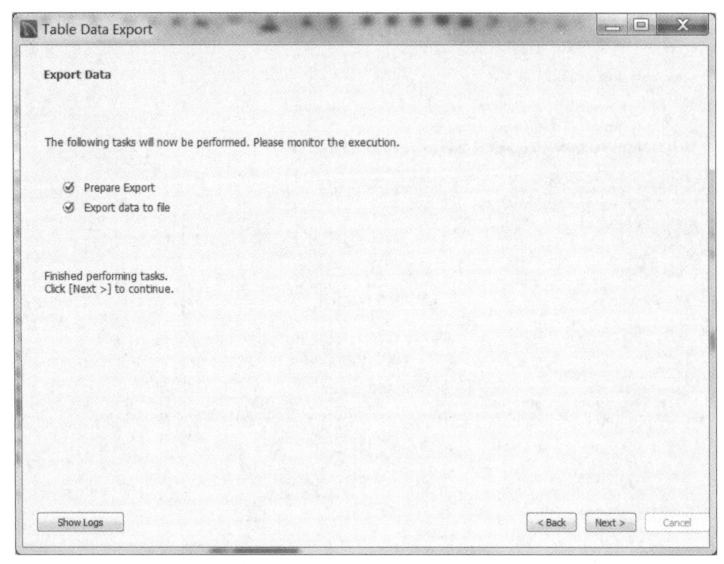

图13-23 “表数据导出向导”窗口（4）

13.3.2 将Excel文件的数据导入数据库

（视频13-4：MySQL数据导入）

【例13-8】利用Workbench工具导入表（student）数据

扫一扫，看视频

操作步骤如下：

（1）打开Workbench工具，连接目标数据库服务器，打开数据库（test_workbench_db）下拉菜单。

（2）在SCHEMAS区域，选择Tables中的表（student）为操作对象，右击后选择Select Rows – Limit 1000选项，如图13-18所示。

（3）打开数据文件student-import.csv，如图13-24所示。

图13-24 Excel文件中的数据

（4）在SCHEMAS区域，选择Tables中的表（student）为操作对象，右击后选择Table Data Import Wizard选项，打开“表数据导入向导”第1个窗口，如图13-25所示。

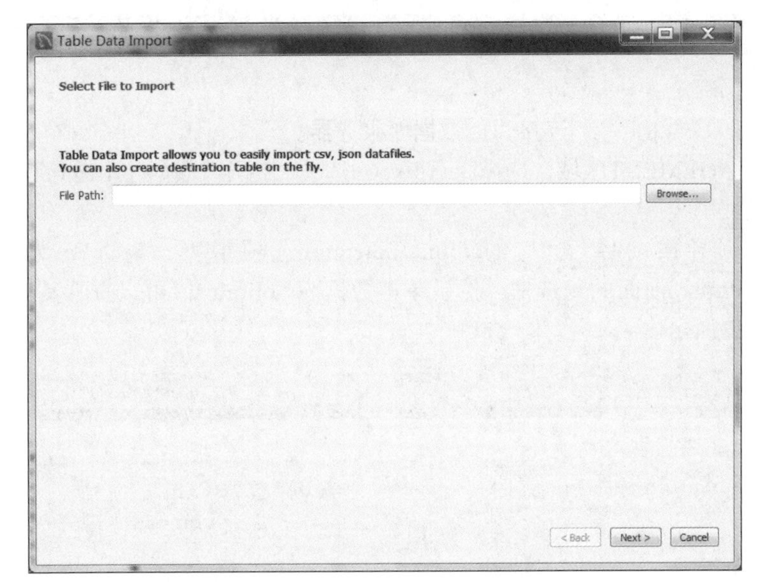

图 13-25　“表数据导入向导”窗口(1)

(5)在“表数据导入向导”第1个窗口，在File Path选项中，选择要导入文件的路径，单击Next按钮，打开“表数据导入向导”第2个窗口，如图13-26所示。

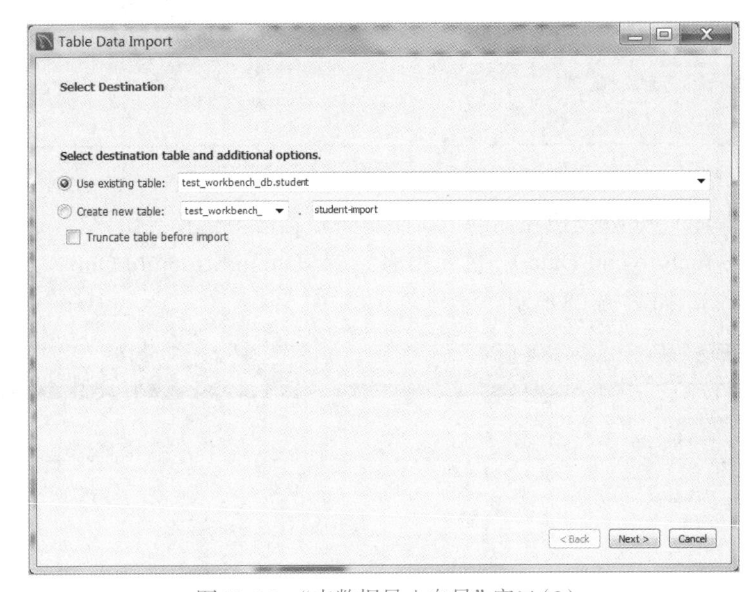

图 13-26　“表数据导入向导”窗口(2)

(6)在“表数据导入向导”第2个窗口，单击Next按钮，完成导入操作。

13.4 案例:“图书资源”和“校园阅读”数据库的备份与恢复

(视频13-5:MySQL数据备份与恢复案例)

本节将结合“图书资源”和“校园阅读”数据库的内容，介绍数据库的备份与恢复案例。

【例13-9】利用Workbench工具备份与恢复数据库（talentmis和elibrary）

操作步骤如下：

（1）打开Workbench工具，连接目标数据库服务器。

（2）在MANAGEMENT区域，选择Data Export选项，打开“数据导出向导”窗口，如图13-8所示。

（3）在“数据导出向导”窗口的Object Selection选项卡下，勾选需要备份的数据库（elibrary和talentmis）前面的复选框，然后单击数据库（elibrary）可以查看其导出的具体表或视图，如图13-27所示。

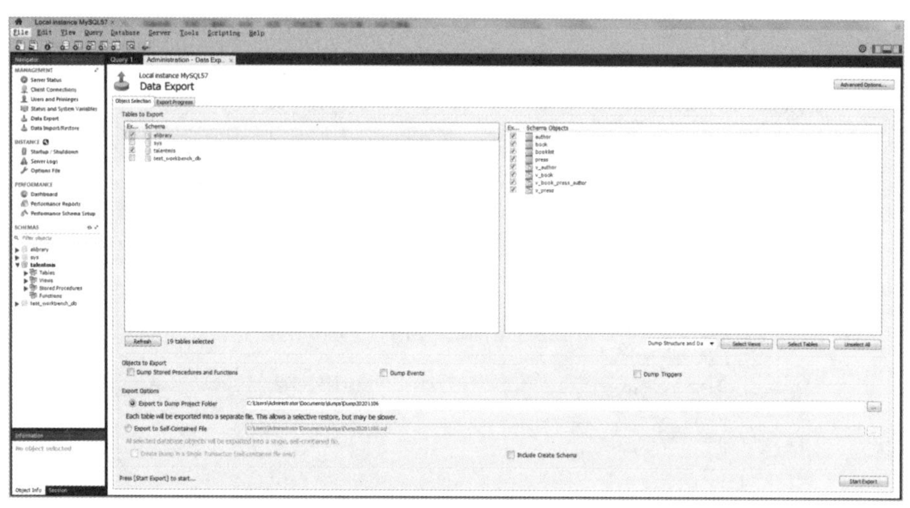

图13-27 “数据导出向导”窗口（1）

（4）可以在Select Views按钮左侧的下拉菜单中根据需要选择导出内容，包括导出表结构和数据（Dump Structure and Data）、仅导出表结构（Dump Structure Only）或者仅导出数据（Dump Data Only），如图13-28所示。

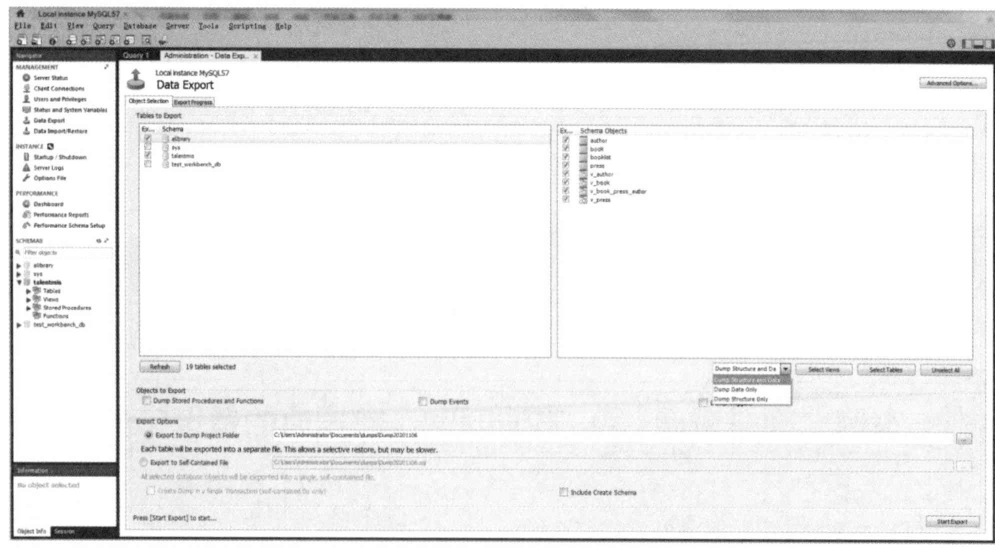

图13-28 “数据导出向导”窗口（2）

（5）在Export Options区域下方的Export to Dump Project Folder选项中选择导出文件的保

存路径，如图13-29所示。

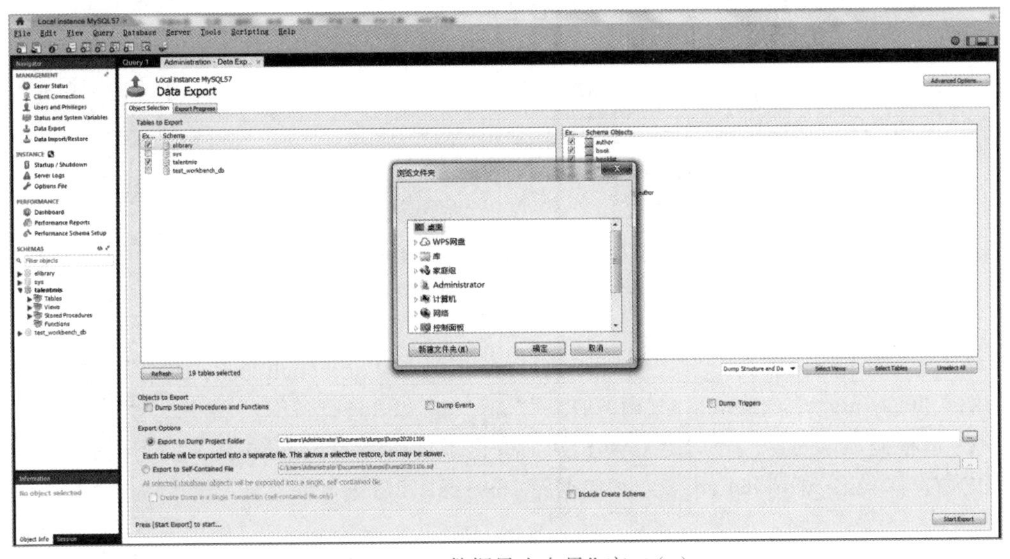

图13-29 “数据导出向导”窗口(3)

(6)在配置完成导出选项后，单击Start Export按钮开始导出任务，完成数据库备份操作，结果如图13-30所示。

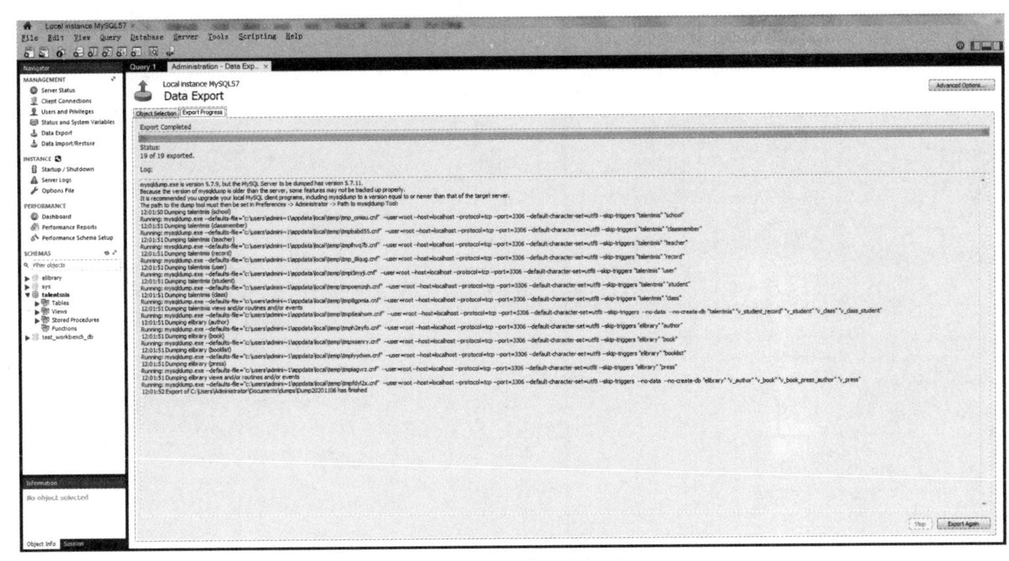

图13-30 “数据导出向导”窗口(4)

(7)利用Workbench工具恢复数据库的实例与例13-6的内容一致，这里不再赘述。

13.5 习题十三

1.简答题

(1)查阅资料，简述利用Workbench和MySQLdump备份数据库的联系和区别。

(2)简述数据库的备份与恢复及数据库表的导入和导出，并分析两者之间的联系与区别。

2.选择题

（1）下列选项中，用于数据库导入功能的是（　　）。

A. MySQLdump工具　　B. Workbench备份工具

C. mysql -uroot -p dbname < bakfile　　D. mysql -uroot -p password

（2）下列选项中说法错误的是（　　）。

A. 数据库管理软件可进行数据库安全控制

B. MySQL的备份与恢复不是一种常规的安全策略

C. 要想实现及时有效的数据恢复，需对数据进行备份

D. MySQL的备份主要分为逻辑备份和物理备份

3.操作题

（1）请根据本章内容，分别使用MySQLdump工具和Workbench视图，对习题五操作题中创建的数据库（my_workbench_db）和数据库（my_sql_db）进行备份。

（2）请根据本章内容，分别使用MySQL命令行工具和Workbench视图，对习题五操作题中创建的数据库（my_workbench_db）和数据库（my_sql_db）进行恢复。

第 14 章

用户管理与权限管理

学习目标

本章主要讲解 MySQL 数据库的用户管理和权限管理，并通过案例演示 MySQL 数据库的访问控制。通过本章的学习，读者可以：

- 掌握用户管理的方法
- 掌握权限管理的方法
- 掌握“图书资源”案例数据库访问控制的创建方法
- 掌握“校园阅读”案例数据库访问控制的创建方法

内容浏览

14.1 用户管理

要想数据库不被其他用户访问，或保护数据库不被别人修改和窃用，可以使用数据库的用户管理。数据库的拥有者和管理者只有把用户管理好，根据用户操纵数据库的需求注册不同级别的用户，并对这些用户进行阶段性维护，这样才能够保证数据库的安全。

14.1.1 管理用户的命令

用户管理的主要操作有管理、创建、查看、修改和删除，管理用户的常用操作命令示例见表14-1。

表 14-1 管理用户的常用操作命令示例

功能	命令示例
管理	mysql> use mysql;
创建	mysql> create user zx_root IDENTIFIED by 'xxxxx';
查看	mysql> select host,user,password from user ;
删除	mysql> drop user newuser;
修改密码	mysql> set password for zx_root =password('xxxxxx');
	mysql> update mysql.user set password=password('xxxx') where user='otheruser';

创建用户可以直接通过使用root用户登录MySQL服务器，然后向mysql.user表中插入新用户记录，但是在开发中为了保证数据的安全，并不推荐使用此方式创建用户。

14.1.2 创建用户

（视频14–1：创建用户）

MySQL创建用户的语句格式为：

CREATE USER [IF NOT EXISTS]账户名 [用户身份验证选项][, 账户名 [用户身份验证选项]]...[WITH 资源控制选项][密码管理选项 | 账户锁定选项]

功能：创建用户。

说明：

（1）账户名由“用户名@主机地址”组成，设置的用户名不能超过32个字符，且区分大小写，但是主机地址不区分大小写。

（2）用户身份验证选项由default_authentication_plugin系统变量定义的插件进行身份验证。

（3）加密连接协议选项用NONE表示。

（4）资源控制选项用N表示（无限制）。

（5）密码管理选项用PASSWORD EXPIRE DEFAULT表示。

（6）用户锁定选项用ACCOUNT UNLOCK表示。

（7）用户身份验证选项的设置仅适用于其前面的用户名，可将其理解为某个用户的私有属性；其余的选项对声明中的所有用户都有效，可以将其理解为全局属性。

在创建用户时，说明（2）~（7）若未设置则使用默认值。

【例14-1】创建最简单的用户(dbadmin)

操作步骤如下:

(1)在“开始”菜单下,在搜索框中输入cmd,打开DOS窗口。

(2)在DOS窗口,输入登录数据库命令:

```
mysql -uroot -p
```

输入密码后,完成数据库登录,如图14-1所示。

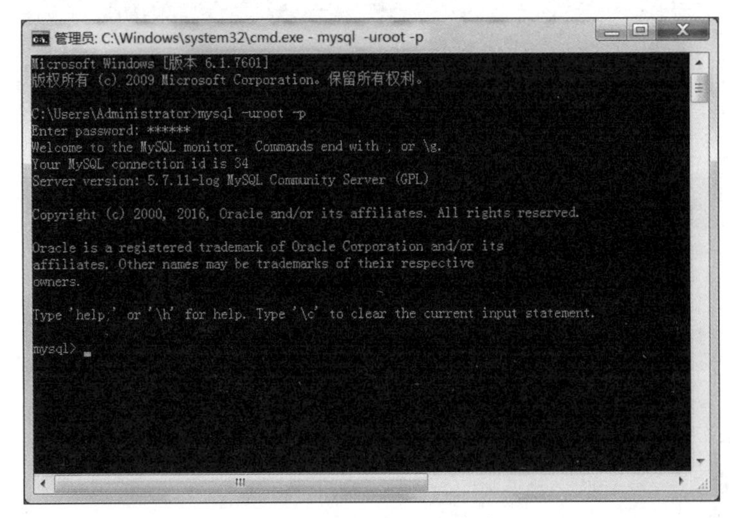

图14-1 登录数据库命令

(3)在DOS窗口,输入创建用户命令,命令如下:

```
CREATE USER 'dbadmin';
```

创建结果如图14-2所示。

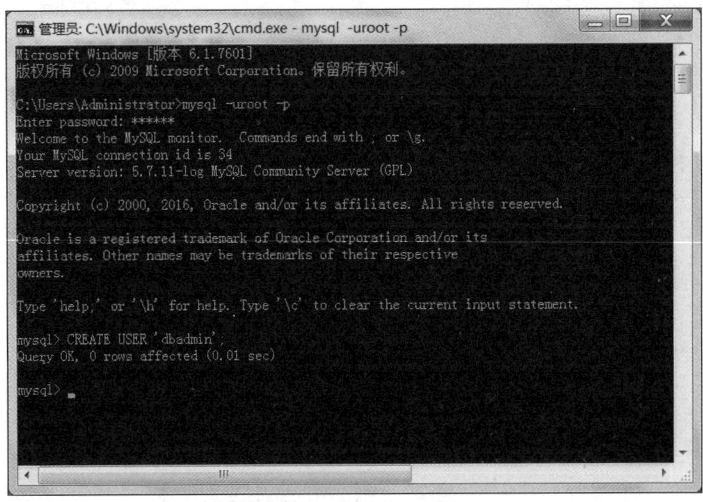

图14-2 创建用户命令

(4)在DOS窗口,输入查询用户命令,命令如下:

```
SELECT host,user FROM mysql.user;
```

可以看到新创建的用户dbadmin,如图14-3所示。

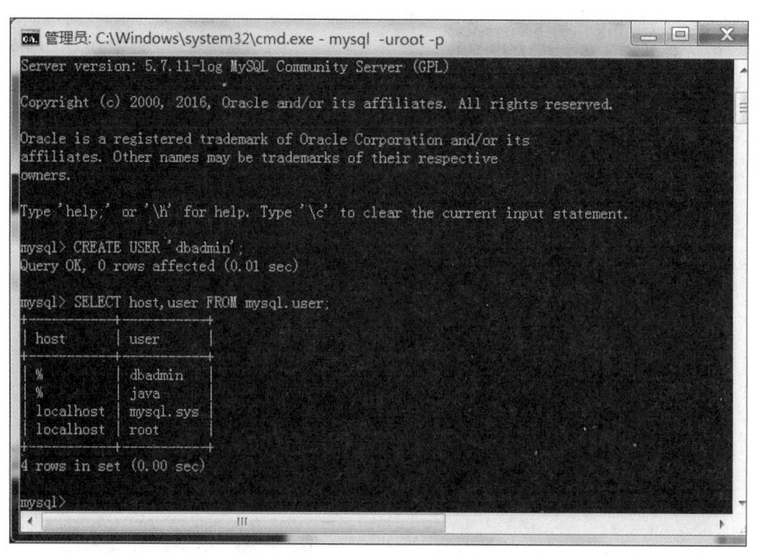

图 14-3 查询用户结果

【例 14-2】创建有密码的用户（dbadmin1）

操作步骤如下：

（1）在“开始”菜单下，在搜索框中输入cmd，打开DOS窗口。

（2）在DOS窗口，输入命令登录数据库。

（3）在DOS窗口，输入创建用户命令，命令如下：

```
CREATE USER 'dbadmin1'@'localhost' IDENTIFIED BY '123456';
```

执行后的结果如图14-4所示。

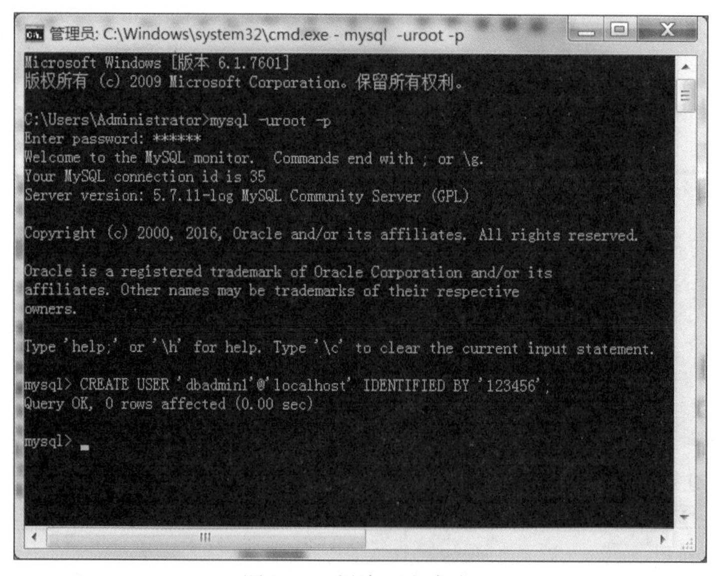

图 14-4 创建用户命令

（4）在DOS窗口，输入查询用户命令，命令如下：

```
SELECT plugin, authentication_string FROM mysql.user WHERE user= 'dbadmin1';
```

可以看到新创建的用户dbadmin1，如图14-5所示。

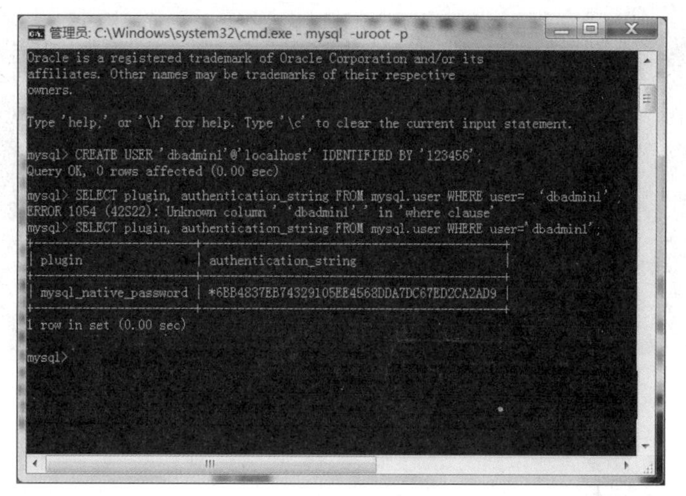

图 14-5　查询用户结果

注意： *在设置用户密码时可以指定对密码加密的插件，只需将IDENTIFIED BY“明文密码”修改为指定的选项即可。*

【例 14-3】同时创建多个用户（dbadmin2和dbadmin3）

操作步骤如下：

（1）在“开始”菜单下，在搜索框中输入cmd，打开DOS窗口。

（2）在DOS窗口，输入命令登录数据库。

（3）在DOS窗口，输入创建用户命令，命令如下：

```
CREATE USER 'dbadmin2'@'localhost' IDENTIFIED BY '123456','dbadmin3'@'localhost'
IDENTIFIED BY '123456';
```

执行后的结果如图 14-6 所示。

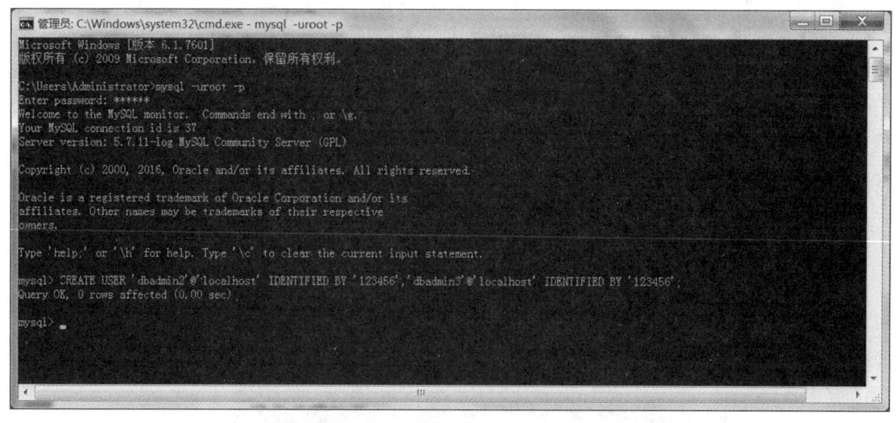

图 14-6　创建多个用户命令

（4）在DOS窗口，输入查询用户命令，命令如下：

```
SELECT plugin, authentication_string,user FROM mysql.user WHERE user LIKE 'dbadmin%';
```

可以看到新创建的用户dbadmin2 和dbadmin3，如图 14-7 所示。

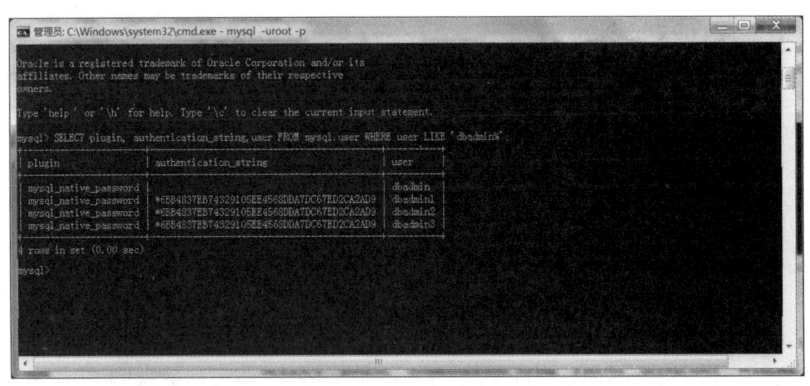

图14-7　查看创建的多个用户

14.1.3　修改用户

（视频14–2：修改、删除用户）

MySQL修改用户的语句格式为：

ALTER USER [IF EXISTS]账户名 [用户身份验证选项][, 账户名 [用户身份验证选项]]...[WITH 资源限制选项][密码管理选项 | 账户锁定选项]

功能：修改用户。

说明：

（1）语法中选项的可选值与创建用户时的选项值完全相同。

（2）用户每次被修改，都会更新其在mysql.user表中对应的字段值，而未修改的字段仍会保留它原来的值。

【例14-4】修改用户（dbadmin）密码

操作步骤如下：

（1）在“开始”菜单下，在搜索框中输入cmd，打开DOS窗口。

（2）在DOS窗口，输入命令登录数据库。

（3）在DOS窗口，输入修改用户密码命令，命令如下：

```
ALTER USER 'dbadmin' identified by '123456';
```

执行后的结果如图14-8所示。

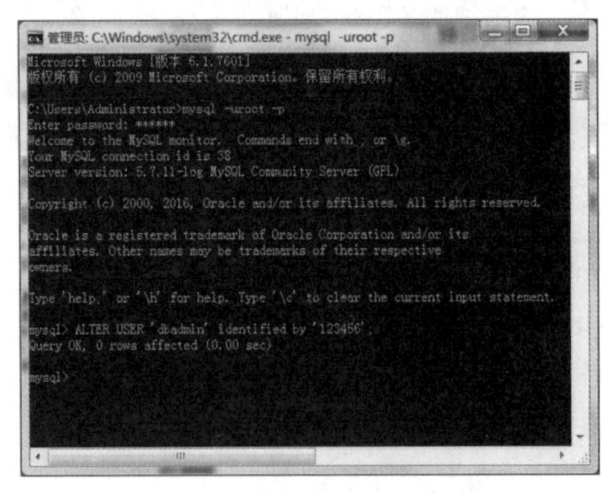

图14-8　修改用户密码命令

（4）在DOS窗口，输入查询用户命令，命令如下：

```
SELECT plugin,authentication_string,user FROM mysql.user WHERE user='dbadmin';
```

可以看到用户dbadmin的用户信息，如图14-9所示。

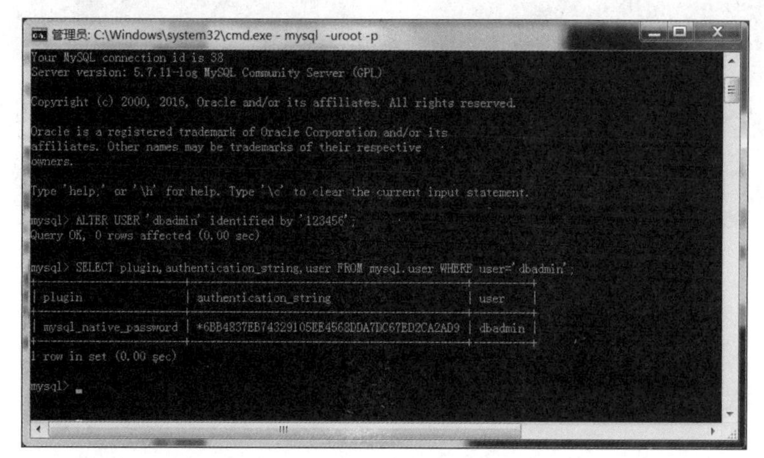

图14-9　查询用户命令

14.1.4　删除用户

在MySQL中允许创建多个普通用户管理数据库，有时随着系统功能的增多和时间的推移，某些用户会变得可有可无，此时可以将这些用户删除。

MySQL删除用户的语句格式为：

DROP USER [IF EXISTS] 账户名 [, 账户名] ...;

功能：删除用户。

说明：当DROP USER语句删除当前正在打开的用户时，该用户的会话并不会被自动关闭。只有在该用户会话关闭后，删除操作才会生效，再次使用该用户登录将会失败。另外，利用已删除的用户登录服务器创建的数据库或对象不会因此删除操作而失效。

【例14-5】删除用户（dbadmin）

操作步骤如下：

（1）在“开始”菜单下，在搜索框中输入cmd，打开DOS窗口。

（2）在DOS窗口，输入命令登录数据库。

（3）在DOS窗口，输入删除用户命令，命令如下：

```
DROP USER IF EXISTS 'dbadmin';
```

执行后的结果如图14-10所示。

（4）在DOS窗口，输入查询用户命令，命令如下：

```
SELECT host,user FROM mysql.user WHERE user LIKE 'dbadmin%';
```

执行以上命令可以检查用户dbadmin是否删除成功。如果查询到的用户列表中没有用户dbadmin，说明删除成功，如图14-11所示。

```
管理员: C:\Windows\system32\cmd.exe - mysql -uroot -p
Microsoft Windows [版本 6.1.7601]
版权所有 (c) 2009 Microsoft Corporation。保留所有权利。

C:\Users\Administrator>mysql -uroot -p
Enter password: ******
Welcome to the MySQL monitor.  Commands end with ; or \g.
Your MySQL connection id is 39
Server version: 5.7.11-log MySQL Community Server (GPL)

Copyright (c) 2000, 2016, Oracle and/or its affiliates. All rights reserved.

Oracle is a registered trademark of Oracle Corporation and/or its
affiliates. Other names may be trademarks of their respective
owners.

Type 'help;' or '\h' for help. Type '\c' to clear the current input statement.

mysql> DROP USER IF EXISTS 'dbadmin';
Query OK, 0 rows affected (0.00 sec)

mysql> _
```

图14-10　删除用户命令

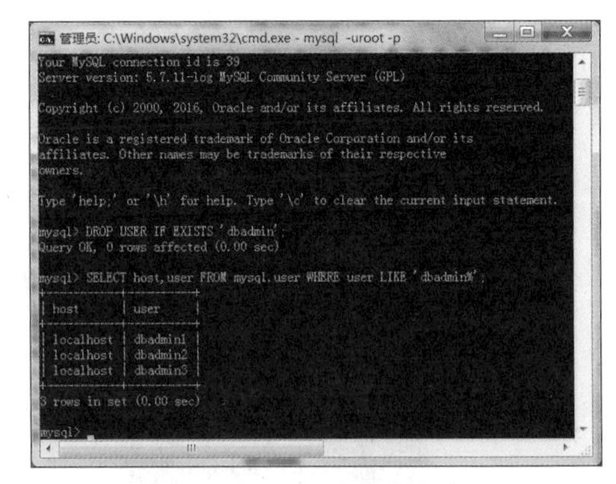

图14-11　查看删除结果

14.2 权限管理

MySQL数据库的权限管理非常重要，但却被很多开发者或管理者忽略。用户权限分配得不合理，将会造成难以挽回的后果。一般建议最高权限只授予一个用户，该用户作为管理者，再去分配其他开发者的对应权限。对于线上的数据库，授予权限时要特别慎重。

14.2.1　权限系统

权限系统有五层级别，其操作的权限范围如下。

（1）全局级别：一个服务器中的所有数据库。

（2）数据库级别：一个数据库中的所有对象，包括表、视图等。

（3）表级别：一个表中的所有列。

（4）列级别：表中的单列。

（5）子程序级别：数据库中存储的子程序。

MySQL的权限信息存储在数据库中的user、db、host、tables、tables_priv、columns_priv、procs_priv等表中。MySQL通过GRANT命令进行授权操作，通过REVOKE命令进行回收权限操作，其权限见表14-2。

表 14-2　MySQL 的权限

权限	权限级别	权限说明
CREATE	数据库、表或索引	创建数据库、表或索引的权限
DROP	数据库或表	删除数据库或表的权限
GRANT OPTION	数据库、表或保存的程序	授权的权限
REFERENCES	数据库或表	创建外键关系的权限
ALTER	表	修改表的权限，如添加字段、索引等
DELETE	表	删除数据的权限
INDEX	表	索引的权限

续表

权限	权限级别	权限说明
INSERT	表	插入的权限
SELECT	表	查询的权限
UPDATE	表	更新的权限
CREATE VIEW	视图	创建视图的权限
SHOW VIEW	视图	查看视图的权限
ALTER ROUTINE	存储过程	修改存储过程的权限
CREATE ROUTINE	存储过程	创建存储过程的权限
CALL	存储过程	执行存储过程的权限
FILE	服务器管理	文件访问的权限
CREATE TEMPORARY TABLES	服务器管理	创建临时表的权限
LOCK TABLES	服务器管理	锁表的权限
CREATE USER	服务器管理	创建用户的权限
PROCESS	服务器管理	查看进程的权限
RELOAD	服务器管理	执行 flush-hosts、flush-logs、flush-privileges、flush-status、flush-tables、flush-threads、refresh、reload 等命令的权限
REPLICATION CLIENT	服务器管理	复制的权限
REPLICATION SLAVE	服务器管理	
SHOW DATABASES	服务器管理	查看数据库的权限
SHUTDOWN	服务器管理	关闭数据库的权限
SUPER	服务器管理	超级管理员的权限

14.2.2 用户授权

（视频 14–3：用户授权）

MySQL授权的语句格式为：

```
GRANT priv_type [(column_list)] ON database.table
TO user [IDENTIFIED BY [PASSWORD] 'password']
[, user[IDENTIFIED BY [PASSWORD] 'password']] ...
[WITH with_option [with_option]...]
```

功能：用户授权。

说明：

（1）priv_type 参数表示权限类型。

（2）columns_list 参数表示权限作用于哪些列，省略该参数时，表示作用于整个表。

（3）database.table 参数用于指定权限的级别。

（4）user 参数表示用户账户，由用户名和主机名构成，格式是'username'@'hostname'。

（5）IDENTIFIED BY 参数用来为用户设置密码。

（6）password 参数是用户的新密码。

【例14-6】授权用户（dbadmin）SELECT和INSERT权限

操作步骤如下：

（1）在“开始”菜单下，在搜索框中输入cmd，打开DOS窗口。

（2）在DOS窗口，输入命令登录数据库。

（3）在DOS窗口，输入用户授权命令，命令如下：

```
GRANT SELECT,INSERT ON *.*
TO 'dbadmin'@'localhost' IDENTIFIED BY '123123' WITH GRANT OPTION;
```

执行后的结果如图14-12所示。

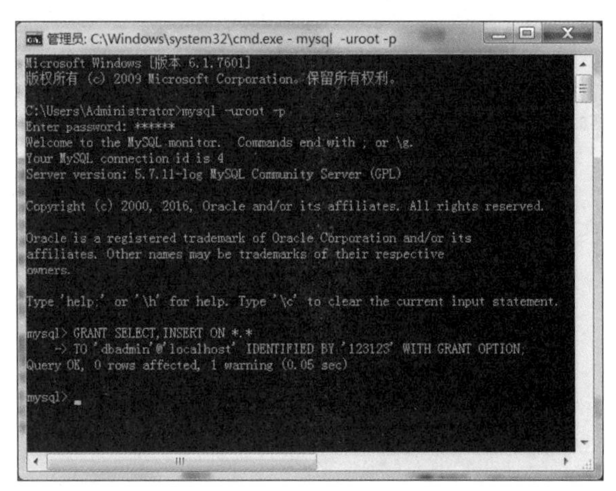

图14-12　用户授权命令

（4）在DOS窗口，输入查询用户权限命令，命令如下：

```
SHOW GRANTS FOR 'dbadmin'@'localhost';
```

可以看到新授权的用户dbadmin，如图14-13所示。

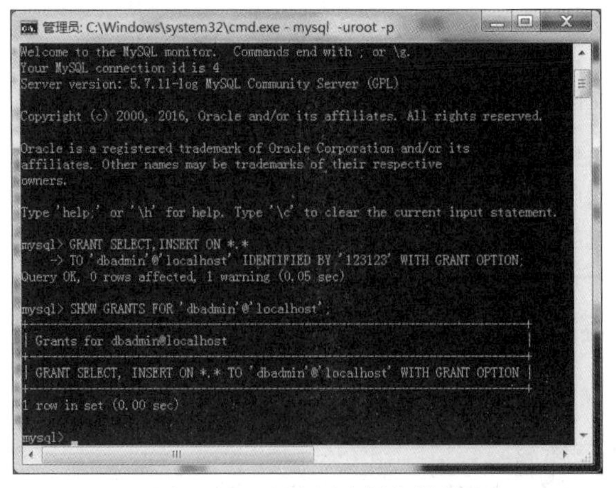

图14-13　查询用户授权结果

14.2.3 权限回收

（视频14–4：权限回收）

扫一扫，看视频

MySQL权限回收的语句格式为：

REVOKE priv_type [(column_list)]...

ON database.table

FROM user [, user]...

功能：用户权限回收。

说明：

（1）priv_type 参数表示权限的类型。

（2）column_list 参数表示权限作用于哪些列，没有该参数时作用于整个表。

（3）user 参数由用户名和主机名构成，格式为'username'@'hostname'。

【例 14-7】回收用户（dbadmin）的INSERT权限

操作步骤如下：

（1）在“开始”菜单下，在搜索框中输入cmd，打开DOS窗口。

（2）在DOS窗口，输入命令登录数据库。

（3）在DOS窗口，输入查询用户权限命令，命令如下：

```
SHOW GRANTS FOR 'dbadmin'@'localhost';
```

可以看到用户 dbadmin拥有SELECT和INSERT权限，如图14-14所示。

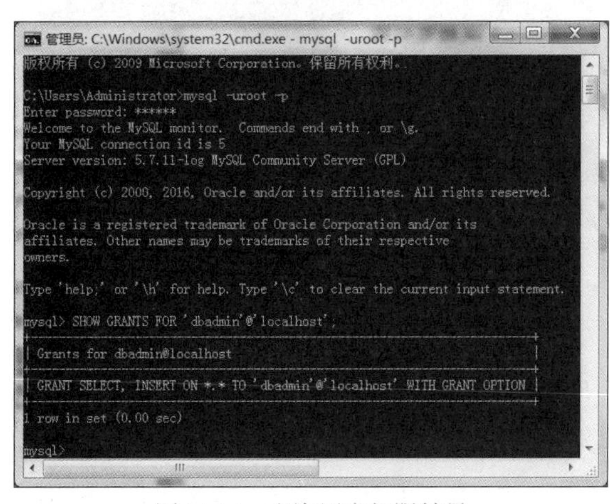

图14-14 查询用户权限结果

（4）在DOS窗口，输入回收用户权限命令，命令如下：

```
REVOKE INSERT ON *.* FROM 'dbadmin'@'localhost';
```

执行后的结果如图14-15所示。

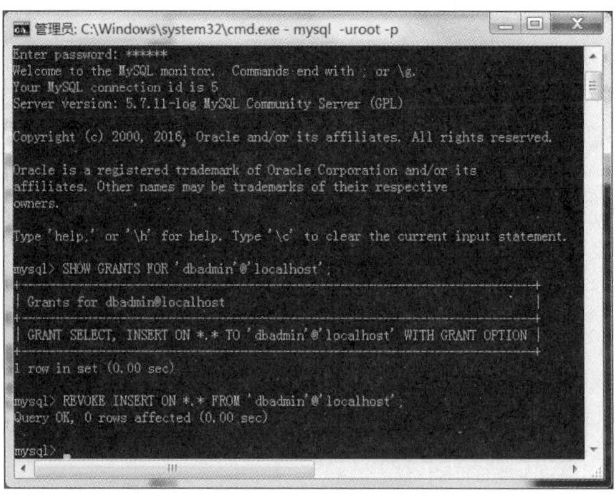

图14-15　回收用户权限命令

（5）在DOS窗口，输入查询用户权限命令，命令如下：

```
SHOW GRANTS FOR 'dbadmin'@'localhost';
```

可以看到INSERT权限已经被回收成功，如图14-16所示。

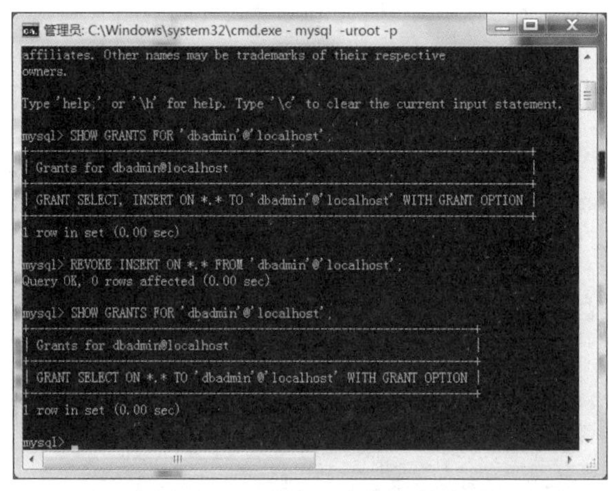

图14-16　查询用户权限结果

14.2.4　权限管理使用技巧

权限管理的使用技巧如下：

（1）只授予能满足需要的最小权限，防止用户行为不可控。例如，用户如果只需要查询，则赋予SELECT权限即可，不需要给用户赋予UPDATE、INSERT等权限。

（2）创建用户时，将登录权限限制为仅允许用户登录主机，通过限制其IP或者内网IP段来实现。

（3）初始化数据库时，将没有密码的用户删除。安装数据库时会自动创建一些用户，这些用户默认没有密码，会给数据库带来风险，要及时删除这些用户。

（4）为每个用户设置满足复杂度的密码。

（5）定期清理不需要的用户。

（6）及时回收权限。

14.3 习题十四

1.简答题

(1)简述用户管理的操作步骤。

(2)简述权限系统的级别。

2.选择题

(1)下列选项中，用于为用户授权的关键字是(　　)。

A. GRANT　　B. REVOKE　　C. ALTER　　D. CREATE

(2)下列选项中，叙述不正确的是(　　)。

A. 用户管理中有创建用户和删除用户的操作

B. 允许创建多个普通用户管理数据库

C. 用户权限分配不合理所造成的后果有时难以挽回

D. 创建用户时通常将登录权限限制为仅允许用户登录主机

3.操作题

(1)请根据本章内容，创建带密码的用户myadmin，密码为mysql3306。

(2)请根据本章内容，创建三个带密码的用户myadmin1、myadmin2和myadmin3，密码均为mysql3306。

(3)请根据本章内容，给用户myadmin授予SELECT、INSERT、UPDATE和DELETE四个权限。

4 基于 Python 的数据库应用系统开发

第 15 章

Python 编程基础

学习目标

本章主要讲解 Python 编程基础，包括介绍 Python 编程环境和 Python 程序结构，并结合 Python 程序设计实例介绍如何进行数据库操作。通过本章的学习，读者可以：

- 熟悉 Python 编程环境
- 熟悉 Python 程序结构
- 熟悉 Python 常用算法
- 学会 Python 程序设计实例

内容浏览

15.1 Python编程环境

（视频15-1：Python安装方法）

Python编程环境下载与安装操作步骤如下：

（1）在浏览器中，打开网址https://www.python.org/downloads/，根据需要下载对应的Python版本，如图15-1所示。

Release version	Release date		Click for more
Python 3.9.0	Oct. 5, 2020	Download	Release Notes
Python 3.8.6	Sept. 24, 2020	Download	Release Notes
Python 3.5.10	Sept. 5, 2020	Download	Release Notes
Python 3.7.9	Aug. 17, 2020	Download	Release Notes
Python 3.6.12	Aug. 17, 2020	Download	Release Notes
Python 3.8.5	July 20, 2020	Download	Release Notes
Python 3.8.4	July 13, 2020	Download	Release Notes

View older releases

图15-1　Python版本选择

（2）在Python下载列表中单击对应的Download按钮打开下载详情页，如图15-2所示。

Files

Version	Operating System	Description	MD5 Sum	File Size	GPG
Gzipped source tarball	Source release		ea132d6f449766623eee886966c7d41f	24377280	SIG
XZ compressed source tarball	Source release		69e73c49eeb1a853cefd26d18c9d069d	18233864	SIG
macOS 64-bit installer	Mac OS X	for OS X 10.9 and later	68170127a953e7f12465c1798f0965b8	30464376	SIG
Windows help file	Windows		4403f334f6c05175cc5edf03f9cde7b4	8531919	SIG
Windows x86-64 embeddable zip file	Windows	for AMD64/EM64T/x64	5f95c5a93e2d8a5b077f406bc4dd96e7	8177848	SIG
Windows x86-64 executable installer	Windows	for AMD64/EM64T/x64	2acba3117582c5177cdd28b91bbe9ac9	28076528	SIG
Windows x86-64 web-based installer	Windows	for AMD64/EM64T/x64	c9d599d3880dfbc08f394e4b7526bb9b	1365864	SIG
Windows x86 embeddable zip file	Windows		7b287a90b33c2a9be55fabc24a7febbb	7312114	SIG
Windows x86 executable installer	Windows		02cd63bd5b31e642fc3d5f07b3a4862a	26987416	SIG
Windows x86 web-based installer	Windows		acb0620aea46edc358dee0020078f228	1328200	SIG

图15-2　Python下载列表

（3）根据需要下载，建议选择Windows x86-64 executable installer下载Python的64位exe安装包，适合在Windows平台下安装。

（4）下载完成后打开文件，进入安装程序，选择Install Now选项，勾选Add Python 3.7 to PATH复选框，如图15-3所示。

图 15-3　Python安装界面

（5）等待一段时间后安装完成，Python安装成功的界面如图 15-4 所示。

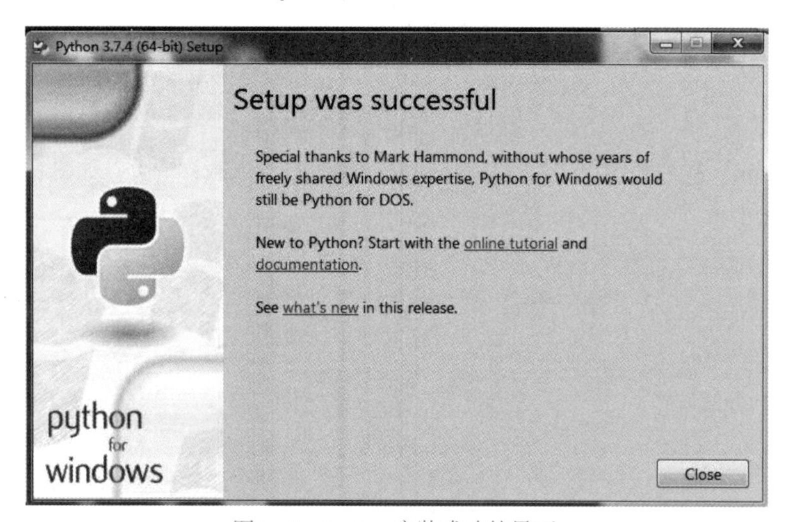

图 15-4　Python安装成功的界面

15.2　Python程序结构

15.2.1　顺序结构

（视频 15-2：Python顺序结构）

扫一扫，看视频

顺序结构是指程序根据程序中语句的书写顺序依次执行的结构。常见的顺序结构的语句有：赋值语句（=）、输入输出语句（print）等。顺序结构语句的流程图如图 15-5 所示。

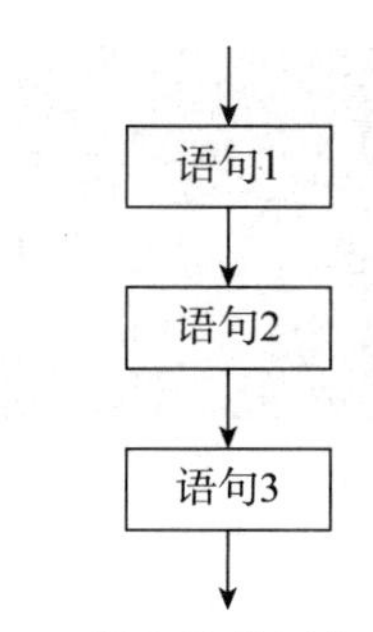

图 15-5　顺序结构语句的流程图

1. 赋值语句

语句格式为：

[变量名]=[值]

功能：为变量赋值。

说明：

（1）Python 中声明变量不需要声明类型。

（2）每个变量在内存中创建，包括变量的标识、名称和数据等信息。

（3）每个变量在使用前都必须赋值，变量赋值以后该变量才会被创建。

2. 输出语句

语句格式为：

print(*objects, sep=' ', end='\n', file=sys.stdout, flush=False)

功能：值的输出。

说明：

（1）objects表示可以一次输出多个对象。输出多个对象时，需要用“,”分隔。

（2）sep用来间隔多个对象，默认值是一个空格。

（3）end用来设定以什么结尾。默认值是换行符“\n”，可以换成其他字符串。

（4）file表示要写入的文件对象。

（5）flush表示是否刷新。输出是否被缓存通常由file决定，但如果 flush 关键字参数为True，流会被强制刷新。

3. 顺序结构实例

【例 15-1】为变量（str和num）赋值，并将值输出到控制台

程序代码如下：

```
str = 'Easy MySQL'
num = 2020
print(str)
print(num)
```

程序运行结果如图 15-6 所示。

图 15-6　程序运行结果

15.2.2　分支结构

（视频 15-3：Python分支结构）

分支结构是指程序根据不同的“条件”，选择执行不同的程序语句，用来解决有选择、有转移的问题。

1. 单路分支结构语句

语句格式一为：

```
If <表达式> Then
  <语句序列>
End If
```

语句格式二为：

```
If <表达式> Then <语句>
```

功能：用<表达式>来控制<语句>或<语句序列>是否执行。

说明：

（1）先计算<表达式>的值，当<表达式>的值为True时，执行<语句序列>或<语句>中的语句，执行完<语句序列>或<语句>，再执行IF语句的下一条语句；否则，直接执行If语句的下一条语句。

（2）单路分支结构语句的流程图如图 15-7 和图 15-8 所示。

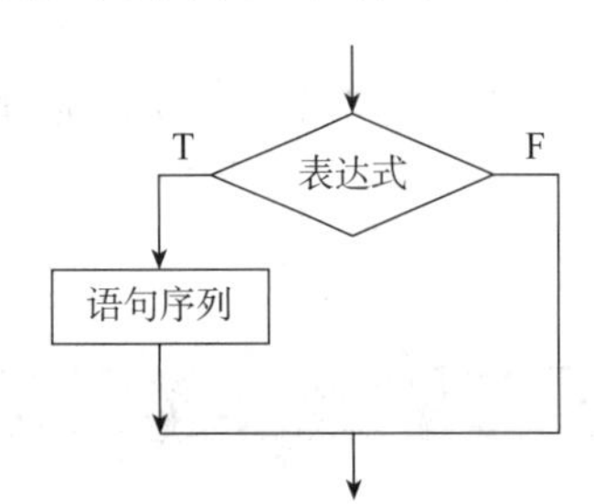

图 15-7　单路分支语句的流程图（格式一）

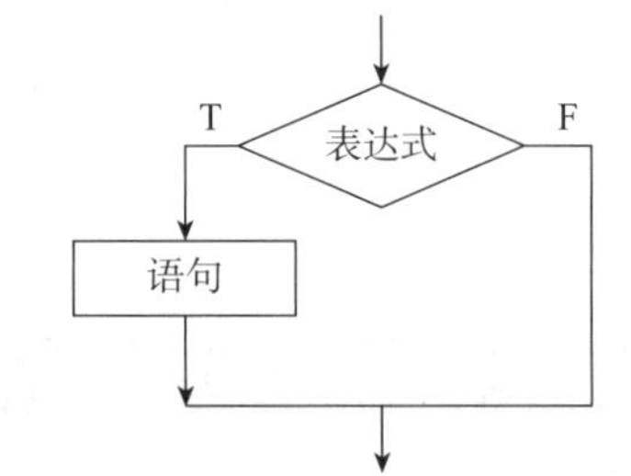

图 15-8　单路分支语句的流程图（格式二）

2. 双路分支结构语句

语句格式一为：

```
If <表达式> Then
  <语句序列 1>
Else
  <语句序列 2>
End If
```

语句格式二为：

If <表达式> Then <语句1>

Else <语句2>

功能：用<表达式>来控制执行哪个<语句序列>或<语句>。

说明：

（1）先计算<表达式>的值，当<表达式>的值为True时，执行<语句序列1>或<语句1>中的语句；否则，执行<语句序列2>或<语句2>中的语句；执行完后再执行If语句的下一条语句。

（2）双路分支结构语句的流程图，如图15-9和图15-10所示。

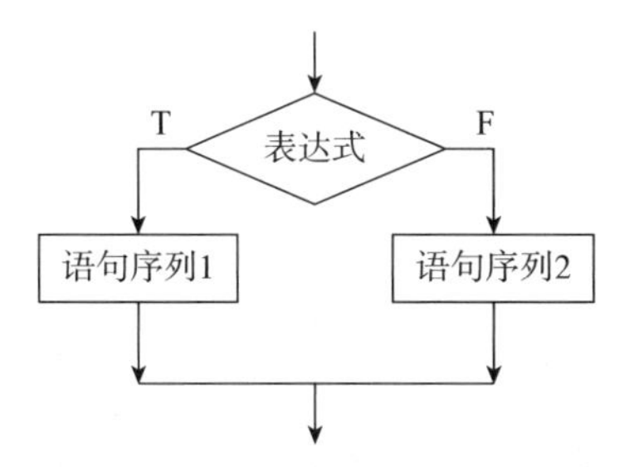

图15-9　双路分支结构语句的流程图（格式一）

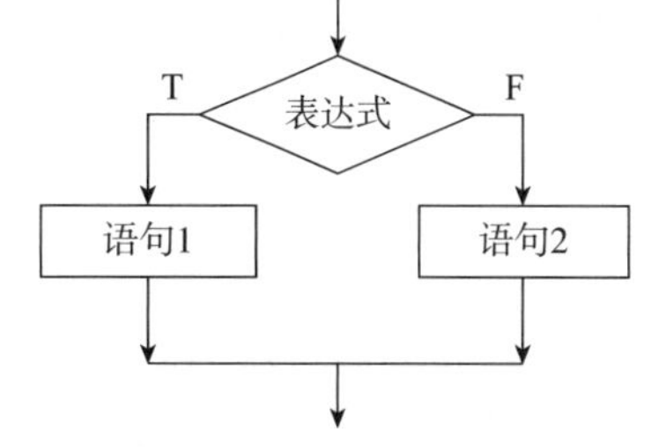

图15-10　双路分支结构语句的流程图（格式二）

3. 使用分支语句应注意的问题

（1）<条件表达式>可以是关系表达式，可以是逻辑表达式，还可以是取值为逻辑值的常量、变量、函数及对象的属性。

（2）<语句序列>中的语句可以是Python中任何一个或多个语句，同样If语句也可以是由多个If语句组成的嵌套结构。

（3）当不是单行If语句时，If必须与End If配对使用。

4. 分支结构实例

【例15-2】登录验证功能的判断流程

程序代码如下：

```
input_str = 'MySQL'
if input_str == 'MySQL':
print('登录成功')
else:
print('登录失败')
```

程序运行结果如图15-11所示。

图15-11　程序运行结果

15.2.3 循环结构

扫一扫，看视频

（视频15-4:Python循环结构）

顺序、分支结构在程序执行时，每个语句只能执行一次，循环结构则能使某些语句或程序段重复执行若干次。如果某些语句或程序段需要在一个固定的位置上重复操作，使用循环语句是最好的选择。

1. For循环语句结构

语句格式为：

For <循环变量>＝<初值> to <终值> [Step <步长>]

<循环体>

[Exit For]

Next <循环变量>

功能：用循环计数器<循环变量>来控制<循环体>内的语句的执行次数。

说明：执行该语句时，首先将<初值>赋给<循环变量>，然后，判断<循环变量>是否“超过”<终值>，如果结果为True，则结束循环，执行Next后面的下一条语句；否则，执行<循环体>内的语句，再将<循环变量>自动按<步长>增加或减少，再重新判断<循环变量>当前的值是否“超过”<终值>，若结果为True时，则结束循环，重复上述过程，直到其结果为真。

For循环结构语句的流程图，如图15-12和图15-13所示。

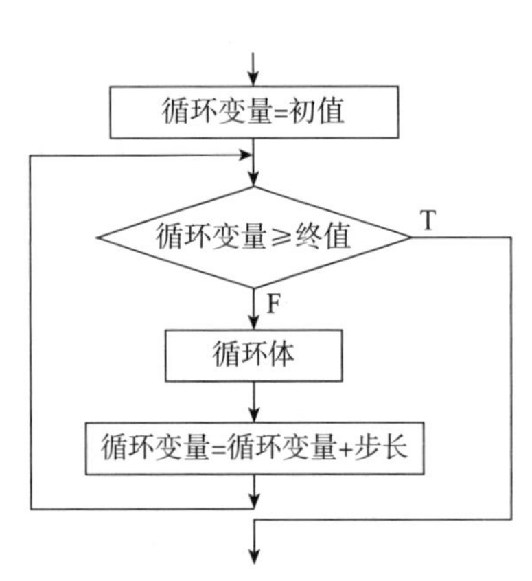

图15-12 For语句的流程（步长>0）

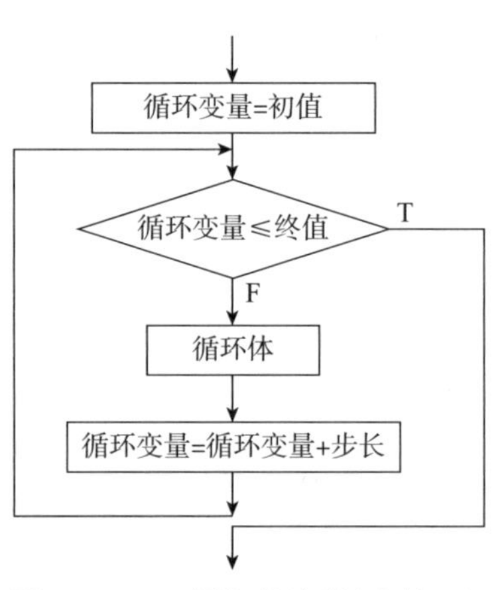

图15-13 For语句的流程（步长<0）

2. While循环结构语句

语句格式为：

While <循环条件>

<循环体>

功能：用<循环条件>来控制<循环体>内的语句的执行次数。

说明：当<循环条件>为True时，执行<循环体>内的语句，执行完毕，再次返回，判断<循环条件>是否为True。当<循环条件>为False时，执行下一条语句。

While循环结构语句的流程图，如图15-14所示。

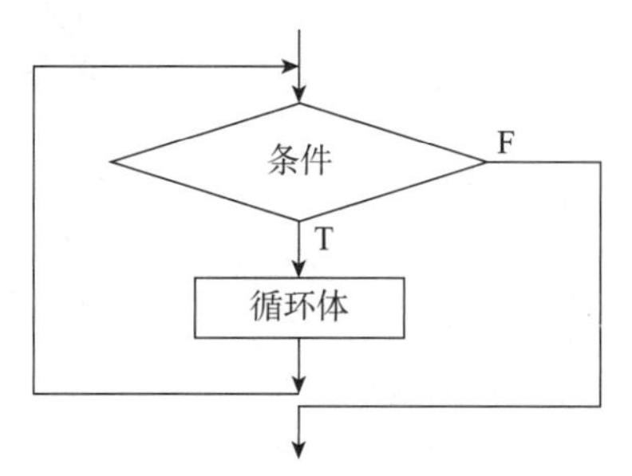

图 15-14　While循环结构语句的流程图

3. 循环结构实例

【例 15-3】输出学生列表

程序代码如下：

```
students = ['张三', '李四', '王五', '钱六']
for s in students:
print(s)
```

程序运行结果如图 15-15 所示。

图 15-15　程序运行结果

15.2.4　面向对象编程

使用面向过程编程思想在设计程序时，必须考虑程序代码的全部流程；而使用面向对象编程思想在设计程序时，考虑的则是如何创建对象以及创建什么样的对象。

1. 对象

对象（Object）的概念是面向对象编程技术的核心。从面向对象的观点看，所有的面向对象应用程序都是由对象组合而成的。在设计应用程序时，设计者考虑的是应用程序应由哪些对象组成，对象间的关联是什么，对象间如何进行“消息”传送，以及如何利用“消息”的协调和配合共同完成应用程序的任务和功能。

什么是对象？对象就是现实世界中某个客观存在的事物，是对客观事物属性及行为特征的描述。

在现实世界中，如果把某一台电视机看作一个对象，用一组名词就可以描述电视机的基本特征：如29英寸、高彩色分辨率等，这是电视作为对象的物理特征；对电视机进行开启、关闭、调节亮度、调节色度、接收电视信号等操作，这是对象的可执行的动作，是电视机的内部功能。这一现实世界中的物理实体在计算机中的逻辑映射和体现，就是对象、对象所具有的描述其特征的属性以及附属于它的行为，即对象的操作（方法）和对象的响应（事件）。

对象把事物的属性和行为封装在一起，是一个动态的概念。对象是面向对象编程的基本元素。

2. 类

类（Class）是同类对象的属性和行为特征的抽象描述。

例如，“电话”是一个抽象的名称，是整体概念，可以把“电话”看成一个类，而一台台具体的电话，如办公室的座机、朋友的手机等，就是这个类的实例，也就是这个“电话”类的具体对象。它们的外部特征虽有差异，但内部结构大同小异，功效特性也是一致的。

类与对象是面向对象程序设计语言的基础。类是从相同类型的对象中抽象出来的一种数据类型，也可以说是所有具有相同数据结构、相同操作的对象的抽象概念。类的构成不仅包含描述对象属性的数据，还有对这些数据进行操作的事件，即对象的行为（或操作）。类的属性和行为是封装在一起的。类的封装性是指类的内部信息对用户是隐蔽的，仅通过可控的接口与外界交互。而属于类的某一个对象则是类的一个实体，是类的实例化的结果。

3. 属性

属性（attribute）是对象的物理性质，是用来描述和反映对象特征的参数。一个对象的诸多属性所包含的信息反映了这个对象的状态，属性不仅决定了对象的特征，有时也决定了对象的行为。

语句格式一为：

```
[<父类名>].<对象名>.属性名 = <属性值>
```

语句格式二为：

```
With <对象名>
    <属性值表>
End With
```

4. 事件

事件（Event）是对象可能用来识别和响应的某些行为动作。

定义事件过程的语句格式为：

```
Private Sub 对象名称_事件名称([（参数列表）])
<程序代码>
End Sub
```

说明:“对象名称”是指对象（名称）属性定义的标识符，这一属性必须在“属性”窗口进行定义。

5. 方法

方法（method）是附属于对象的行为和动作，也可以将其理解为指示对象动作的命令，

调用方法的语句格式如下：

```
[<对象名>].方法名
```

方法是面向对象的，所以对象的方法调用一般要指明对象。

【例 15-4】定义类（Student）的属性（name）和方法（输出姓名）

程序代码如下：

```
class Student:

    name = '张三'
```

```
    def print_name(self):
        print(self.name)

    stu = Student()
    stu.print_name()
```

程序运行结果如图15-16所示。

```
Run:    test
D:\PyProject\Flask_test\venv\Scripts\python.exe D:/PyProject/Flask_test/test.py
张三

Process finished with exit code 0
```

图15-16　程序运行结果

15.2.5　常用插件

表15-1列出了Python的常用插件。

表15-1　Python的常用插件

名称	功能
flask-script	Flask框架对脚本的封装
flask-sqlalchemy	封装sqlalchemy，这是数据库连接的Flask插件
flask-migrate	提供数据库迁移功能
flask-bootstrap	提供flask框架与bootstrap前端框架的结合
jinja2	flask默认模板引擎
flask-wtf	提供表单相关功能，基于wtform

15.3 Python程序设计案例

（视频15-5：Python分支结构程序案例——判断正负）

【例15-5】判断输入数值的正负

程序代码如下：

```
num = 0
input_num = int(input('请输入一个整数：'))
if input_num == num:
    print("零")
elif input_num > num:
    print("正数")
else:
    print("负数")
```

扫一扫，看视频

程序运行结果如图15-17所示。

图 15-17　程序运行结果

【例 15-6】1~100 求和

（视频 15-6：Python循环结构程序案例——1~100求和）

扫一扫，看视频

程序代码如下：

```
result = 0
for i in range(101):
    result += i
print(result)
```

程序运行结果如图 15-18 所示。

```
Run: test
D:\PyProject\Flask_test\venv\Scripts\python.exe D:/PyProject/Flask_test/test.py
5050

Process finished with exit code 0
```

图 15-18　程序运行结果

【例 15-7】利用继承输出学生成绩

扫一扫，看视频

（视频 15-7：Python面向对象程序设计案例）

定义学生成绩类（StudentScore）继承学生类（Student），然后输出学生姓名和学生成绩，程序代码如下：

```
class Student:

    name = '张三'

    def print_name(self):
        print(self.name)

class StudentScore(Student):

    course = 'Math'
    score = 100

    def print_score(self):
        print(self.score)

stu = StudentScore()
stu.print_name()
stu.print_score()
```

程序运行结果如图 15-19 所示。

```
Run:    test
D:\PyProject\Flask_test\venv\Scripts\python.exe D:/PyProject/Flask_test/test.py
张三
100

Process finished with exit code 0
```

图 15-19　程序运行结果

15.4 习题十五

1.简答题

（1）简述Python中的程序结构。

（2）简述Python中面向对象中对象、类、属性、事件和方法的概念。

2.选择题

（1）下列选项中，不属于Python程序结构的是（　　）。

A. 顺序　　B. 分支　　C. 循环　　D. 面向对象

（2）下列选项中，说法错误的是（　　）。

A. 对象是对事物属性及行为特征的描述

B. 类是同类对象的属性和行为特征的抽象描述

C. 属性是用来描述和反映对象特征的参数

D. 事件是对象可能用来识别和响应的某些行为和动作

3.操作题

（1）在本地环境安装Python 3 以上版本的编译环境。

（2）已知数据库（my_workbench_db）的学生表（Student）、课程表（Course）和成绩表（Score），请根据本章内容编写程序，定义学生表（Student）、课程表（Course）和成绩表（Score）。

（3）编写程序，实现输入字符的转换，如果字符串是“yes”，则输出“YES”；如果字符串是“no”，则输出“NO”；如果都不是，则输出“无效输入”。

（4）编写程序，实现1~123的累乘，并将结果输出到控制台。

（5）为用户（myadmin）授予SELECT、INSERT、UPDATE和DELETE四个权限。

第 16 章

Python 数据库应用开发

学习目标

本章主要讲解 Python 数据库应用开发，包括 SQLAlchemy 和 SQLAlchemy 的应用，并结合实际案例介绍 SQLAlchemy 数据库连接方法。通过本章的学习，读者可以：

- 熟悉 Python 数据库连接工具
- 熟悉 SQLAlchemy 的安装
- 熟悉 SQLAlchemy 的调用
- 学会 SQLAlchemy 的应用

内容浏览

16.1 SQLAlchemy

扫一扫，看视频

（视频16-1:SQLAlchemy安装方法）

1. SQLAlchemy概述

SQLAlchemy 是MySQL数据库操作对象集合，是Python的对象关系映射（Object Relational Mapping，ORM），是数据库访问连接工具。使用SQLAlchemy进行数据库操纵时考虑的是“对象”，这是一种面向对象的程序方法，会使Python程序更加简洁易读。

具体的实现方式是将数据库表转换为Python类，其中数据列作为属性，数据库操作作为方法。SQLAlchemy具有如下特性。

（1）简洁易读：将数据表抽象为对象（数据模型），更直观易读。

（2）可移植：封装了多种数据库引擎，面向多个数据库，操作基本一致，代码易维护。

（3）更安全：可以有效地避免SQL注入。

2. SQLAlchemy安装

使用SQLAlchemy，首先要进行安装操作。

SQLAlchemy的安装命令为：

```
pip3 install SQLalchemy
```

16.2 SQLAlchemy的应用

16.2.1 利用 SQLAlchemy 连接数据库

扫一扫，看视频

（视频16-2:SQLAlchemy连接数据库）

利用SQLAlchemy可以进行数据库连接。语句格式为：

```
mysql+pymysql://<username>:<password>@<host>:<port>/<dbname>[?<options>]
```

功能：利用SQLAlchemy进行数据库连接。

说明：

（1）<username>表示数据库登录用户名。

（2）<password>表示数据库登录用户的密码。

（3）<host>表示登录的主机IP。

（4）<dbname>表示数据库名。

（5）<port>：访问端口。

【例16-1】连接数据库（talentmis）

操作步骤如下：

（1）编写程序代码。连接数据库的程序代码如下：

```
from flask import Flask

app = Flask(__name__)
app.config['SQLALCHEMY_DATABASE_URI'] = 'mysql:pymysql//root:123123@127.0.0.1:3306/
talentmis'

@app.route('/')
def index():
    return 'Easy MySQL'


if __name__ == '__main__':
    app.debug = True
    app.run()
```

（2）运行程序，完成数据库的连接。

16.2.2 SQLAlchemy 的数据定义

利用SQLAlchemy可以直接定义MySQL数据表。

1. 字段的数据类型

SQLAlchemy与MySQL数据类型的对应关系见表16-1。

表 16-1　SQLAlchemy 与 MySQL 数据类型的对应关系

字段类型名称	字段类型定义符	含义
Integer	int	整型，32 位
String	varchar	字符串
Text	text	长字符串
Float	float	浮点型
Boolean	boolean	布尔类型，值只能是 true 或 false
Date	date	存储时间、年、月、日
DateTime	datetime	存储年、月、日、时、分、秒、毫秒等
Time	time	存储时、分、秒

2. 数据表的定义

扫一扫，看视频

（视频16–3:SQLAlchemy数据定义）

【例 16-2】表（author）的数据定义

操作步骤如下：

（1）设计表结构。表（author）结构设计见表16-2。

表 16-2　表（author）结构设计

字段名	字段类型	是否有索引
Id	String（8）	主键
name	String（16）	无
brief	String（128）	无

（2）编写程序代码。定义表（author）的程序代码如下：

```
class Author(db.Model):

    __tablename__ = 'author'

    id = db.Column(db.String(8), primary_key=True)
    name = db.Column(db.String(16))
    brief = db.Column(db.String(128))
```

16.2.3 SQLAlchemy 的数据操纵

（视频16-4:SQLAlchemy数据操纵）

扫一扫，看视频

1. 查询数据操作

SQLAlchemy的查询过滤器见表16-3。

表 16-3　SQLAlchemy 的查询过滤器

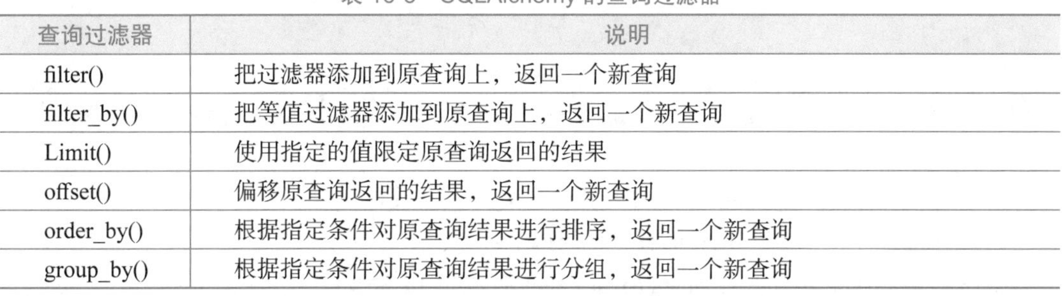

查询过滤器	说明
filter()	把过滤器添加到原查询上，返回一个新查询
filter_by()	把等值过滤器添加到原查询上，返回一个新查询
Limit()	使用指定的值限定原查询返回的结果
offset()	偏移原查询返回的结果，返回一个新查询
order_by()	根据指定条件对原查询结果进行排序，返回一个新查询
group_by()	根据指定条件对原查询结果进行分组，返回一个新查询

【例16-3】已知表（author），查询图书编号为9787517017165的图书

操作步骤如下：

（1）浏览表的信息。表（author）数据见表16-4。

表 16-4　表（author）数据

id	name	brief
A0000001	吴承恩	略
A0000002	小石新八	略
A0000003	鲁迅	略
A0000004	大仲马	略
A0000005	雨果	略

（2）编写程序代码。查询信息的程序代码如下：

```
authors = Author.query.filter_by(id='9787517017165')
```

2. 增加数据操作

【例16-4】给已知表（author）增加作者“罗贯中”的信息

操作步骤如下：

（1）浏览表的信息。表（author）数据见表16-4。

（2）编写程序代码。增加信息的程序代码如下：

```
author = Author()
```

```
author.id = 'A0000006'
author.name = '罗贯中'
author.brief = '略'
db.session.add(author)
db.session.commit()
```

3. 修改数据操作

【例16-5】修改表（author）中作者编号为A0000006的作者，将其姓名改为“罗贯中（明）”

操作步骤如下：

（1）浏览表的信息。表（author）数据见表16-4。

（2）编写程序代码。修改信息的程序代码如下：

```
db.session.query(Author).filter(Author.id == 'A0000006').update({"name":"罗贯中（明）"})
db.session.commit()
```

4. 删除数据操作

【例16-6】将表（author）中作者“罗贯中（明）”的信息删除

操作步骤如下：

（1）浏览表的信息。表（author）数据见表16-4。

（2）编写程序代码。删除信息的程序代码如下：

```
author = Author.query.filter_by(name='罗贯中（明）').first()
db.session.delete(author)
db.session.commit()
```

16.3 案例：“英才智慧数字图书馆”系统的数据库连接

16.3.1 MySQL 数据库连接

（视频16-5：SQLAlchemy数据库连接案例）

“英才智慧数字图书馆”数据库连接的代码如下：

扫一扫，看视频

```
import os
import redis

def get_db_uri(dbinfo):

    ENGINE = dbinfo.get('ENGINE')
    DRIVER = dbinfo.get('DRIVER')
    USER = dbinfo.get('USER')
    PASSWORD = dbinfo.get('PASSWORD')
    HOST = dbinfo.get('HOST')
    PORT = dbinfo.get('PORT')
    NAME =dbinfo.get('NAME')
    return "{}+{}://{}:{}@{}:{}/{}".format(ENGINE, DRIVER, USER, PASSWORD, HOST,
```

```
PORT, NAME)

class DevelopConfig:
    Debug = True

    DATABASE = {
        'ENGINE': 'mysql',
        'DRIVER': 'pymysql',
        'USER': 'root',
        'PASSWORD': '123123',
        'HOST': 'localhost',
        'PORT': '3306',
        'NAME': 'talentmis'
    }
    SQLALCHEMY_DATABASE_URI = get_db_uri(DATABASE)
     SQLALCHEMY_BINDS = {'elibrary': 'mysql+pymysql//root:123123@localhost:3306/
elibrary'}
    SQLALCHEMY_TRACK_MODIFICATIONS = False
    SECRET_KEY = 'secret_key'
    SESSION_TYPE = 'redis'
    SESSION_REDIS = redis.Redis(host='127.0.0.1', port=6379)
```

其中:get_db_uri()方法用于获取数据库连接的配置，DevelopConfig类主要是数据库连接配置的具体内容。

16.3.2 “英才智慧数字图书馆”表（book）的数据定义操作

（视频16-6:SQLAlchemy数据库定义案例）

“英才智慧数字图书馆”数据库（elibrary）表（book）的数据定义代码如下：

扫一扫，看视频

```
class Book(db.Model):
    __tablename__ = 'book'

    id = db.Column(db.String(19), primary_key=True)
    bookname = db.Column(db.String(16))
    author = db.Column(db.String(16))
    author_id = db.Column(db.String(8))
    press = db.Column(db.String(16))
    press_id = db.Column(db.String(6))
    brief = db.Column(db.String(128))
    publish_time = db.Column(db.DateTime)
    file = db.Column(db.String(128))
```

16.3.3 “英才智慧数字图书馆”表（book）的数据查询操作

（视频16-7:SQLAlchemy数据库查询案例）

扫一扫，看视频

在“英才智慧数字图书馆”数据库（elibrary）表（book）中查询所有图书的代码如下：

```
page = int(request.args.get('page', 1))
page_num = int(request.args.get('page_num', 5))
paginate = Book.query.order_by('id').paginate(page, page_num)
books = paginate.items
```

16.3.4 “英才智慧数字图书馆”表（book）的数据增加操作

扫一扫，看视频

（视频16-8：SQLAlchemy添加数据案例）

在“英才智慧数字图书馆”数据库（elibrary）表（book）中增加图书的代码如下：

```
book = Book()
book.id = request.form.get('book_id')
book.bookname = request.form.get('bookname')
book.author = request.form.get('author')
book.press = request.form.get('press')
book.publish_time = request.form.get('publish_time')
book.brief = request.form.get('brief')
db.session.add(book)
db.session.commit()
```

16.3.5 “英才智慧数字图书馆”表（book）的数据删除操作

扫一扫，看视频

（视频16-9：SQLAlchemy删除数据案例）

在“英才智慧数字图书馆”数据库（elibrary）表（book）中删除图书的代码如下：

```
book_id = request.args.get('book_id')
item = Book.query.filter_by(id=book_id).first()
db.session.delete(item)
db.session.commit()
```

16.4 习题十六

1.简答题

（1）在本地Python环境安装SQLAlchemy，简述SQLAlchemy的特性。

（2）简述除了SQLAlchemy还有哪些用于数据库查询的Python工具。

2.选择题

（1）在下列选项中，不属于SQLAlchemy特性的是（　　）。

A. 简洁易读　　B. 可移植　　C. 并发控制　　D. 安全控制

（2）在下列选项中，用于条件查询的函数是（　　）。

A. filter_by()　　B. offset()　　C. order_by()　　D. group_by()

3.操作题

（1）在Python编译环境下使用SQLAlchemy连接MySQL服务器端数据库（elibrary）。

（2）在Python编译环境下定义表（book），并通过SQLAlchemy查询表（book）中的数据。

第 17 章

Web 数据库应用开发

学习目标

本章主要讲解 Web 数据库应用开发，包括 Web 框架 Flask，Flask 程序的开发方法，并结合实际案例介绍 Flask 数据库的连接方法。通过本章的学习，读者可以：

- 熟悉 Web 数据库连接工具
- 熟悉 Flask 的安装
- 熟悉 Flask 的调用
- 学会 Flask 的应用

内容浏览

17.1 Web框架Flask

Web涉及的知识、内容非常广泛。数据库应用系统的开发过程大部分都是采用成熟的稳定框架来完成基础性的（安全性、数据流控制等）数据处理工作。对开发者而言，开发时只需要关注具体的业务逻辑，不需要关心框架的底层逻辑和设计。

17.1.1 Flask 概述

（视频17-1：Flask概述）

扫一扫，看视频

Flask是一个轻量级的基于Python的Web框架，主要用于接收HTTP请求、对请求进行预处理并返回给用户。Flask小而轻，其内部的原生组件几乎可以忽略，但是有大量的第三方组件，非常全面，足以和其他的Web框架相提并论。Flask能够快速构建小型数据库应用，其强大的第三方库，足以支撑起一个大型的Web应用项目。

17.1.2 Flask 的安装

操作步骤如下：

（1）打开PyCharm编辑器，在菜单栏上选择File→Settings命令，打开Settings窗口，如图17-1所示。

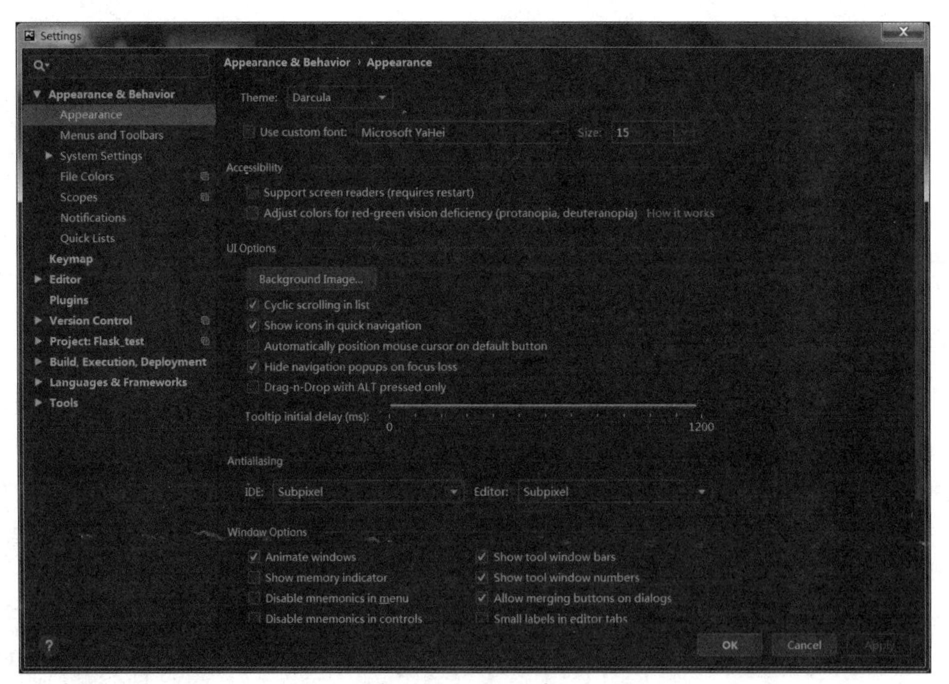

图17-1　Settings窗口

（2）在Settings窗口，打开Project:Flask_test下拉菜单，选择Project Interpreter选项，打开“编译环境设置”窗口，如图17-2所示。

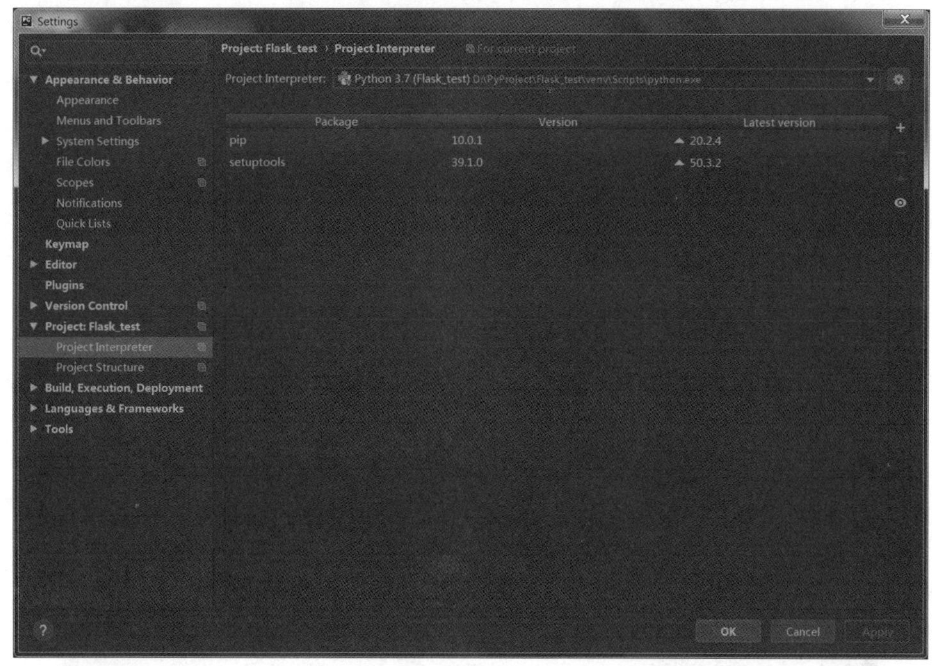

图 17-2 “编译环境设置”窗口

（3）在“编译环境设置”窗口，单击Latest version右边的+按钮，弹出Available Packages窗口，添加Flask框架，然后单击Installed Package按钮，完成Flask的项目配置，如图17-3所示。下文中提到的其他包也可用相同的方法添加。

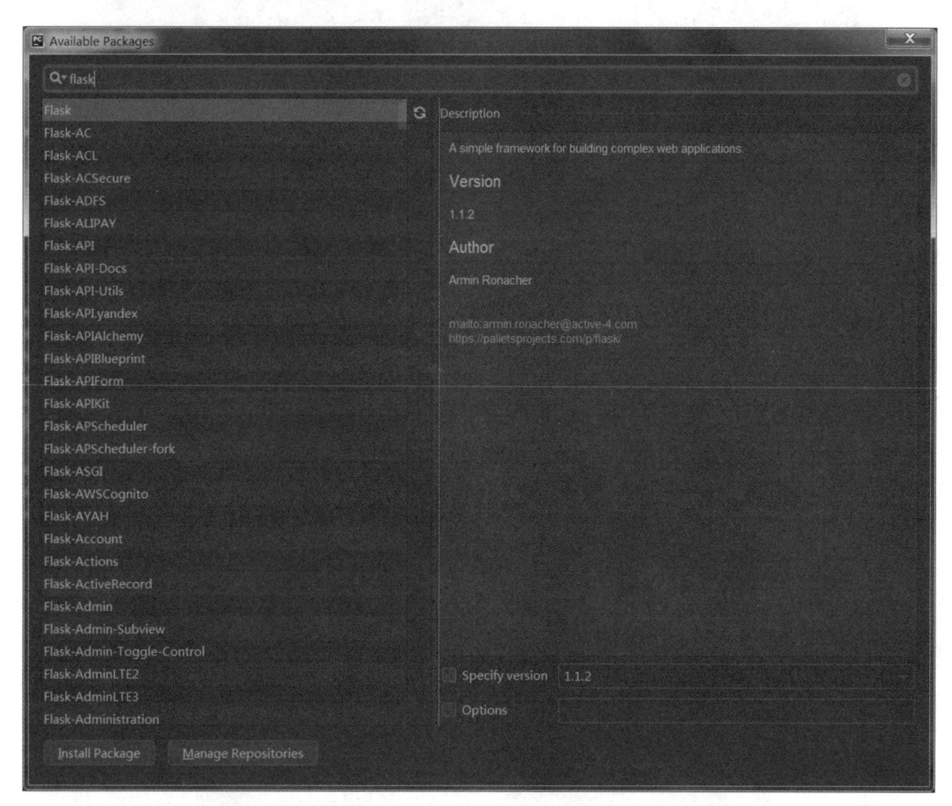

图 17-3 Available Packages窗口

17.1.3 Flask的项目组成及结构

使用Web框架Flask对数据库进行操纵，首先要创建Python项目。

1. Flask的项目组成

在PyCharm编辑器中新建项目，以MVC（Model-View-Controller）模式进行应用程序的分层开发，对以下内容进行定义。

（1）Model（模型）层：定义和保存项目的业务逻辑，在数据变化时更新控制器。

（2）View（视图）层：数据的可视化展示界面。

（3）Controller（控制器）层：作用于模型层和视图层，它控制数据流向模型对象，并在数据变化时更新视图，它使视图层与模型层的代码分离开。

2. Flask的项目结构

Flask的项目结构如图17-4所示。

```
flask-demo/
  ├ run.py            # 应用启动程序
  ├ config.py         # 环境配置
  ├ requirements.txt  # 列出应用程序依赖的所有Python包
  ├ tests/            # 测试代码包
  │   ├ __init__.py
  │   └ test_*.py     # 测试用例
  └ myapp/
      ├ admin/        # 蓝图目录
      ├ static/
      │   ├ css/      # css文件目录
      │   ├ img/      # 图片文件目录
      │   └ js/       # js文件目录
      ├ templates/    # 模板文件目录
      ├ __init__.py
      ├ forms.py      # 存放所有表单，如果其数量较多，可将其以包的形式存放
      ├ models.py     # 存放所有数据模型，如果其数量较多，可将其以包的形式存放
      └ views.py      # 存放所有视图函数，如果其数量较多，可将其以包的形式存放
```

图17-4　Flask项目结构

3. MVC开发模式

在MVC模式下，用户与View层的Web页面交互，页面发出的请求首先会通过URL映射到Controller层的方法中，然后由Controller层进行业务逻辑的分发和处理，当需要使用数据库中的数据时，Controller层的方法从Model层获取数据，并进行加工处理，完成业务逻辑后，将结果返回给对应的View层，View层通过浏览器渲染出Web页面展示给用户。

MVC的完整工作模式如图17-5所示。

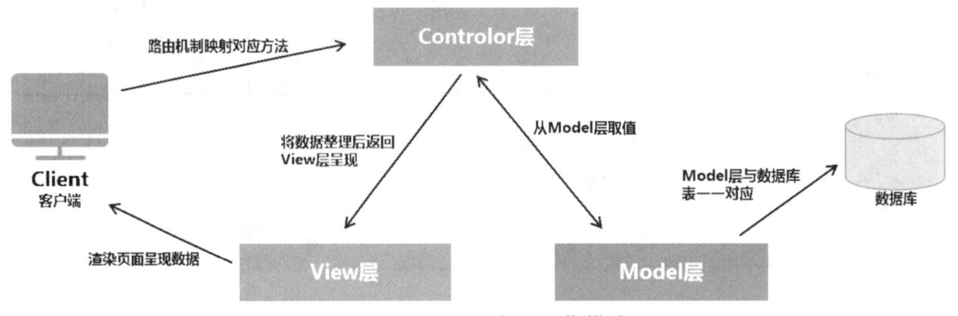

图17-5　MVC的完整工作模式

17.2 Flask程序的开发方法

开发Flask程序首先要创建Flask项目，以及定义各层的数据。

17.2.1　创建 Flask 项目

（视频17–2：Flask项目的创建）

扫一扫，看视频

1. 新建Flask项目

操作步骤如下：

（1）打开PyCharm编辑器，在菜单栏中选择File命令，然后选中New Projects命令（图17-6）打开“新建项目”窗口。

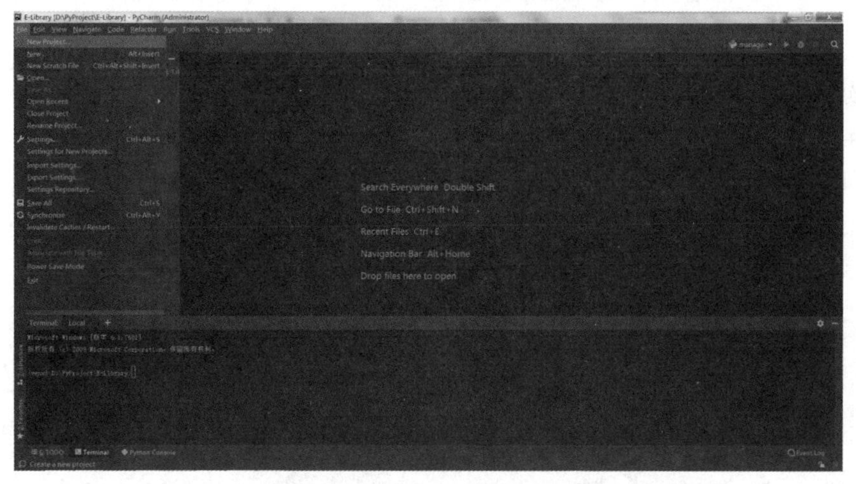

图17-6　选择File→New Projects命令

（2）在“新建项目”窗口，将项目命名为Flask_test，如图17-7所示。

图17-7　“新建项目”窗口

（3）在“新建项目”窗口，单击Create按钮，完成项目创建，如图17-8所示。

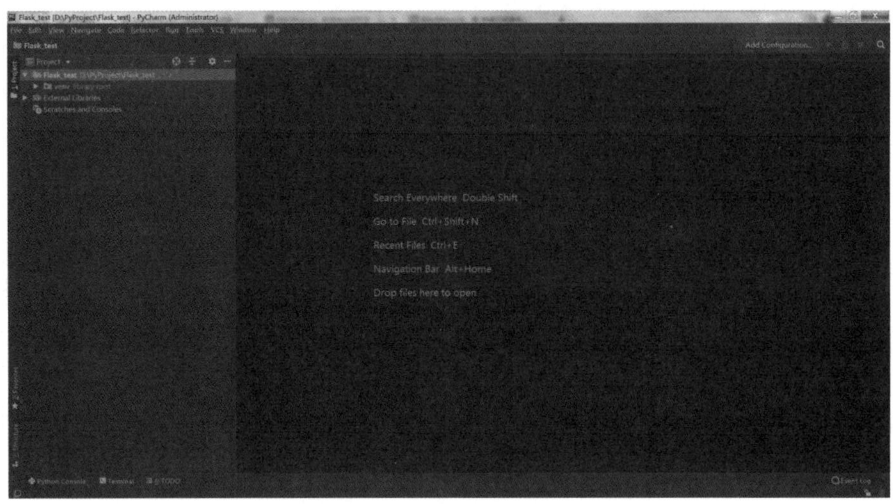

图17-8　完成创建项目

2. 新建Flask程序

当项目创建完成后，可以在项目Flask_test中创建名为manage.py的Python程序。

操作步骤如下：

（1）选中项目名称，右击后选择New命令，选中Python File命令，新建manage.py文件，如图17-9所示。

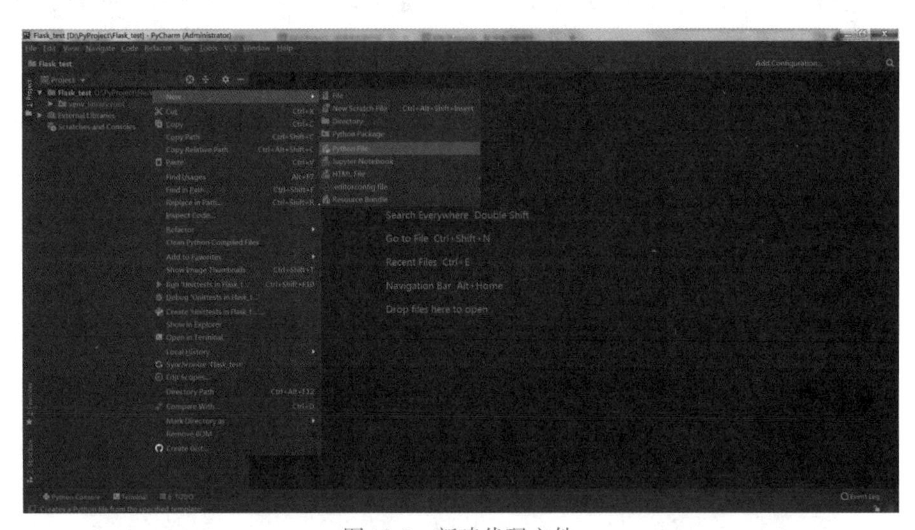

图17-9　新建代码文件

（2）在“代码编辑”窗口，输入如下Python代码，“代码编辑”窗口如图17-10所示。

```
from flask import Flask
app = Flask(__name__)


@app.route('/')
def index():
    return 'Easy MySQL'
```

```
if __name__ == '__main__':
    app.debug = True
    app.run()
```

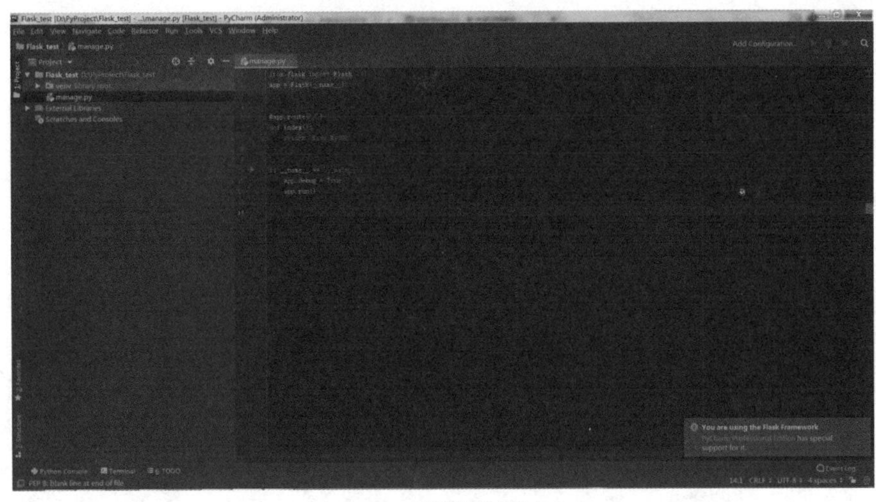

图 17-10 “代码编辑”窗口

3. 运行Flask程序

操作步骤如下：

（1）打开PyCharm 编辑器，在manage.py文件的“代码编辑”窗口的空白处右击，在快捷菜单中选中Run ‘manage’ 选项，运行项目Flask_test，如图 17-11 所示。

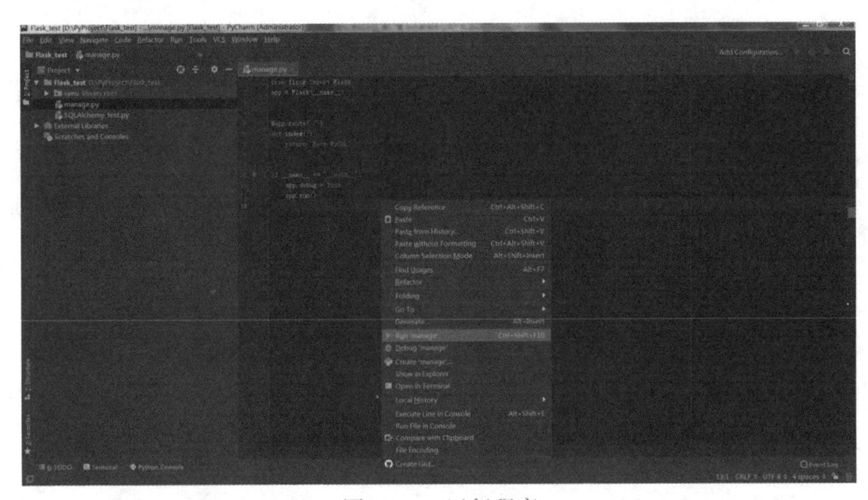

图 17-11 运行程序

（2）单击输出终端的网址 127.0.0.1:5000，访问Flask框架下的网站首页，如图 17-12 所示。

图 17-12 Flask框架下的网站首页

【例17-1】创建“英才智慧数字图书馆”管理系统的Flask项目

操作步骤如下：

（1）打开PyCharm编辑器，在菜单栏中选择File命令，然后选中New Projects命令，打开“新建项目”窗口，将项目命名为E-Library，如图17-13所示。

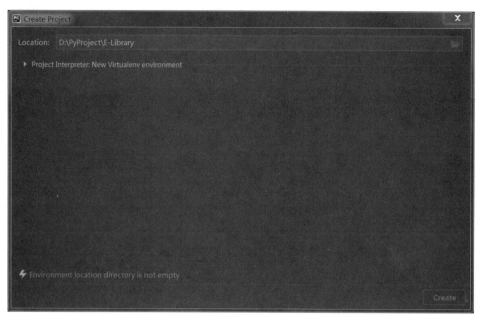

图17-13 “新建项目”窗口

（2）在“新建项目”窗口，单击Create按钮，完成项目创建，按照17.1.2小节步骤（3）安装Flask的方式，为项目添加Flask配套的程序包，所需程序包的详细列表如图17-14所示。

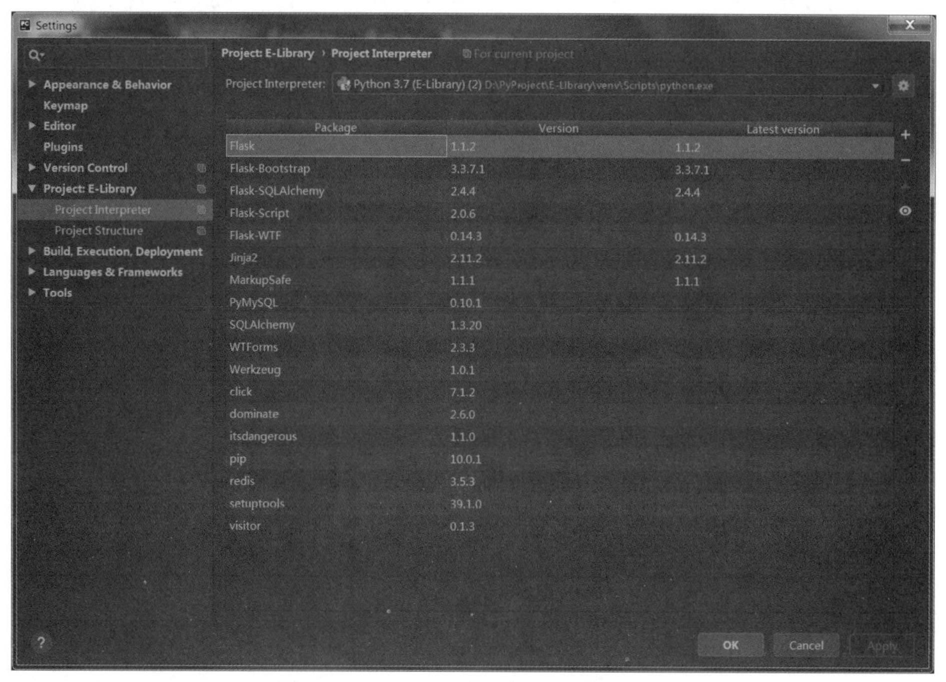

图17-14 Flask所需程序包的详细列表

（3）建立项目结构，如图17-15所示。

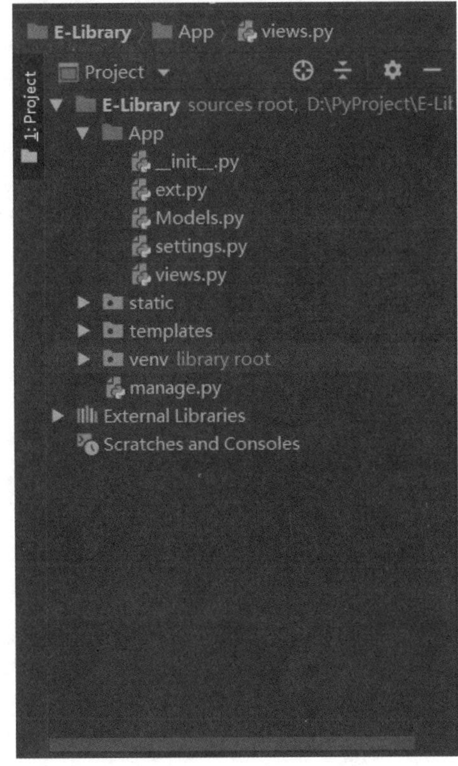

图17-15　项目结构

17.2.2　Controller层

1. 路由机制

Flask的路由机制用于找到处理请求的方法。前端View层发送请求Controller层并定位到处理请求的方法，然后返回方法的运行结果。

访问首页的路由定义如下：

```
@app.route('/home/', methods=['GET'])
```

2. 后台取值方法

Flask在Controller层主要利用Request对象获取View层的数据，通过args和form等内部属性，将前端的数据取到后台进行处理和应用。

Request的使用方法如下：

```
username = request.form.get('username')
password = request.form.get('password')
```

【例17-2】TalentMIS登录功能的Controller层实现

登录功能的业务流程图如图17-16所示。

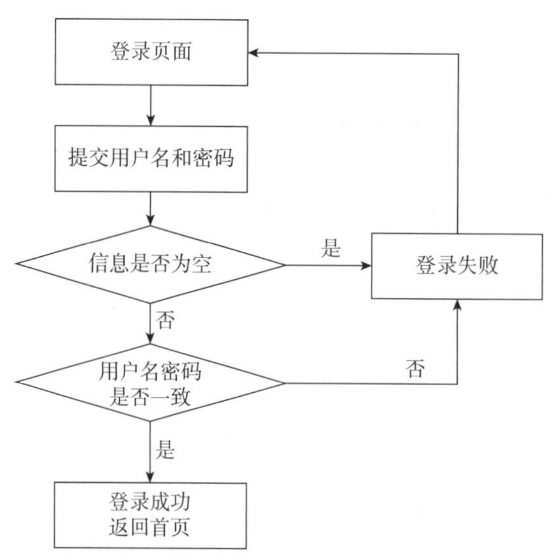

图17-16　登录功能的业务流程图

实现登录功能的部分代码如下：

```
def login():
    """
    登录
    """
    if request.method == 'GET':
        return render_template('login.html')

    if request.method == 'POST':
        username = request.form.get('username')
        password = request.form.get('password')
        # 判断用户名和密码是否填写
        if not all([username, password]):
            msg = '* 请填写完整的信息'
            return render_template('login.html', msg=msg)
        # 核对用户名和密码是否一致
        user = User.query.filter_by(username=username, password=password).first()
        # 如果用户名和密码一致
        if user:
            # 向session中写入相应的数据
            session['id'] = user.id
            session['username'] = user.username
            page = int(request.args.get('page', 1))
            page_num = int(request.args.get('page_num', 5))
            paginate = Student.query.order_by('id').paginate(page, page_num)
            students = paginate.items

            return render_template('index.html', stus=students, paginate=paginate)
        # 如果用户名和密码不一致，则返回登录页面，并给出提示信息
        else:
            msg = '* 用户名或者密码不一致'
```

17.2.3 Model 层

1. Model层连接数据库

SQLAlchemy是一个关系型数据库框架，它提供了高层的ORM和底层的原生数据库的操作。flask-sqlalchemy是一个简化了SQLAlchemy操作的flask扩展。

具体操作步骤如下：

（1）创建新项目，按照例17-1步骤（2）中配置Flask项目编译环境的方式，为项目添加flask-sqlalchemy配套的程序包。

（2）在manage.py文件中的app声明下，添加数据库连接配置语句，代码片段如下：

```
app = Flask(__name__)
app.config['SQLALCHEMY_DATABASE_URI'] = 'mysql:pymysql//root:123123@127.0.0.1:3306/
talentmis'
```

2. Model层数据定义

数据库表与Model层的对象一一对应，对应方法与第16章介绍的方法相同，本书以数据库（talentmis）的表（user）为例演示Model层的数据定义。

【例17-3】表（user）在TalentMIS项目中Model层的定义

根据已知数据库用户信息表（user），在TalentMIS项目中，Model层定义数据的部分代码如下：

```
class User(db.Model):
    __tablename__ = 'user'

    id = db.Column(db.String(7), primary_key=True)
    username = db.Column(db.String(16), unique=True)
    password = db.Column(db.String(16))
    type = db.Column(db.String(1))
    create_time = db.Column(db.DateTime, unique=True)
```

17.2.4 View 层

1. 模板引擎

Web应用程序的View层中主要以HTML网页为主，模板是一个包含响应文本（即HTML）的文件，模板引擎的主要作用是将HTML文件渲染成可以展示的网页。模板引擎的实现方式有很多，最简单的是“置换型”模板引擎，这类模板引擎只需替换指定模板内容（字符串）中的特定标记，便可生成最终需要的网页。

Flask的模板功能是基于jinja2模板引擎实现的。

jinja2有两种较为常用的语法。

（1）变量取值 {{ }}。

jinja2模板中使用 {{ }} 语法表示一个变量的取值方式，它是一种特殊的占位符。当利用jinja2进行渲染时，它会把这些特殊的占位符进行填充或替换。jinja2支持Python所有的数据类型，如列表、字段、对象等。

例如，在页面上显示图书的书名信息bookname，部分代码如下：

```
{{ book.bookname }}
```

（2）控制结构 {% %}，其中较为常用的为for循环。

例如，在页面上显示所有的学生编号id，部分代码如下：

```
{% for stu in stus %}
{{ stu.id }}
{% endfor %}
```

2. 渲染

Flask提供的 render_template 函数封装了jinja2模板引擎，render_template 函数的第一个参数是模板的文件名，后面的参数都是键值对，表示模板中变量对应的真实值。

当访问首页时，网页文件的渲染语句如下：

```
render_template('index.html')
```

【例17-4】TalentMIS项目中View层登录功能的实现

扫一扫，看视频

（视频17–3：用户登录功能的实现）

在项目中，实现View层登录功能的部分代码如下：

```
<div class="splash-container">
    <div class="card ">
        <div class="card-header text-center">
            <a href="../index">
                <img class="logo-img" src="/static/img/logo-va.png" alt="logo">
            </a><br>
            <span class="splash-description">英才知识智慧数字图书馆</span>
        </div>
        <div class="card-body">
            <form action="/login" method="post">
                <div class="form-group">
                    <input class="form-control form-control-lg" id="username"
                    type="text" placeholder="用户名" name="username" autocomplete="off">
                </div>
                <div class="form-group">
                    <input class="form-control form-control-lg" id="password"
                    type="password" placeholder="密码" name="password">
                </div>

                <div class="form-group">
                    <label class="custom-control custom-checkbox">
                        <input class="custom-control-input" type="checkbox">
                        <span class="custom-control-label">记住账户</span>
                    </label>
                </div>
                <button type="submit" class="btn btn-primary btn-lg btn-block">
                    登录
                </button>
                <span class="splash-description">
                    {% for message in msg %}{{ message }}{% endfor %}
                </span>
            </form>
        </div>
        <div class="card-footer bg-white p-0  ">
```

```
            <div class="card-footer-item card-footer-item-bordered">
                <a href="/register" class="footer-link">
                           注册会员      
                </a>
            </div>
            <div class="card-footer-item card-footer-item-bordered">
                <a href="#" class="footer-link">
                           忘记密码      
                </a>
            </div>
        </div>
    </div>
</div>
```

登录界面的显示效果如图 17-17 所示。

图 17-17 用户登录界面

17.3 案例：学生管理模块的实现

17.3.1 学生管理模块功能设计

（视频 17-4：学生管理模块程序的实现）

扫一扫，看视频

"学生信息管理模块"主要用来记录学生的自然信息，并对学生信息进行查询、添加、修改和删除等操作。

1. 功能框图

学生信息管理模块的功能框图如图 17-18 所示。

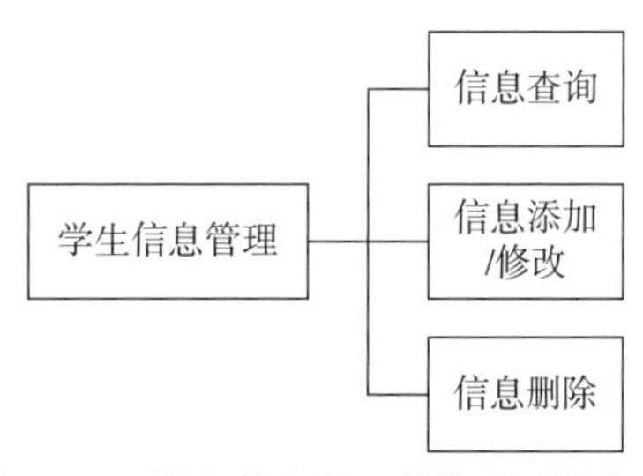

图 17-18 学生信息管理模块的功能框图

2. 业务流程

学生信息管理部分功能的业务流程图如下。

添加学生的业务流程图如图17-19所示。

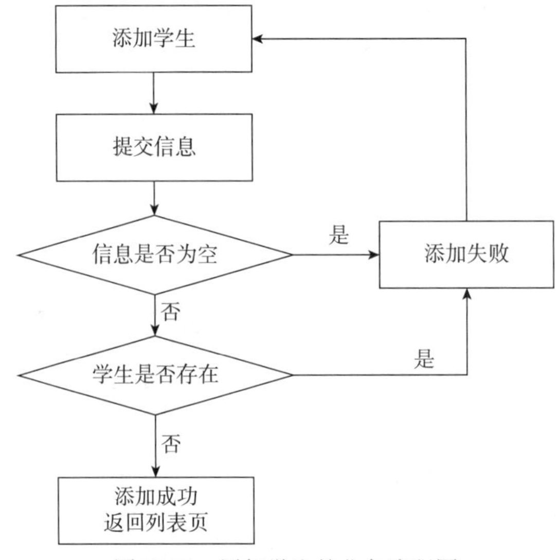

图17-19　添加学生的业务流程图

删除学生的业务流程图如图17-20所示。

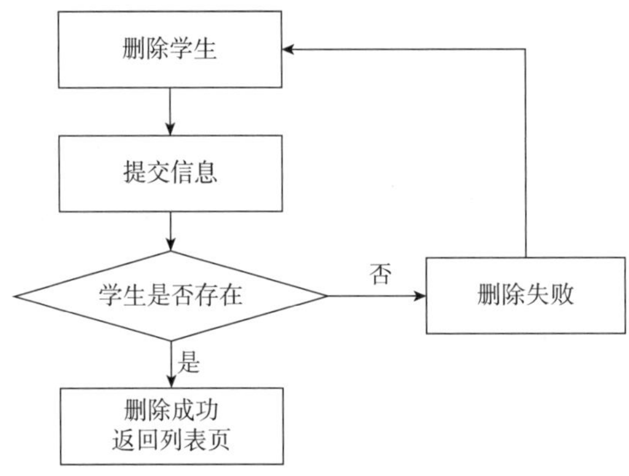

图17-20　删除学生的业务流程图

17.3.2　学生管理模块Controller层实现

设计学生查询列表功能，部分代码如下：

```
@blue.route('/student_list')
def student_list():
    """学生信息列表"""
    if request.method == 'GET':
        page = int(request.args.get('page', 1))
        page_num = int(request.args.get('page_num', 5))
        paginate = Student.query.order_by('id').paginate(page, page_num)
        students = paginate.items
        return render_template('studentlist.html', stus=students, paginate=paginate)
```

设计学生添加数据功能，部分代码如下：

```
@blue.route('/student_add', methods=['GET', 'POST'])
def student_add():

    if request.method == 'GET':
        print('get')
        return render_template('studentadd.html')
    if request.method == 'POST':
        student = Student()
        student.id = request.form.get('stu_id')
        student.name = request.form.get('stu_name')
        student.gender = request.form.get('stu_gender')
        print('gender : ', student.gender)

        student.birth = request.form.get('stu_birth')
        student.school_id = '0101011'
        db.session.add(student)
        db.session.commit()

    return render_template('studentadd.html', msg='添加成功')
```

17.3.3 学生管理模块 Model 层实现

根据已知数据库表（student），在TalentMIS项目中，Model层定义数据的部分代码如下：

```
class Student(db.Model):
    __tablename__ = 'student'

    id = db.Column(db.String(7), primary_key=True)
    name = db.Column(db.String(6), unique=True)
    gender = db.Column(db.String(2))
    birth = db.Column(db.DateTime)
    school_id = db.Column(db.String(8), unique=True)
```

17.3.4 学生管理模块 View 层实现

设计学生列表显示页面，部分代码如下：

```
<div class="col-xl-12 col-lg-12 col-md-12 col-sm-12 col-12">
    <div class="card">
        <h5 class="card-header">学生信息表</h5>
        <div class="card-body">
            <div class="table-responsive">
                <table class="table table-striped table-bordered first">
                    <thead>
                    <tr>
                        <th>学生编号</th>
                        <th>学生姓名</th>
                        <th>性别</th>
                        <th>出生年月</th>
                        <th>操作</th>
                    </tr>
                    </thead>
                    <tbody>
                    {% for stu in stus%}
```

```
                <tr>
                    <td>{{stu.id}}</td>
                    <td>{{stu.name}}</td>
                    <td>{{stu.gender}}</td>
                    <td>{{stu.birth}}</td>
                    <td>
                        <a href="student_update?stu_id={{stu.id}}">修改
                        </a>  
                        <a href="student_delete?stu_id={{stu.id}}">删除
                        </a></td>
                </tr>
                {% endfor %}
                </tbody>
            </table>
            <p class="msg">共找到{{paginate.total}}条匹配记录</p>
            <ul id="PageNum">

            <li><a href="student_list?page=1">首页</a></li>
            {% if paginate.has_prev %}
            <li><a href="student_list?page={{ paginate.prev_num }}">上一页</a></li>
            {% endif %}

            {% for p in paginate.iter_pages() %}
            <li>
                {% if p %}
                {% if p != paginate.page %}
                <a href="student_list?page={{ p }}">{{ p }}</a>
                {% else %}
                <strong><span> {{ p }} </span></strong>
                {% endif %}
                {% else %}
                <span>...</span>
                {% endif %}
            </li>
            {% endfor %}

            {% if paginate.has_next %}
            <li><a href="student_list?page={{ paginate.next_num }}">下一页</a></li>
            {% endif %}
            <li><a href="student_list?page={{ paginate.pages }}">尾页</a></li>
            <span>| 共{{paginate.pages}}页 | 当前第{{paginate.page}}页</span>
        </ul>
        </div>

    </div>
  </div>
</div>
```

设计学生信息维护功能，部分代码如下：

```
<div class="col-xl-12 col-lg-12 col-md-12 col-sm-12 col-12">
    <div class="card">
        <h5 class="card-header">学生个人信息</h5>
        <div class="card-body">
            <form id="validationform" action="/student_add" data-parsley-validate=""
            novalidate="" method="post">
```

```
                <div class="form-group row">
                    <label class="col-12 col-sm-3 col-form-label text-sm-right">学生
                     编号</label>
                    <div class="col-12 col-sm-8 col-lg-6">
                        <input type="text" required="" placeholder="请输入学生编号..."
                        class="form-control" id="stu_id" name="stu_id">
                    </div>
                </div>
                <div class="form-group row">
                    <label class="col-12 col-sm-3 col-form-label text-sm-right">学生
                     姓名</label>
                    <div class="col-12 col-sm-8 col-lg-6">
                        <input type="text" required="" placeholder="请输入学生姓名..."
                        class="form-control" id="stu_name" name="stu_name">
                    </div>
                </div>
                <div class="form-group row">
                    <label class="col-sm-3 col-form-label text-sm-right">学生性别</label>
                    <div class="col-12 col-sm-8 col-lg-6">
                    <select class="form-control" id="stu_gender" name="stu_gender">
                        <option value="">请选择</option>
                            <option value="男">男</option>
                            <option value="女">女</option>
                    </select>
                    </div>
                </div>
                <div class="form-group row">
                    <label class="col-12 col-sm-3 col-form-label text-sm-right">出生
                     年月</label>
                    <div class="col-12 col-sm-8 col-lg-6">
                        <input type="text" required="" data-parsley-maxlength="6"
                        placeholder="格式：年份-月份-日期" class="form-control"
                        id="stu_birth" name="stu_birth">
                    </div>
                </div>
                <div class="form-group row text-right">
                    {% for message in msg %}{{ message }}{% endfor %}
                    <div class="col col-sm-10 col-lg-9 offset-sm-1 offset-lg-0">
                        <button type="submit" class="btn btn-space btn-primary">提交</button>
                        <button class="btn btn-space btn-secondary">取消</button>
                    </div>
                </div>
            </form>
        </div>
    </div>
</div>
```

绘制阅读时长-性别的分布直方图，部分代码如下：

```
<script type="text/javascript">
window.onload = function (){
    option = {
       color: ['#3398DB'],
       tooltip: {
           trigger: 'axis',
           axisPointer: {              // 坐标轴指示器，坐标轴触发有效
           type: 'line'                // 默认为直线，可选为'line' 或'shadow'
```

```
            }
        },
        grid: {
            left: '3%',
            right: '4%',
            bottom: '3%',
            containLabel: true
        },
        xAxis: [{
            type: 'category',
            data: ['男', '女'],
            axisTick: {
            alignWithLabel: true
            }
        }],
        yAxis: [{
            type: 'value'
        }],
        series: [{
            name: '阅读时长',
            type: 'bar',
            barWidth: '60%',
            data: [43504, 5631]
        }]
    };
var words = echarts.init(document.getElementById('bar-time'));
words.setOption(option);
}
</script>
```

显示效果如图17-21所示。

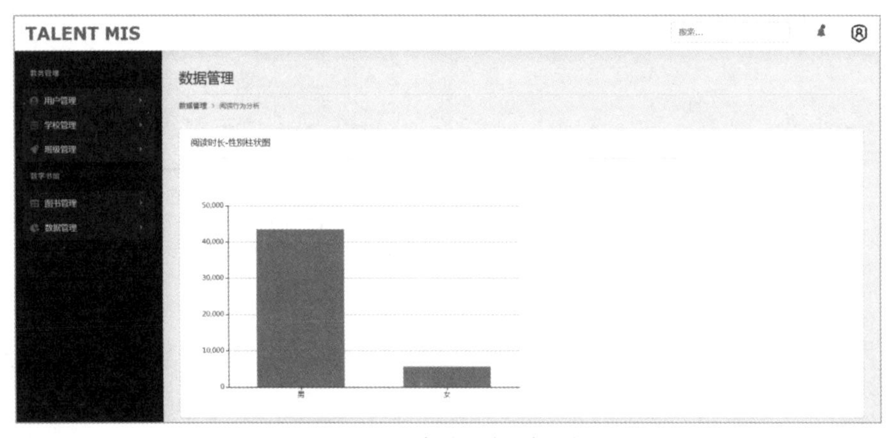

图17-21　阅读时长-性别柱状图

17.4 习题十七

1.简答题

（1）简述使用Web框架的优势。

（2）列举3种Python常用的Web框架，并简述其优缺点。

2.选择题

（1）在下列选项中，错误的表述是（　　）。

A. Flask 是一个轻量级的基于Python的Web框架

B. Flask主要用于接收HTTP请求，并对请求进行预处理，并返回给用户

C. Flask 能够快速构建小型数据库应用

D. Flask内部的原生组件无法和其他的 Web 框架相提并论

（2）在下列选项中，不属于在MVC模式开发的分层是（　　）。

A. Model　　B. View　　C. Object　　D. Controller

3.操作题

（1）在Python编译环境下搭建Flask项目（myFlask），并运行，访问项目首页。

（2）在项目（myFlask）中，实现注册功能。

第 18 章

数据库应用系统开发综合项目实战——英才智慧数字图书馆

学习目标

本章将全书知识点融会贯通，讲解“英才智慧数字图书馆”数据库应用系统开发的全过程，并对系统开发流程中的总体设计、数据库设计、数据库创建等阶段进行详细阐述。通过本章的学习，读者可以：

- 熟悉总体设计思路
- 掌握数据库设计技巧
- 掌握 MySQL 的环境部署与数据库创建
- 掌握功能模块设计的方法
- 掌握系统实现与运行的方法

内容浏览

18.1 总体设计
- 18.1.1 问题的提出
- 18.1.2 系统总体架构
- 18.1.3 系统功能

18.2 数据库设计
- 18.2.1 结构设计概述
- 18.2.2 逻辑结构设计
- 18.2.3 物理结构设计

18.3 数据库创建
- 18.3.1 创建数据库
- 18.3.2 创建表
- 18.3.3 向数据表中插入数据
- 18.3.4 视图设计
- 18.3.5 存储过程设计
- 18.3.6 触发器设计

18.4 用户登录模块设计

18.5 数据信息维护

18.6 数据查询

18.7 数据可视化

18.8 总体功能展示

18.9 习题十八

18.1 总体设计

18.1.1 问题的提出

（视频 18–1:“英才智慧数字图书馆”总体设计）

扫一扫，看视频

如今信息技术迅猛发展，“智慧数字图书馆”早已不是新鲜名词。为了提高学校教学质量和烘托校园学习氛围，通过物联网、云计算、数据分析等新技术对校园学习环境进行信息化已经成了各个高校首选的解决方案。智慧数字图书馆助力高校实现教育现代化，并通过创新教育模式的方式达到提高教育质量、推进教育信息化进程的目的，其核心理念是：通过以用户为中心，以需求为驱动的方式，智能化地满足校园师生的个性化阅读需求，扩宽阅读场景，搭建读书、思考、教学、写作的学习环境，真正做到构建“新时代、新阅读”的教育生态圈。

学生的学习行为数据是高校进行信息化管理的元数据之一。校园阅读数据的获取与分析对学校的管理者来说不可或缺，对学生学习行为数据进行整合、统计和管理，并在此基础上进行预测、推荐与辅助教学，也是数字化教学需求的一部分。随着全国各地的中小学越来越重视数字化教育，大多数地区都开展了对学生学习行为数字化管理平台的建设，本书将以“乐读市英才阅读培养计划”为背景开发的“英才智慧数字图书馆”为例进行深入的探讨与解析。

阅读行为数据化在此背景下大势所趋。通过“英才智慧数字图书馆”的业务层，对学生活跃程度和学习行为进行实时跟踪，之后利用智慧数字图书馆的数据层，根据兴趣进行智能图书推荐，精准化地匹配阅读，有针对性地引导阅读，更好地为教学服务，提供优质的中小学阅读体验，助力人才培养。

18.1.2 系统总体架构

系统总体的逻辑架构如图 18-1 所示。

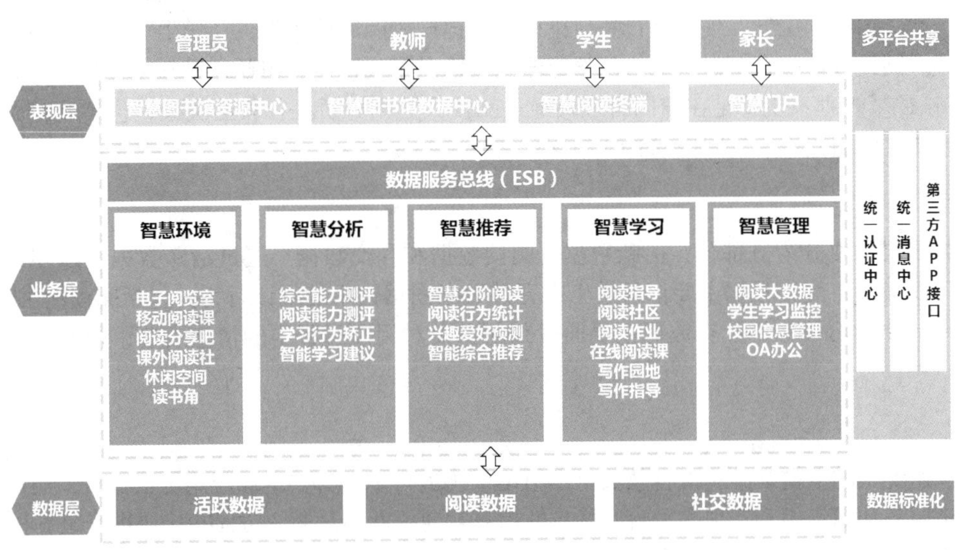

图 18-1 “英才智慧数字图书馆”解决方案逻辑架构图

“乐读市英才阅读培养计划”的目的是进行数字化校园学习行为数据，针对学校教学中的大量业务，开发一套用于校园阅读数据管理的智慧数字图书馆，最终达到对学生在线阅读行为数据进行系统化、自动化以及规范化管理的目的，以此提高各年级教师的工作效率和教学水平，最终为学生建立起一个稳定良好的学习环境。

在设计上，主要采用“3+1”的结构框架，表现层、业务层和数据层分别进行基础服务，并通过多平台共享的接口层进行用户登录验证和消息分发等辅助功能的实现。

“3+1”结构框架的内容如下。

1. 表现层

表现层主要分为两部分：数据服务和核心业务。第一部分为数据服务，由数据中心和资源中心组成，数据中心负责提供数字图书馆业务开展所需的基础数据，资源中心负责管理数字图书资源；核心业务，通过智慧阅读终端提供智慧图书馆服务并即时收集校园阅读行为，通过智能门户进行。两部分相互配合实现智慧数字图书馆的核心大数据业务。

2. 业务层

业务层由智慧环境、智慧分析、智慧推荐、智慧学习和智慧管理五部分组成。

（1）智慧环境：主要是在校园内搭建各类阅读环境，为学生学习做好基础服务。例如，搭建电子阅览室、移动阅读课、阅读分享吧等适合校园阅读学习的公共环境设施。

（2）智慧分析：通过学生的阅读行为进行分析处理，给出能够辅助教学的数据服务，例如，开展学生综合能力测评，对学生的感知能力、注意力、记忆力、思维能力、想象力、语言表达能力、操作能力和学习适应能力八大能力维度进行测评，给出教学侧重培养的建议；开展校园阅读能力测评，主要关注学生对字、词、句、段、篇章的理解准确度，阅读的速度，阅读的兴趣爱好以及行为习惯，对这些维度进行综合评测，给出适合的阅读建议和推荐的书目。

（3）智慧推荐：主要根据学生学习行为进行定制化阅读服务，给学生推荐适合阅读、喜欢阅读、习惯阅读的图书书目，主要由智慧分阶阅读、阅读行为统计、兴趣爱好预测、智能综合推荐等功能组成。

（4）智慧学习：主要是为学生提供全套的阅读课学习服务，包括阅读指导、阅读社区、阅读作业、在线阅读课、写作园地和写作指导等服务。其中，阅读社区将相同阅读兴趣的学生聚集在一起，由教师主导，提供书目和讨论内容，提升校园阅读兴趣，让学生养成良好的阅读思考习惯。阅读社区配合写作园地，使学习输入和输出形成良好的闭环，提升学生学习能力。

（5）智慧管理：主要是在校园管理员通过阅读大数据分析进行教学决策，包括阅读大数据管理、学生学习监控、校园信息管理和OA办公管理等。

3. 数据层

数据层主要分为三部分：活跃数据、阅读数据和社交数据。通过活跃数据可以评定学生的学习积极性；阅读数据主要记录学生在智慧数字图书馆中的阅读行为，包括阅读图书记录、每本书的阅读习惯等；社交数据主要通过判断学生对阅读过程中的情感表达，辅助设计教学计划。

4. 多平台共享接口

利用统一的数据标准对该智慧数字图书馆系统进行多平台共享和应用场景扩展，通过统一的认证服务和消息中心实现多平台多场景的信息互通，并通过第三方APP接口进行服务扩展。

18.1.3 系统功能

（视频18–2:“英才智慧数字图书馆”系统功能）

扫一扫，看视频

“英才智慧数字图书馆”系统的总体框架图，如图18-2所示。

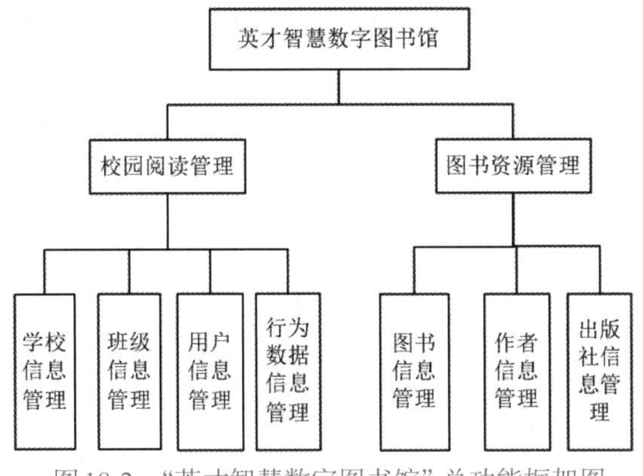

图18-2 “英才智慧数字图书馆”总功能框架图

“英才智慧数字图书馆系统”中的“学校信息管理”“班级信息管理”“用户信息管理”“阅读数据信息管理”“图书信息管理”等部分子功能模块的框架介绍如下。

1. 学校信息管理

“学校信息管理”子模块包括“学校管理”和“书库管理”两个功能模块。

学校管理模块可以对学校的基础信息进行设置。

书库管理模块可以通过分析目前书库图书阅读情况，调整学校图书馆内的藏书。

学校信息管理功能框模块图如图18-3所示。

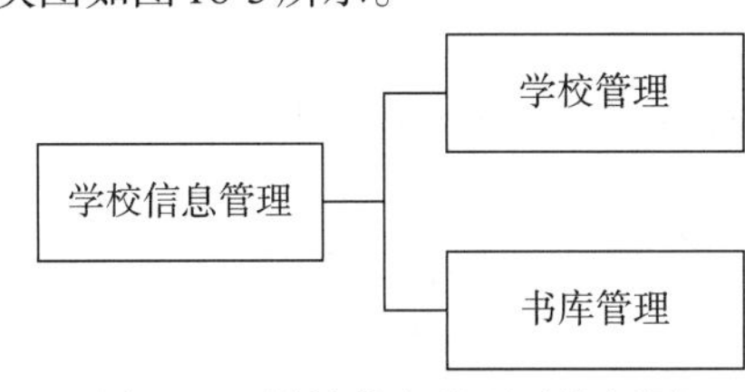

图18-3 学校信息管理功能框图

2. 班级信息管理

“班级信息管理”子模块包括“班级设置”和“成员设置”两个功能模块。

班级设置模块提供对班级基础信息的设置。

成员设置模块提供对班级成员信息的调整，包括为班级调换教师，或者学生转班等设置。

班级信息管理功能框图如图18-4所示。

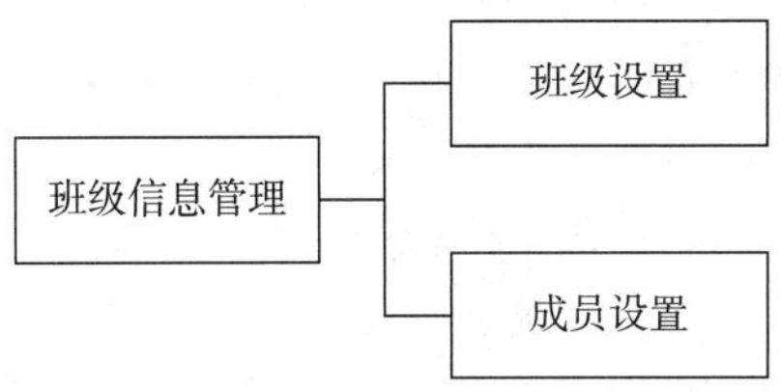

图18-4 班级信息管理功能框图

3. 用户信息管理

“用户信息管理”子模块包括“用户登录信息管理”“教师信息管理”“学生信息管理”三个功能模块。

用户登录信息管理模块主要记录用户的登录信息，包括用户名、密码、上次登录时间等，并可以对用户信息进行添加、修改及删除。

教师信息管理模块主要记录教师的教师姓名、性别、教师简介等自然信息，并可以对教师信息进行添加、修改及删除。

学生信息管理模块主要记录学生的学生姓名、性别、出生年月等自然信息，并可以对学生信息进行添加、修改及删除。

用户信息管理功能框图如图18-5所示。

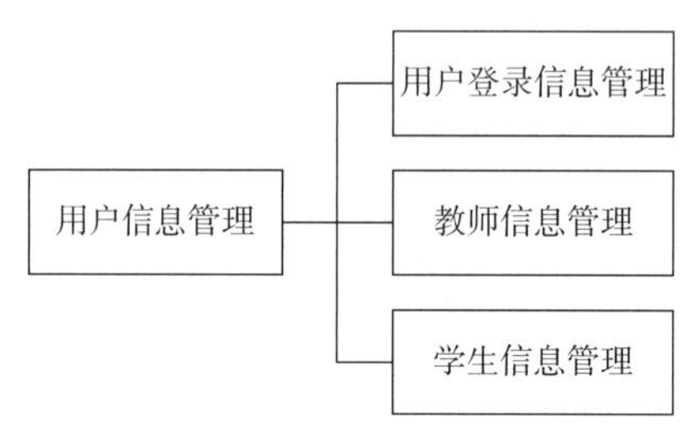

图18-5 用户信息管理功能框图

4. 阅读数据信息管理

“阅读数据信息管理”子模块包括“图书数据”“阅读数据”“登录数据”三个功能模块。

图书数据模块供教师查看图书阅读的情况，如图书阅读的总排行榜、月榜、日榜等。

阅读数据模块可供教师观察每个学生的阅读情况，对于阅读速度慢的同学可以单独辅导。

登录数据模块可供教师观察学生日常活跃的情况，并结合校园阅读数据对表现好的学生进行奖励。

阅读数据信息管理功能框图如图18-6所示。

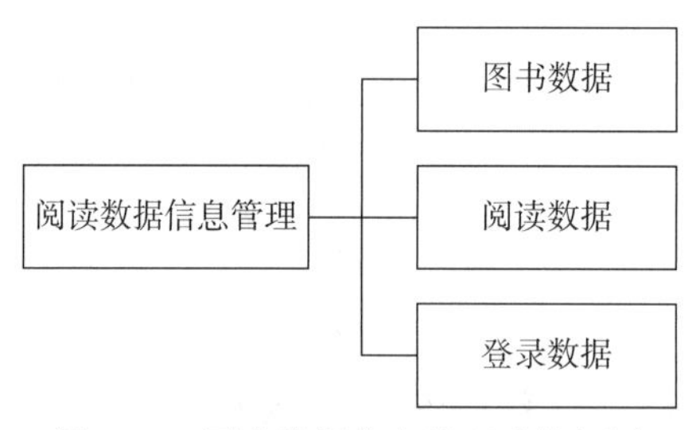

图18-6 阅读数据信息管理功能框图

5. 图书信息管理

“图书信息管理”子模块包括“图书管理”“作者管理”“出版社管理”三个功能模块。

图书管理模块主要记录图书的书名、作者、出版社等自然信息，并可以对图书信息进行添加、修改及删除。

作者管理模块主要记录作者的姓名、性别、作者简介等自然信息，并可以对作者信息进行添加、修改及删除。

出版社管理模块主要记录出版社的名称、出版社简介等自然信息，并可以对信息进行添加、修改及删除。

图书信息管理功能框图如图18-7所示。

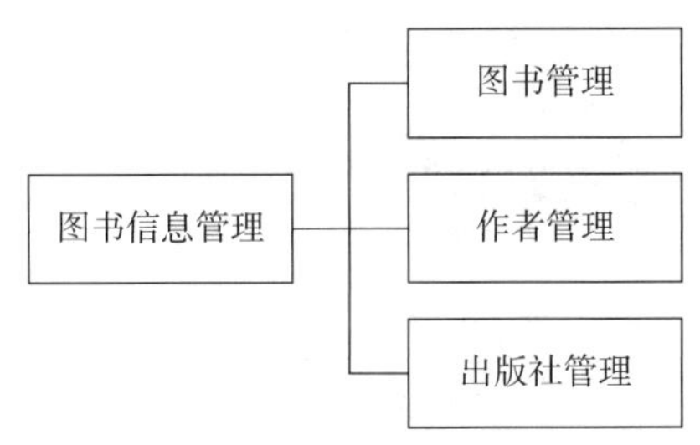

图18-7　图书信息管理功能框图

18.2 数据库设计

"英才智慧数字图书馆"的数据库作为系统的主要组成部分，是系统的数据源，也是整个系统运行过程中全部数据的来源。

在进行数据库应用系统开发时，一定要规划好数据库，设计好数据库中的诸多数据表、表间的关联关系、结构，然后再设计由表生成的查询及视图。

18.2.1　结构设计概述

（视频18–3："英才智慧数字图书馆"数据库设计）

"英才智慧数字图书馆"简化后的数据库包括11个实体，分别为学校、班级、班级成员、用户、书库、教师、学生、阅读记录、图书、作者和出版社。

"英才智慧数字图书馆"管理系统的E-R图，如图18-8所示。

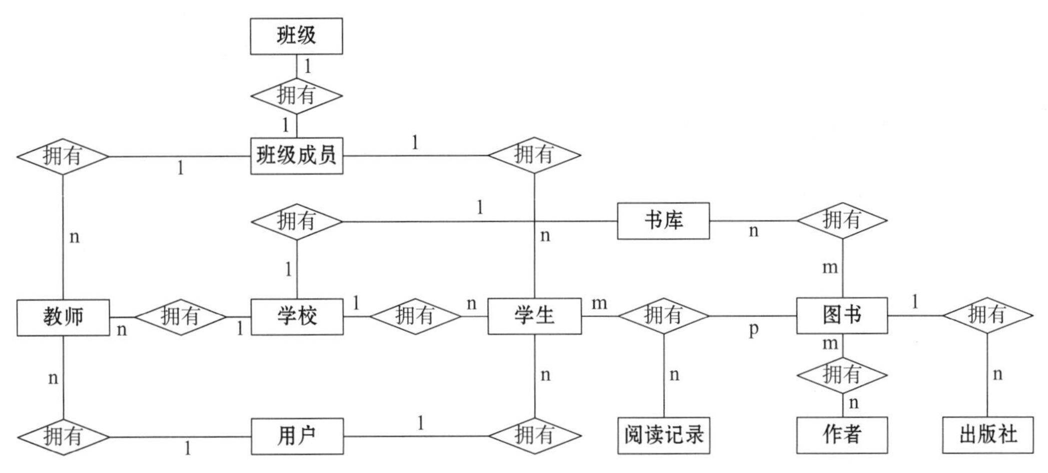

图18-8　"英才智慧数字图书馆"管理系统的E-R图

"英才智慧数字图书馆"使用分布式数据库，所以在进行数据库设计时将整个系统的数据支持分为了两部分。

第一部分是"校园阅读"数据中心，其基础数据的E-R图如图18-9所示。

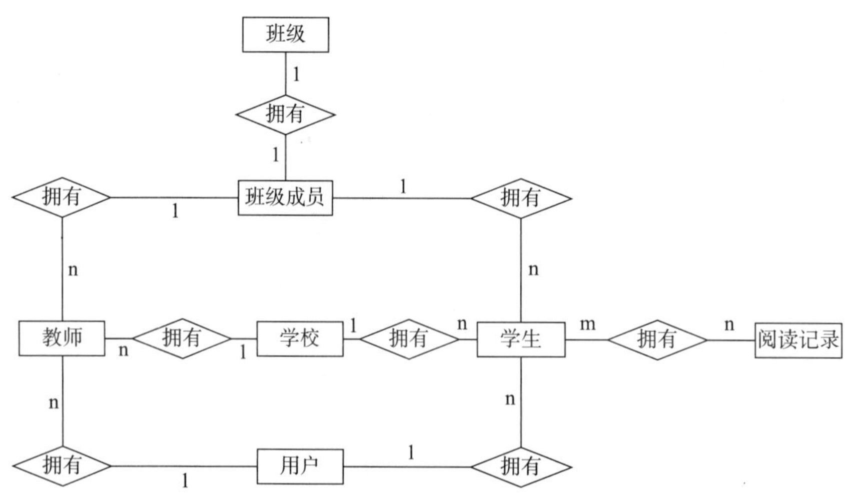

图18-9 “校园阅读”基础数据的E-R图

第二部分是“图书资源”数据中心，其基础数据的E-R图如图18-10所示。

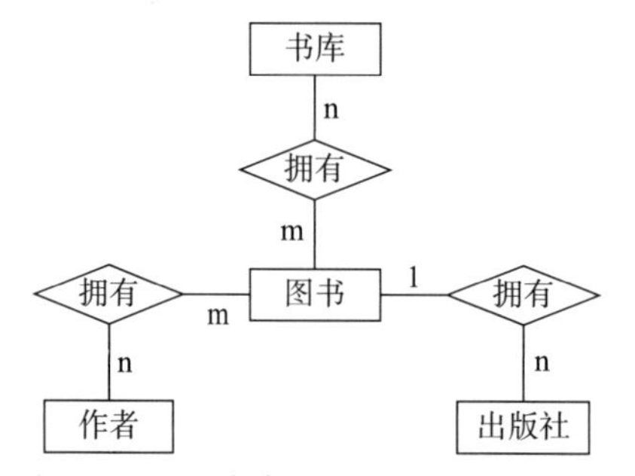

图18-10 “图书资源”基础数据的E-R图

18.2.2 逻辑结构设计

由于“英才智慧数字图书馆”分布式数据库的概念模型有两个，所以数据库逻辑设计也分为两部分。

第一部分是“校园阅读”数据中心，其基础数据的关系模式设计如下：

用户信息表（用户编号，用户名，密码，用户类型，创建时间）

学校信息表（学校编号，学校名称，学校简介，建馆时间，书库编号）

班级信息表（班级编号，班级名称，入学年份，班号，班级简介，学校编号）

教师信息表（教师编号，教师姓名，性别，教师简介，学校编号）

学生信息表（学生编号，学生姓名，性别，出生年月，学校编号）

班级成员表（用户编号，班级编号）

阅读记录表（记录编号，用户编号，图书编号，阅读时长，阅读字数，记录时间戳）

第二部分是“图书资源”数据中心，其基础数据的关系模式设计如下：

图书信息表（图书编号，图书名称，作者，作者编号，出版社，出版社编号，出版时间，内容简介，图书内容）

作者信息表（作者编号，作者姓名，作者简介）

出版社信息表（出版社编号，出版社名称，出版社简介）

书库信息表（书库编号，图书编号）

18.2.3 物理结构设计

“英才智慧数字图书馆”的“校园阅读”数据中心的基础数据和物理结构见表18-1~表18-7。

表 18-1　school（学校）表的结构

字段名	字段类型	字段长度	索引	备注
id	char	7	有（无重复）	学校编号（主键）
name	varchar	8	—	学校名称
brief	varchar	128	—	学校简介
create_time	datetime	默认值	—	建馆时间
booklist_id	char	7	—	书库编号（外键）

注：学校编号为地区（3位）、辖区（1位）和顺序号（3位）三部分组成。

表 18-2　class（班级）表的结构

字段名	字段类型	字段长度	索引	备注
id	char	11	有（无重复）	班级编号（主键）
name	varchar	16	—	班级名称
year	int	2	—	入学年
class_no	int	2	—	班号
brief	varchar	128	—	班级简介
school_id	char	7	—	学校编号（外键）

注：班级编号为学校编号（7位）、入学年份（2位）和班号（2位）三部分组成。

表 18-3　user（用户）表的结构

字段名	字段类型	字段长度	索引	备注
id	char	7	有（无重复）	用户编号（主键、外键）
username	varchar	16	—	用户名
password	varchar	16	—	密码
type	char	1	—	用户类型
create_time	datetime	默认值	—	创建时间

表 18-4　teacher（教师）表的结构

字段名	字段类型	字段长度	索引	备注
id	char	7	有（无重复）	教师编号（主键、外键）
name	varchar	8	—	教师姓名
gender	varchar	2	—	性别
brief	varchar	128	—	教师简介
school_id	int	7	—	学校编号（外键）

注：教师编号与用户编号是一一对应关系。

表 18-5　student（学生）表的结构

字段名	字段类型	字段长度	索引	备注
id	char	7	有（无重复）	学生编号（主键、外键）
name	varchar	8	—	学生姓名

续表

字段名	字段类型	字段长度	索引	备注
gender	varchar	2	—	性别
birth	date	默认值	—	出生年月
school_id	int	7	—	学校编号（外键）

注：学生编号与用户编号是一一对应关系。

表 18-6　classmember（班级成员）表的结构

字段名	字段类型	字段长度	索引	备注
student_id	char	7	有（无重复）	学生编号（主键、外键）
class_id	char	11	—	班级编号（主键、外键）

注：成员表中既有教师也有学生。

表 18-7　record（阅读记录）表的结构

字段名	字段类型	字段长度	索引	备注
id	char	8	有（无重复）	记录编号（主键）
user_id	char	7	—	用户编号（外键）
book_id	char	19	—	图书编号（外键）
read_time	time	默认值	—	阅读时长
word_num	int	11	—	阅读字数
create_time	date	默认值	—	记录时间戳

“英才智慧数字图书馆”的“图书资源”数据中心的基础数据和物理结构见表18-8~表18-11。

表 18-8　book（图书）表的结构

字段名	字段类型	字段长度	索引	备注
id	char	19	有（无重复）	图书编号（主键）
bookname	varchar	16	—	图书名称
author	varchar	16	—	作者
author_id	char	8	—	作者编号（外键）
press	varchar	16	—	出版社
press_id	char	6	—	出版社编号（外键）
publish_time	date	默认值	—	出版时间
brief	tinytext	默认值	—	内容简介
file	blob	默认值	—	图书内容

注：图书编号采用国际通用的新版ISBN。

表 18-9　author（作者）表的结构

字段名	字段类型	字段长度	索引	备注
id	char	8	有（无重复）	作者编号（主键）
name	varchar	16	—	作者姓名
brief	varchar	128	—	作者简介

表 18-10　press（出版社）表的结构

字段名	字段类型	字段长度	索引	备注
id	char	6	有（无重复）	出版社编号（主键）
name	varchar	16	—	出版社名称
brief	varchar	128	—	出版社简介

表 18-11　booklist（书库）表的结构

字段名	字段类型	字段长度	索引	备注
list_id	char	7	有（无重复）	书库编号（主键）
book_id	char	19	—	图书编号（主键、外键）

18.3 数据库创建

18.3.1 创建数据库

（视频18-4:“英才智慧数字图书馆”数据库创建）

扫一扫，看视频

1. “校园阅读”数据库（talentmis）的创建

创建“校园阅读”数据库（talentmis）的SQL语句如下：

```
CREATE DATABASE
IF NOT EXISTS talentmis
DEFAULT CHARACTER set = 'utf8';
```

2. “图书资源”数据库（elibrary）的创建

创建“图书资源”数据库（elibrary）的SQL语句如下：

```
CREATE DATABASE
IF NOT EXISTS elibrary
DEFAULT CHARACTER set = 'utf8';
```

18.3.2 创建表

1. “校园阅读”数据库（talentmis）表的创建

（1）创建学校表，SQL语句如下：

```
CREATE TABLE 'school' (
  'id' char(7) NOT NULL,
  'name' varchar(8) DEFAULT NULL,
  'brief' varchar(128) DEFAULT NULL,
  'create_time' datetime DEFAULT NULL,
  'booklist_id' char(7) NOT NULL,
  PRIMARY KEY ('id')
) ENGINE=InnoDB DEFAULT CHARSET=utf8;
```

（2）创建班级表，SQL语句如下：

```
CREATE TABLE 'class' (
  'id' char(11) NOT NULL,
```

```
  'name' varchar(16) NOT NULL,
  'year' int(2) DEFAULT NULL,
  'class_no' int(2) DEFAULT NULL,
  'school_id' char(7) NOT NULL,
  'brief' varchar(128) DEFAULT NULL,
  PRIMARY KEY ('id')
) ENGINE=InnoDB DEFAULT CHARSET=utf8;
```

（3）创建班级成员表，SQL语句如下：

```
CREATE TABLE 'classmember' (
  'user_id' char(7) NOT NULL,
  'class_id' char(11) NOT NULL,
  PRIMARY KEY ('user_id','class_id')
) ENGINE=InnoDB DEFAULT CHARSET=utf8;
```

（4）创建用户登录表，SQL语句如下：

```
CREATE TABLE 'user' (
  'id' char(7) NOT NULL,
  'username' varchar(16) DEFAULT NULL,
  'password' varchar(16) DEFAULT NULL,
  'type' char(1) DEFAULT NULL,
  'create_time' datetime DEFAULT NULL,
  PRIMARY KEY ('id')
) ENGINE=InnoDB DEFAULT CHARSET=utf8;
```

（5）创建学生表，SQL语句如下：

```
CREATE TABLE 'student' (
  'id' char(7) NOT NULL,
  'name' char(8) NOT NULL,
  'gender' char(2) DEFAULT NULL,
  'school_id' char(7) DEFAULT NULL,
  'birth' date DEFAULT NULL,
  PRIMARY KEY ('id'),
  KEY 'name' ('name')
) ENGINE=InnoDB DEFAULT CHARSET=utf8;
```

（6）创建教师表，SQL语句如下：

```
CREATE TABLE 'teacher' (
  'id' char(7) NOT NULL,
  'name' varchar(8) DEFAULT NULL,
  'gender' varchar(2) DEFAULT NULL,
  'brief' varchar(128) DEFAULT NULL,
  'school_id' char(7) NOT NULL,
  PRIMARY KEY ('id')
) ENGINE=InnoDB DEFAULT CHARSET=utf8;
```

（7）创建阅读记录表，SQL语句如下：

```
CREATE TABLE 'record' (
  'id' char(8) NOT NULL,
  'user_id' char(7) DEFAULT NULL,
  'book_id' char(19) DEFAULT NULL,
  'read_time' time DEFAULT NULL,
  'word_num' int(11) DEFAULT NULL,
  'create_time' date DEFAULT NULL,
  PRIMARY KEY ('id')
) ENGINE=InnoDB DEFAULT CHARSET=utf8;
```

以上的数据表创建完成后，“校园阅读”数据库的逻辑视图如图18-11所示。

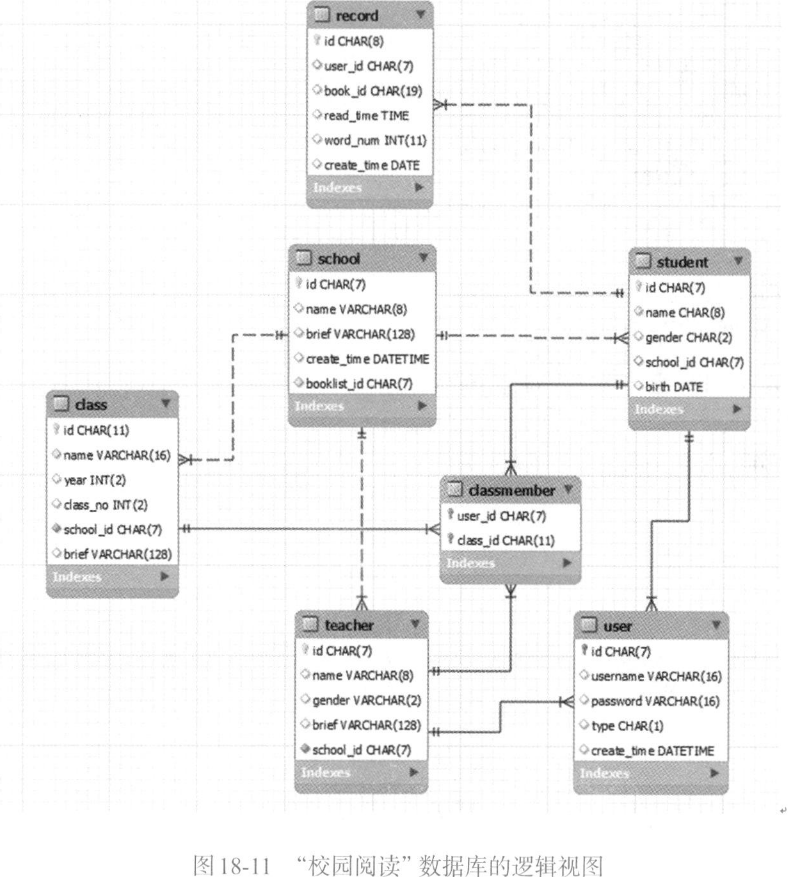

图18-11　“校园阅读”数据库的逻辑视图

2.“图书资源”数据库(elibrary)表的创建

(1)创建作者表，SQL语句如下：

```
CREATE TABLE 'author' (
  'id' varchar(8) NOT NULL,
  'name' varchar(16) DEFAULT NULL,
  'brief' varchar(128) DEFAULT NULL,
  PRIMARY KEY ('id'),
  UNIQUE KEY 'author_name' ('name')
) ENGINE=InnoDB DEFAULT CHARSET=utf8;
```

(2)创建图书表，SQL语句如下：

```
CREATE TABLE 'book' (
  'id' char(19) NOT NULL,
  'bookname' varchar(16) DEFAULT NULL,
  'author' varchar(16) DEFAULT NULL,
  'press' varchar(16) DEFAULT NULL,
  'publish_time' date DEFAULT NULL,
  'brief' tinytext,
  'file' blob,
  'author_id' varchar(8) DEFAULT NULL,
```

```
  'press_id' varchar(6) DEFAULT NULL,
  PRIMARY KEY ('id')
) ENGINE=InnoDB DEFAULT CHARSET=utf8;
```

（3）创建出版社表，SQL语句如下：

```
CREATE TABLE 'press' (
  'id' varchar(6) NOT NULL ,
  'name' varchar(16) NOT NULL,
  'brief' varchar(128) DEFAULT NULL,
  PRIMARY KEY ('id')
) ENGINE=InnoDB DEFAULT CHARSET=utf8;
```

（4）创建书库表，SQL语句如下：

```
CREATE TABLE 'booklist' (
  'list_id' char(7) NOT NULL,
  'book_id' char(19) NOT NULL,
  PRIMARY KEY ('list_id','book_id')
) ENGINE=InnoDB DEFAULT CHARSET=utf8;
```

以上的数据表创建完成后，“图书资源”数据库的逻辑视图如图18-12所示。

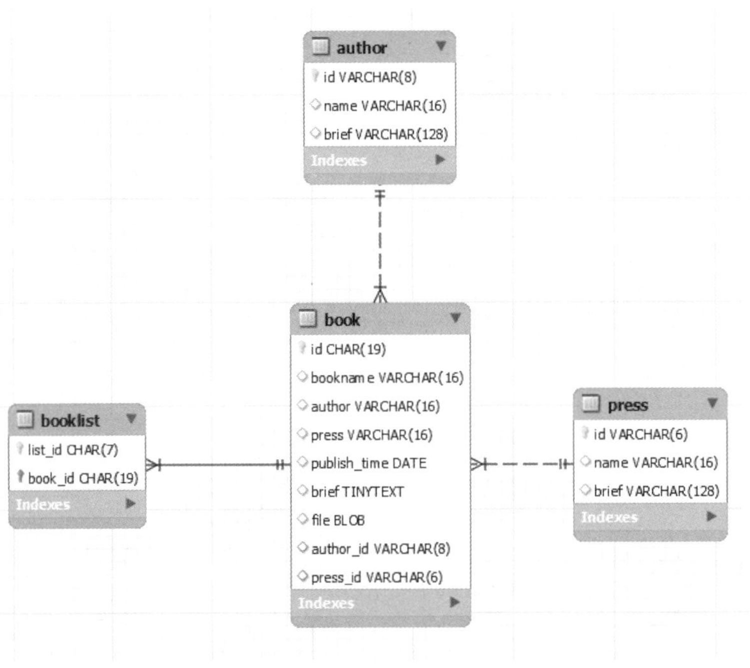

图18-12 “图书资源”数据库的逻辑视图

18.3.3 向数据表中插入数据

1. “校园阅读”数据库（talentmis）的数据

利用“表”设计窗口或SQL设计器窗口（见18.6节），向数据表中插入表18-12~表18-17的数据。

表 18-12　school（学校）表

school_id	name	create_time	booklist_id	brief
0101001	乐读市第一中学	2020-01-01	L00001	略
0101002	乐读市实验小学	2020-03-01	L00002	略

表 18-13　class（班级）表

id	name	year	class_no	brief	school_id
01010010901	9 年 1 班	11	1	略	0101001
01010010902	9 年 2 班	11	2	略	0101001
01010010801	8 年 1 班	12	1	略	0101001
01010010701	7 年 1 班	18	1	略	0101001
01010020601	6 年 1 班	14	1	略	0101002
01010020501	5 年 1 班	15	1	略	0101002
01010020502	5 年 2 班	15	2	略	0101002
01010020401	4 年 1 班	16	1	略	0101002

表 18-14　teacher（教师）表

id	name	gender	brief	school_id
T010901	李明	男	负责 9 年级	0101001
T010802	赵志强	男	负责 8 年级	0101001
T010703	王馨月	女	负责 7 年级	0101001
T020601	张萍萍	女	负责 6 年级	0101002
T020502	刘晓博	男	负责 5 年级	0101002
T020403	陈红	女	负责 4 年级	0101002

表 18-15　student（学生）表

id	name	gender	birth	school_id
S010901	江雨珊	男	2005-01-09	0101001
S010902	刘鹏	男	2005-03-08	0101001
S010903	崔月明	女	2005-03-17	0101001
S010904	白涛	女	2005-11-24	0101001
S010905	邓平	男	2005-04-09	0101001
S010906	周康勇	女	2005-10-11	0101001
S010907	张德发	男	2005-05-21	0101001
S010801	赵蕾	女	2006-02-04	0101002
S010902	杨涛	男	2007-01-03	0101002
S010701	李晓薇	女	2008-04-10	0101002
S020501	罗忠旭	女	2009-12-23	0101002
S020502	何盼盼	女	2009-09-18	0101002
S020403	韩璐	女	2010-06-16	0101002

表 18-16　classmember（班级成员）表

class_id	user_id
C010901	T010901
C010901	S010901

续表

class_id	user_id
C010901	S010902
C010901	S010903
C010901	S010904
C010901	S010905
C010901	S010906
C010901	S010907

表 18-17　record（阅读记录）表

id	user_id	book_id	read_time	word_num	create_time
R00001	S010901	9787100089548	01:12:45	8471	2020-03-01 09:18:27
R00002	S010901	9787100089548	00:18:18	1842	2020-03-01 15:41:29
R00003	S010901	9787517017165	00:31:48	4361	2020-03-02 10:21:43
R00004	S010902	9787517017165	02:05:34	18710	2020-03-01 09:15:55
R00005	S010902	9787570409891	00:11:27	1865	2020-03-02 11:01:07
R00006	S010903	9787020104215	00:56:31	6573	2020-03-01 09:16:18

2. “校园阅读”数据库(talentmis)的数据输入结果

在“校园阅读”数据库(talentmis)中，表(teacher)的数据输入结果如图18-13所示。

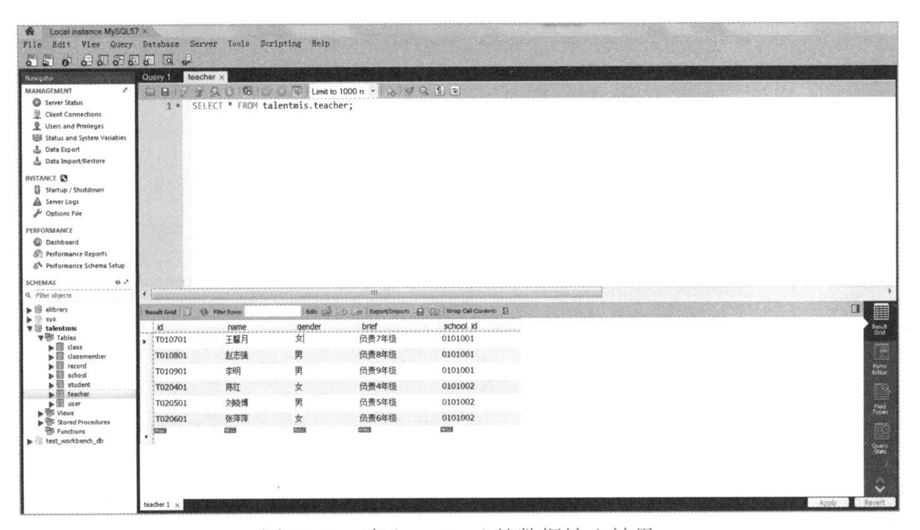

图 18-13　表(teacher)的数据输入结果

3. “图书资源”数据库(elibrary)的数据

“图书资源”数据库(elibrary)的输入数据见表18-18~表18-21。

表 18-18　book（图书）表

id	bookname	author	author_id	press	press_id	publish_time	brief	file
9787100089548	西游记	吴承恩	A0000001	商务印书馆	P00001	2016-04-01	略	—
9787517017165	身边的科学	小石新八	A0000002	中国水利水电出版社	P00002	2018-11-01	略	—

续表

id	bookname	author	author_id	press	press_id	publish_time	brief	file
9787570409891	狂人日记	鲁迅	A0000003	北京教育出版社	P00003	2018-04-01	略	—
9787100125086	三个火枪手	大仲马	A0000004	商务印书馆	P00001	2017-05-01	略	
9787020104215	巴黎圣母院	雨果	A0000005	人民文学出版社	P00004	2015-04-01	略	—

表 18-19　author（作者）表

id	name	brief
A0000001	吴承恩	略
A0000002	小石新八	略
A0000003	鲁迅	略
A0000004	大仲马	略
A0000005	雨果	略

表 18-20　press（出版社）表

id	name	brief
P00001	商务印书馆	略
P00002	中国水利水电出版社	略
P00003	北京教育出版社	略
P00004	人民文学出版社	略

表 18-21　booklist（书库）表

list_id	book_id
L000001	9787100089548
L000001	9787517017165
L000001	9787570409891
L000002	9787100125086
L000002	9787020104215

4. "图书资源"数据库（talentmis）的数据输入结果

在"图书资源"数据库（elibrary）中，表（author）的数据输入结果如图 18-14 所示。

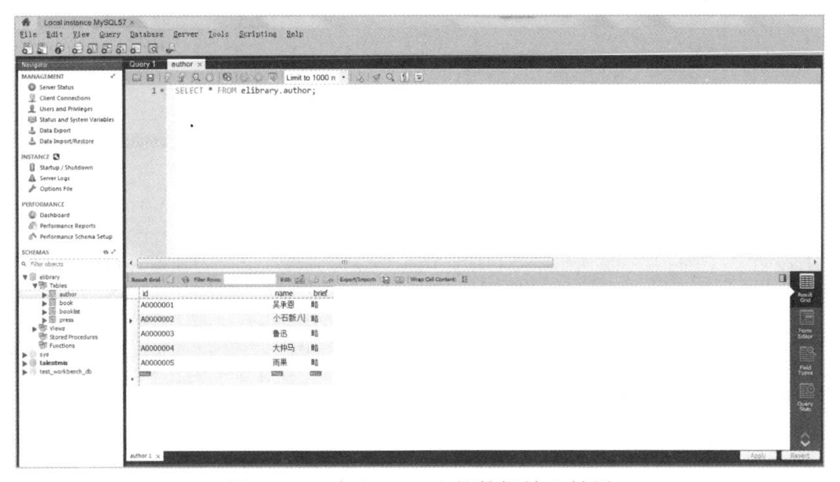

图 18-14　表（author）的数据输入结果

18.3.4 视图设计

（视频18–5：“英才智慧数字图书馆”视图设计）

根据已知表（book、press和author），设计三者之间的关系视图。

已知图书表（book），如图18-15所示。

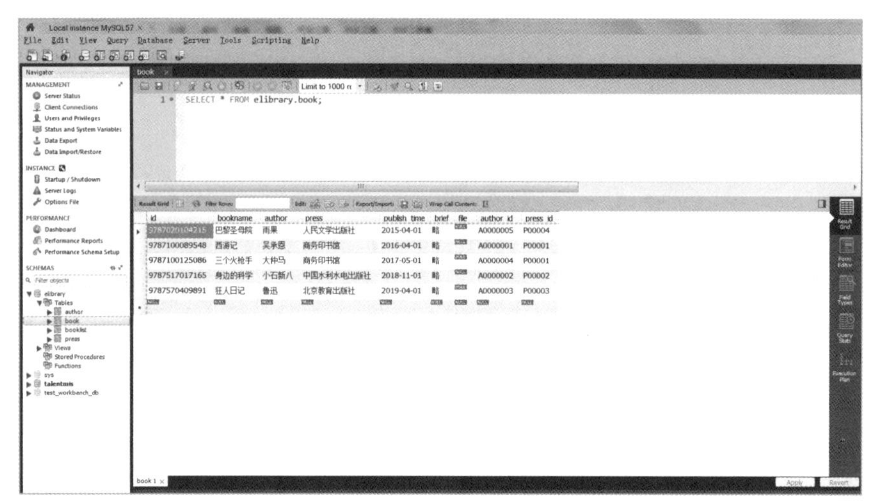

图18-15　图书表（book）中的数据

已知出版社表（press），如图18-16所示。

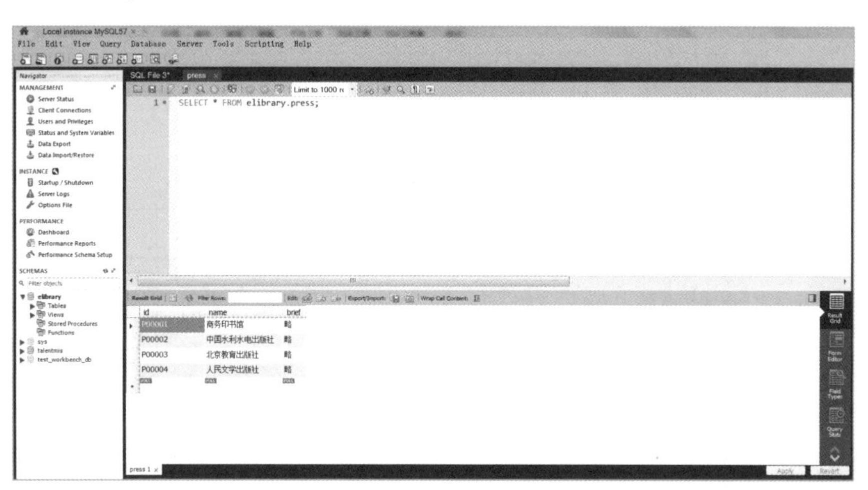

图18-16　出版社表（press）中的数据

已知作者表（author），如图18-14所示。

在“SQL设计器”窗口，输入如下SQL语句：

```
CREATE VIEW v_book_press_author
AS
SELECT AB.book_id, AB.bookname ,
    author_name, author_brief, press_name,press_brief
    FROM
        (SELECT
            A.id as author_id,
```

```
        A.name as author_name,
        A.brief as author_brief,
        B.id as book_id,
        B.bookname as bookname
        FROM author A, book B
        WHERE A.id = B.author_id)
    AS AB
    ,(SELECT
        P.id as press_id,
        P.name as press_name,
        P.brief as press_brief,
        B.id as book_id,
        B.bookname as bookname
        FROM press P, book B
        WHERE P.id = B.press_id)
    AS PB
```

创建的图书、出版社与作者的关系视图，如图18-17所示。

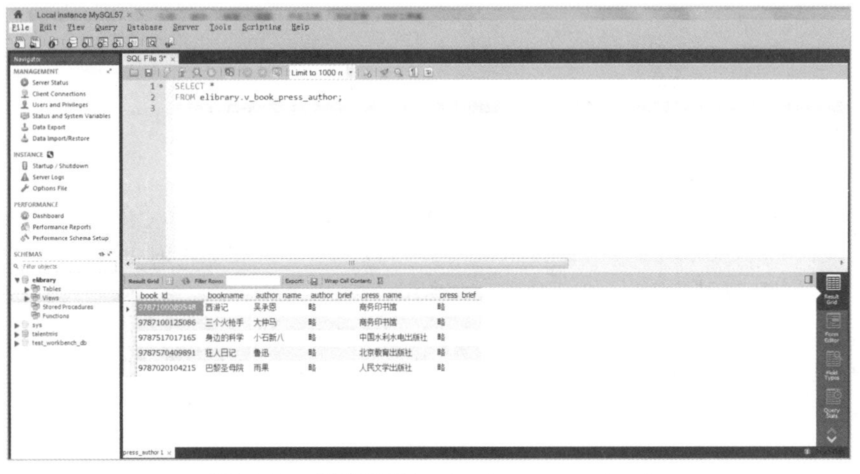

图18-17　创建视图（v_book_press_author）

18.3.5　存储过程设计

（视频18-6:“英才智慧数字图书馆”存储过程设计）

扫一扫，看视频

根据“校园阅读”数据库，创建名称为select_classmember_procedure的存储过程。存储过程的作用是根据已知表（student和classmember），查询出所有带有学生基本数据的班级成员信息。

在“存储过程设计器”窗口，输入如下SQL语句：

```
CREATE PROCEDURE 'select_classmember_procedure' ()
BEGIN
    SELECT *
    FROM classmember CL,student S
    WHERE CL.user_id=S.id;
END
```

调用存储过程：

```
CALL select_classmember_procedure ();
```

命令运行结果如图18-18所示。

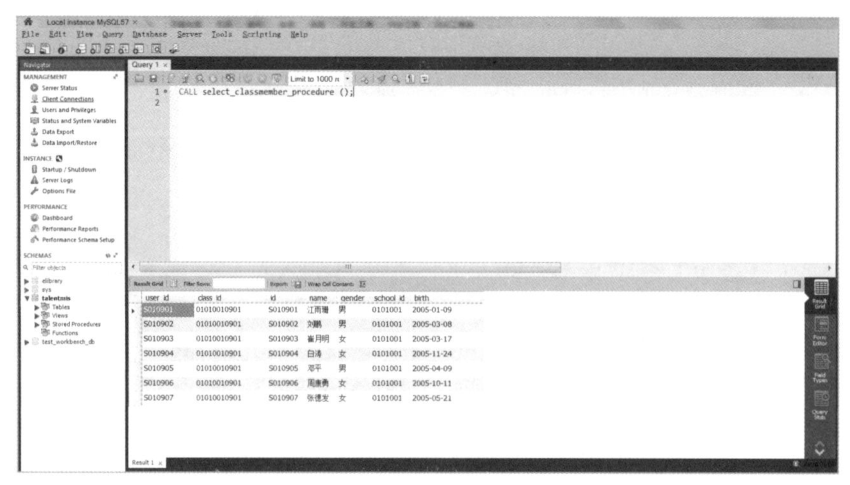

图18-18　调用班级存储过程查询结果

18.3.6　触发器设计

扫一扫，看视频

（视频18–7："英才智慧数字图书馆"触发器设计）

创建UPDATE触发器（tri_authorUpdate），实现当修改一个表（author）中的字段（name）时，另一个表（book）中的字段（author）也会即时更新。

图书表和作者表的数据如图18-5和图18-14所示，在"SQL设计器"窗口，输入如下SQL语句：

```
DELIMITER $
CREATE trigger tri_authorUpdate
AFTER UPDATE
on author for each row
begin
    UPDATE book SET author=new.name WHERE author_id=new.id;
end$
DELIMITER ;
```

触发器（tri_authorUpdate）触发后，会修改另一个表（author）中的信息，如图18-19所示。

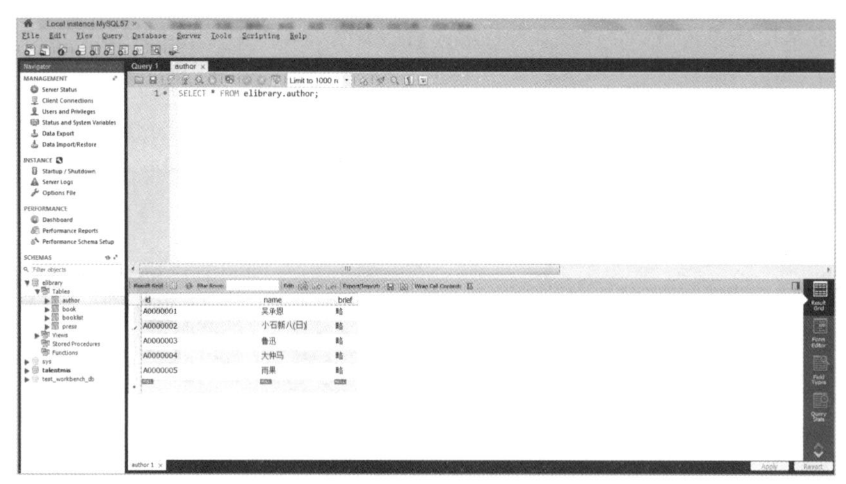

图18-19　修改后的作者表（author）

修改后的图书表（book），如图18-20所示。

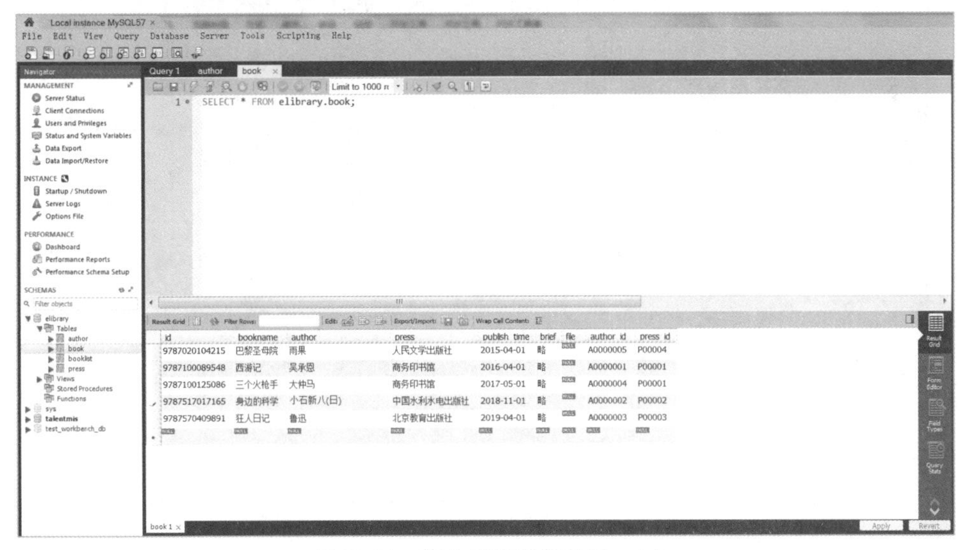

图18-20　修改后的图书表（book）

18.4 用户登录模块设计

1. 注册页面展示

（视频18–8:“英才智慧数字图书馆” 模块实现——用户注册）

扫一扫，看视频

用户注册页面如图18-21所示。

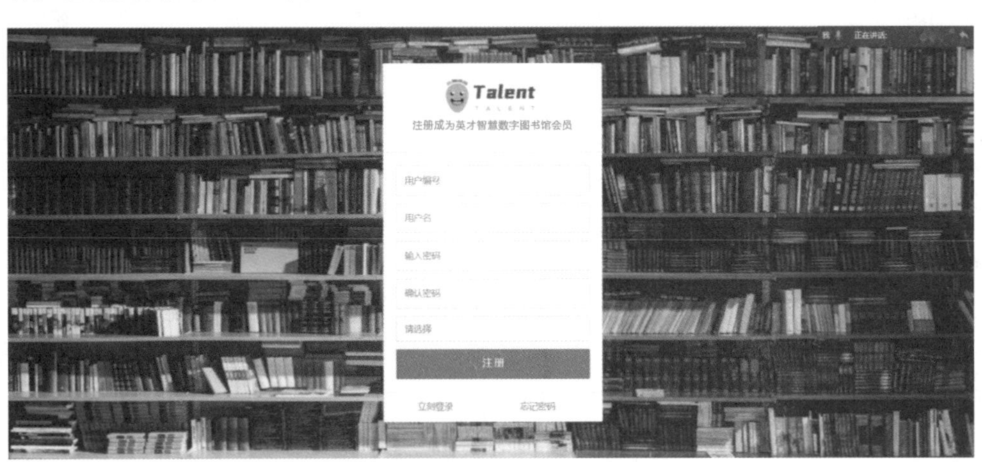

图18-21　用户注册页面

2. 登录页面展示

（视频18–9:“英才智慧数字图书馆” 模块实现——用户登录）

扫一扫，看视频

用户登录页面如图18-22所示。

图18-22　用户登录页面

18.5 数据信息维护

1. 用户信息管理页面展示

（视频18-10:“英才智慧数字图书馆”模块实现——用户管理）

扫一扫，看视频

用户信息管理模块主要记录用户的登录信息，包括用户名、密码、用户类型等信息，并可以对用户信息进行添加、查询、修改和删除等操作。

（1）用户列表页面。查询全部用户并分页显示在列表中，可以进行重置密码、修改信息和删除用户信息等操作。用户列表页面如图18-23所示。

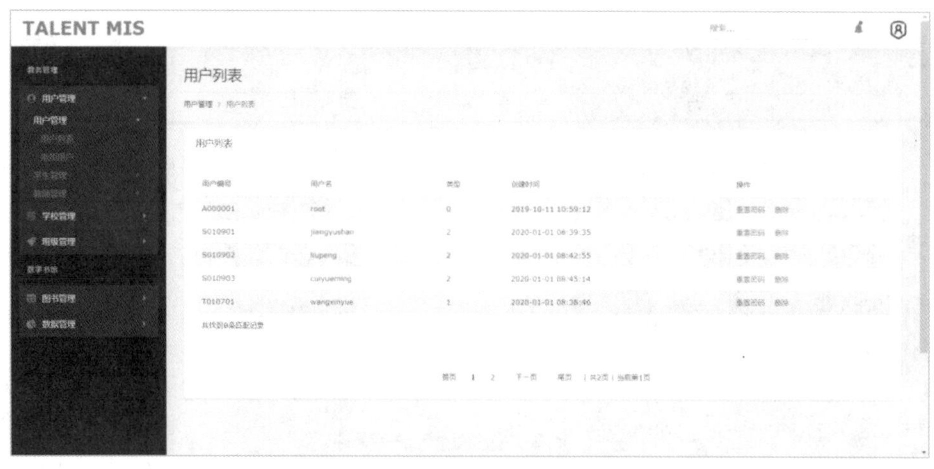

图18-23　用户列表页面

（2）用户添加页面。添加用户、输入项会检查字段的合法性，填写完成提交即可。用户添加页面如图18-24所示。

（视频18-11:“英才智慧数字图书馆”模块实现——用户添加）

图 18-24　用户添加页面

2. 图书信息管理界面展示

（视频 18-12：“英才智慧数字图书馆”模块实现——图书管理）

图书信息管理模块主要记录图书的书名、作者、出版社等基本信息，并可以对图书信息进行信息查询、添加、修改和删除等操作。

（1）图书列表页面。查询全部图书信息并分页显示在列表中，页面中可对图书信息进行修改和删除操作，图书列表页面如图 18-25 所示。

图 18-25　图书列表页面

（2）添加图书页面如图 18-26 所示。

（视频 18-13：“英才智慧数字图书馆”模块实现——图书添加）

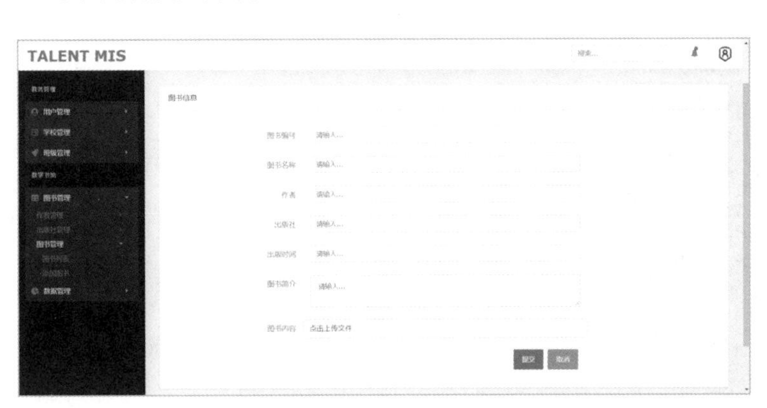

图 18-26　添加图书页面

3. 学生信息管理界面展示

（视频18–14:“英才智慧数字图书馆”模块实现——学生管理）

扫一扫，看视频

学生信息管理模块主要记录学生的学生姓名、性别、出生年月等自然信息，并可以对学生信息进行查询、添加、修改和删除等操作。

（1）学生列表页面如图18-27所示。

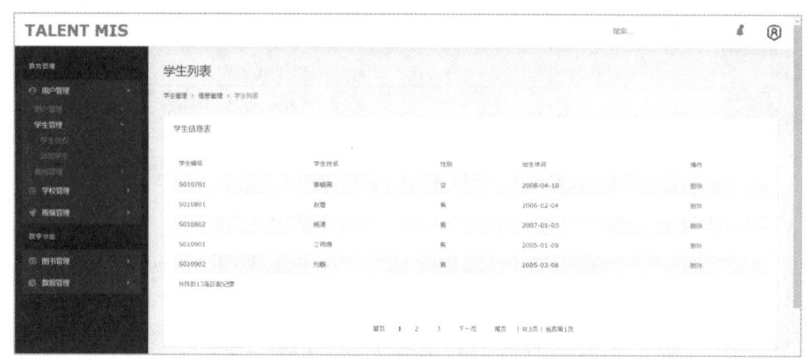

图18-27　学生列表页面

扫一扫，看视频

（2）添加学生页面如图18-28所示。

（视频18–15:“英才智慧数字图书馆”模块实现——学生添加）

图18-28　添加学生页面

扫一扫，看视频

（3）修改学生页面如图18-29所示。

（视频18–16:“英才智慧数字图书馆”模块实现——学生修改）

图18-29　修改学生页面

18.6 数据查询

用户信息管理模块主要记录用户的登录信息，包括用户名、密码、用户类型等信息，并可以对用户信息进行添加、查询、修改和删除等操作。

1. 学生信息查询页面展示

扫一扫，看视频

（视频 18–17:“英才智慧数字图书馆” 模块实现——饼图数据展示）

学生信息查询页面如图 18-30 所示。

TALENT MIS　　搜索...

教务管理
用户管理
学校管理
班级管理
数字书馆
图书管理
数据管理

学生信息查询

学生管理 > 信息管理 > 学生信息查询

学生信息查询

学生姓名　　性别（请选择）　　学校编号

查询

学生列表

学生编号	学生姓名	性别	出生年月	操作
S010701	[illegible]	女	2008-04-10	修改　删除
S010801	[illegible]	男	2006-02-04	修改　删除
S010802	[illegible]	男	2007-01-03	修改　删除
S010901	[illegible]	男	2005-01-09	修改　删除

图 18-30　学生信息查询页面

2. 图书信息查询页面展示

扫一扫，看视频

（视频 18–18:“英才智慧数字图书馆” 模块实现——柱状图数据展示）

图书信息查询页面如图 18-31 所示。

TALENT MIS　　搜索...

教务管理
用户管理
学校管理
班级管理
数字书馆
图书管理
数据管理

图书信息查询

图书管理 > 信息管理 > 图书信息查询

图书信息查询

图书编号　　作者姓名　　出版社名称

查询

图书信息表

图书编号	图书名称	作者	出版社	出版时间	图书简介	图书内容	操作
9787020104215	巴黎圣母院	雨果	人民文学出版社	2015-04-01	略	-	删除
9787100089548	西游记	吴承恩	商务印书馆	2016-04-01	略	-	删除
9787100125086	三个火枪手	大仲马	商务印书馆	2017-05-01	略	-	删除
9787517017165	身边的科学	小石新八	中国水利水电出版社	2018-11-01	略	-	删除
9787570409891	狂人日记	鲁迅	北京教育出版社	2019-04-01	略	-	删除

图 18-31　图书信息查询页面

18.7 数据可视化

1. 饼图页面展示

根据已知表（record和student）中的数据，统计阅读字数和性别之间的分布关系，其饼图如图18-32所示。

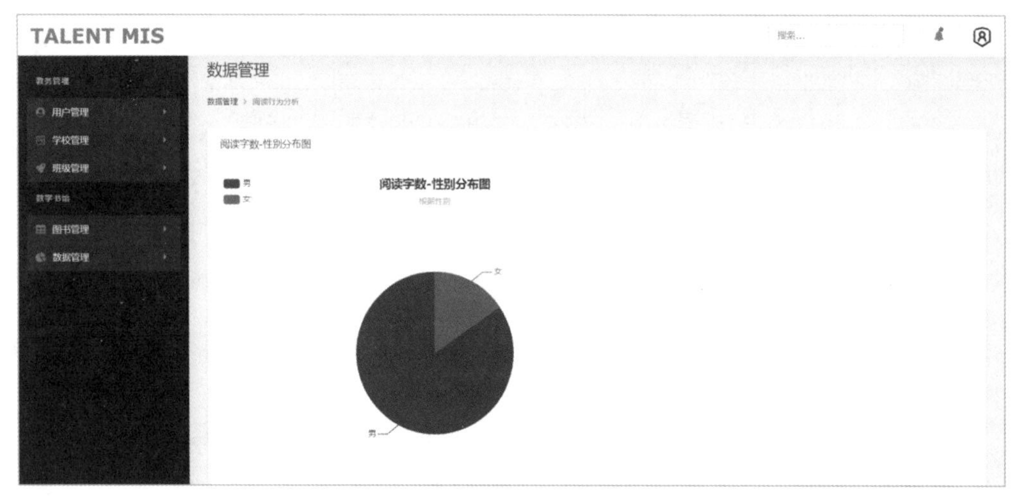

图18-32　阅读字数-性别饼图

2. 柱状图页面展示

根据已知表（record和student）中的数据，统计阅读时长和性别之间的分布关系，其柱状图如图18-33所示。

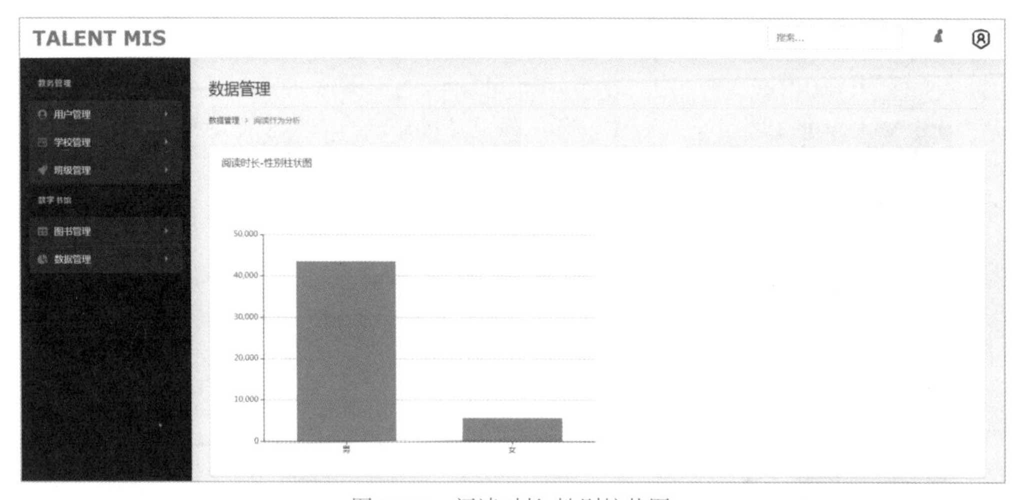

图18-33　阅读时长-性别柱状图

18.8 总体功能展示

（视频18–19:“英才智慧数字图书馆”模块实现——系统整体演示）

“英才智慧数字图书馆”数据库应用系统的整体功能框图如图18-34所示。

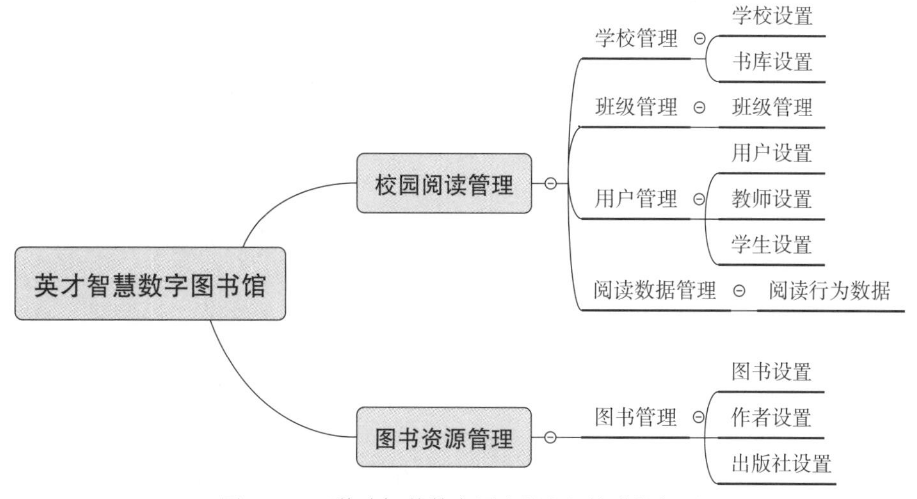

图18-34 “英才智慧数字图书馆”整体功能框图

“英才智慧数字图书馆”数据库应用系统在实现过程中主要有两个子系统：

（1）“校园阅读管理”子系统，包括学校管理、班级管理、用户管理和阅读数据管理4个模块，主要为学校用户进行基础信息的维护提供服务。

（2）“图书资源管理”子系统，主要为图书馆管理员对图书相关信息的维护提供服务。

18.9 习题十八

1.简答题

（1）简述数据库应用系统开发中总体设计的几个部分。

（2）简述数据库应用系统开发中数据库设计的步骤。

2.选择题

（1）在下列选项中，不是数据库应用系统开发阶段的必须工作的是（　　）。

A. 数据库管理系统软件选择　　B. 操作系统环境配置

C. 数据库设计　　D. 数据库备份

（2）在下列选项中，与数据库应用系统开发无关的是（　　）。

A. 数据库　　B. 并发控制

C. 应用系统的试运行　　D. 前端代码设计

3.操作题

（1）结合实际情况，设计学生选课系统。

（2）实现学生选课系统。

参考文献

[1] 王珊，萨师煊. 数据库系统概论[M]. 5版. 北京：高等教育出版社，2014.

[2] 王珊，张俊. 数据库系统概论习题解析与实验指导[M]. 5版. 北京：高等教育出版社，2015.

[3] Siberschatz A, Korth H F,Sudarshan. 数据库系统概念[M]. 杨冬青，李红燕，唐世渭译. 北京：机械工业出版社，2012.

[4] 康诺利，贝格. 数据库系统：设计、实现与管理（基础篇）[M]. 宁洪，贾丽丽，张元昭译. 北京：机械工业出版社，2016.

[5] Ullman J, Widom J. 数据库系统基础教程 [M]. 岳丽华，金培权，万寿红，等译. 北京：机械工业出版社，2003.

[6] Garcia-Molina H, Ullman J, Widom J. 数据库系统实现 [M]. 杨冬青，吴愈青，包小源，等译. 北京：机械工业出版社，2010.

[7] Ozsu M T, Valduriez P. 分布式数据库原理 [M]. 周立柱，范举，吴昊，等译. 北京：清华大学出版社，2014.

[8] 李建中，王珊. 数据库系统原理 [M]. 2版. 北京：电子工业出版社，2004.

[9] Mao Y, Kohler E, Morris R T. Cache craftiness for fast multicore key-value storage [C]. ACM European Conference on Computer Systems : ACM, 2012: 183-196.

[10] 刘增杰. MySQL 5.7 从入门到精通 [M]. 北京：清华大学出版社，2016.

[11] 黄缙华. MySQL入门很简单 [M]. 北京：清华大学出版社，2011.

[12] 唐汉明，翟振兴，关宝军，等. 深入浅出MySQL：数据库开发、优化与管理维护 [M]. 2版. 北京：人民邮电大学出版社，2014.

[13] 萨默菲尔德. Python 3程序开发指南 [M]. 2版. 王弘博，孙传庆译. 北京：人民邮电大学出版社，2011.

[14] 埃里克·马瑟斯. Python编程：从入门到实践 [M]. 袁国忠译. 北京：人民邮电大学出版社，2016.

[15] Magnus Lie Hetland. Python基础教程 [M]. 司维，曾军崴，谭颖华译. 北京：人民邮电大学出版社，2010.

[16] 李雁翎. 数据库技术及应用[M]. 4版. 北京：高等教育出版社，2017.